マンガでわかる

やさしい統計学

大人のための数学教室「和」講師
小林克彦 監修
智・サイドランチ マンガ

池田書店

\ データの分析・要約とは /

日常で幅広く使われる統計学

おれはケイタ 入社10年目のサラリーマン
慶東商事　営業部第二課
工藤 ケイタ(32)
営業売上げは良く 社内の評判も悪くない
よし!
○○○○
工藤ケイタ
××××
まぁ たまにドジやったりもするけど…
ガピコー
ガピコー
コピー部数まちがった!
今の仕事には満足している
おーいケイタ! 社長から呼び出しだぞ
社長室
リフレッシュ人事…ですか?

期間限定で別部署に異動してもらって社内の活性化を図ろうと思ってね
君には今日から「データ分析部」に行ってもらいたい
じゃーん
辞令
データ分析部
工藤 ケイタ
ええ――っ!!
慶東商事
社長
データ分析部って社内でも謎の部署だって言われている場所じゃないか…
社長室
どよ～ん
なんでおれがデータ分析部なんだよぉ～….
ほほー ケイタはデータ分析部に異動か
ポン
フミノリ…!
ふふん
残念だったな出世コースから外れたケイタくん♪
営業部第一課
夏目 フミノリ
ケイタと同期のライバル

まぁせいぜい頑張れよー
ぐぎぎぎ…
はぁ…
…じゃあな
とぼとぼ
データ分析部
ここか…
統計を扱う部署だというのは聞いたけど
そもそも統計って何だ…？
失礼します
コンコン
ガチャ
君が今日から配属された工藤ケイタ君ね

データ分析部の部長 渋谷 和美よ
よろしく!
慶東商事データ分析部 渋谷 和美
よ…よろしく お願いします!
うちの部署は「統計学」を使って データを分析するのが 主な仕事よ
さっそくだけど… 統計学ってわかる?
う…
いえ… 実はまったく…
統計学とは たくさんのデータをまとめて その中に含まれている 情報を読み取ったり
なんとなく 仕事上の経験や感覚で わかっているものを
あらためて数字で 検証していく学問なの

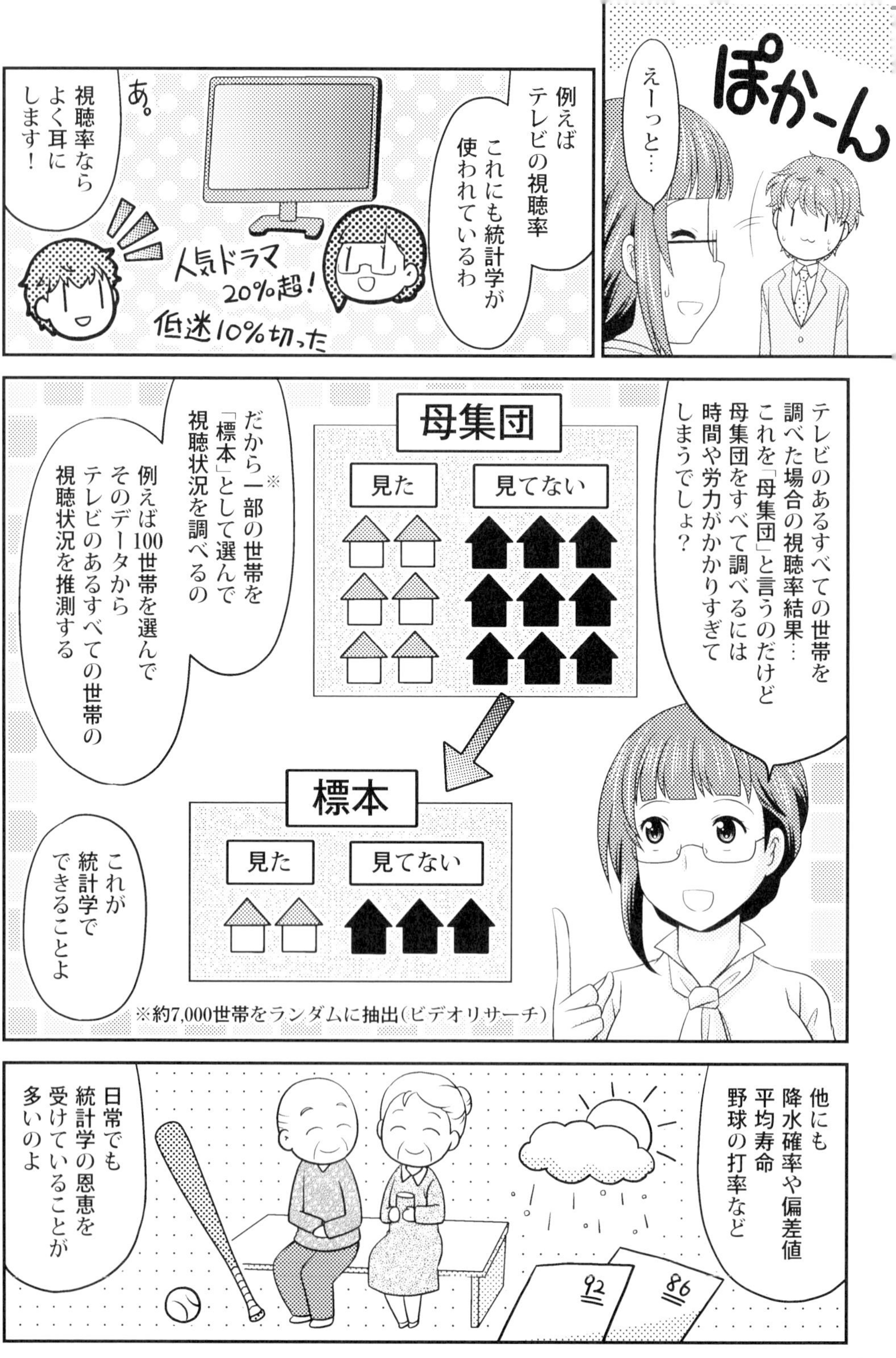

ぽかーん
えーっと…
例えば
テレビの視聴率
これにも統計学が
使われているわ
あ。
視聴率なら
よく耳に
します！
人気ドラマ
20%超！
低迷10%切った
テレビのあるすべての世帯を
調べた場合の視聴率結果…
これを「母集団」と言うのだけど
母集団をすべて調べるには
時間や労力がかかりすぎて
しまうでしょ？
母集団
見た
見てない
だから一部※の世帯を
「標本」として選んで
視聴状況を調べるの
例えば100世帯を選んで
そのデータから
テレビのあるすべての世帯の
視聴状況を推測する
標本
見た
見てない
これが
統計学で
できることよ
※約7,000世帯をランダムに抽出(ビデオリサーチ)
他にも
降水確率や偏差値
平均寿命
野球の打率など
日常でも
統計学の恩恵を
受けていることが
多いのよ
92
86

それをビジネスで使うとしたら商品の売上げデータを分析したり
宣伝費用が売上げにどれだけ貢献しているかを分析したり
こういったことがこの部署の仕事なの
データ分析部
どう？興味出てきたかな？
正直まだわからないことばかりだけど…
まあこれからじっくり覚えてもらうから
一緒に頑張りましょう！
にこっ
は…はい！
和美さんのもとでなら頑張れる気がしてきた！
ぐっ

はじめに

統計学を学ぶ〝オススメの順番〟

本書のタイトルを見て手にした方の中には、「統計学は難しい」「関連書を読んだけどわかりにくい」と思っている人も多いことでしょう。一方で、最近では「統計学」という言葉が、「何でも分析できる」「世の中の真実がわかる」といったマジックワードとなって広まっている面もあり、期待やワクワク感を持っている人もいるかもしれません。

統計学とは、難解な数学なのでしょうか？　それとも、何でもわかる魔法のようなものなのでしょうか？　本書で学ぶ統計学は、どちらでもなく「便利なツール」「ものごとを整理・判断するための技術」です。

統計学の背景には、膨大な数学理論の蓄積があります。そのため、理屈を「1から」理解するには学問として向き合う必要があります。「入門書」であっても多くが「1から」を踏襲しているため、最後まで読み進めるのが困難なのが実情でした。しかし、そもそも統計学は社会の課題を解決するために生まれた技術です。工学的な知識がなくても車が運転でき、化学的な知識がなくても洗剤で洗濯はできます。それと同じように、高度な数学の知識がなくても、数式や確率など、数学が検証済みの手法を用いてデータを読み解く技術が統計学です。

車の運転を覚えるのにガソリンの燃焼やタイヤの摩擦から学ぶのは、不必要ではありませんが遠回りです。運転方法とともに、道路標識や運転上の注意点から学びます。同じように、統計学を「わかる」「使う」ための学びには〝オススメの順番〟があります。それが本書の構成です。

統計学は、基礎となる「記述統計学」と、その実践・応用としての「推測統計学」に分けられます。本書でも第1章と第2章では「記述統計学」を、第3章で「推測統計学」を扱っています。それが統計学を学ぶ「流れ」だからです。しかし、本書の特徴は、その流れを踏襲しつつも、実際に統計学を「わかる」「使う」上で押さえておきたいポイントをクリアしながら、流れを止めることなく最後まで「読める」点です。多くの方にとって理解が深まると考えられる箇所は深掘りして解説をしていますが、数学的に難解な箇所はポイントのみを伝えるようにしています。統計学は「技術」ですから、わかって使えても、そこを深掘りすればするほど専門的で難しい要素が次から次に出てきます。そうはならないよう、流れを止めず「記述統計学」から「推測統計学」へと、まずは統計学の全体を一周できるのが本書です。

私は現在、社会人を対象に数学や統計学の指導をしていますが、「わかりやすく、楽しく、深く」学ぶことができるよう、日々工夫を重ねています。難しいことも、学ぶ順番を整えるとわかりやすくなり、納得できる。数学を通じて、笑顔を届けることが私の使命だと思っています。本書を最後まで読んだ方もきっと笑顔になると確信しています。

小林克彦

目次

第2章 多変量解析の入り口……97

＼マンガ／

＼マンガ／

第3章　確率を用いた統計学の入り口……161

登場人物紹介

あらすじ

慶東商事営業部に勤める工藤ケイタは、ある日「データ分析部」への異動を命じられる。戸惑いながらも、配属先の部長、渋谷和美から統計学を応用した分析の手法を学ぶことに。はたして、ケイタは統計学を使いこなすことができるのだろうか……!?

渋谷 和美

データ分析部の部長。大人しそうな見た目とは裏腹に、一度火がつくと止まらないタイプ。謎の数式を、自分の信念としていつも持ち歩いている。

工藤 ケイタ

営業部第二課からデータ分析部に異動になった青年。真面目な性格だが、おっちょこちょいなのが玉にキズ。データ分析部で和美から統計学を教わる。

社長

慶東商事の社長。チャームポイントはヒゲ。リフレッシュ人事の名のもとに、ケイタをデータ分析部に異動させる。抜けているようだが、策士の一面も。

夏目 フミノリ

営業部第一課のエース。ケイタとは同期でライバル的な存在。データ分析部に異動になったケイタをからかうが、頑張るその姿に徐々に感化され……。

松平専務

慶東商事の得意先の専務。豪快な性格で、部下の意見もきちんと聞き、取り入れてくれる。データ分析部に広告デザイン案についての相談をする。

サトミ

ケイタのいとこの高校生。ケイタに似て真面目で、学校の成績も上位。たまたま出会ったケイタと和美に、テストの成績について相談をする。

第1章

統計学の入り口

統計学は「統《す》べて計《はか》る」ことの学問。
「統べる」は、データを集めてまとめること。
「計る」は、分析するということです。
では、集めたデータをどう分析すれば良いのか。
統計学の第1歩は、ここからです。

所得金額をさまざまな視点で見る

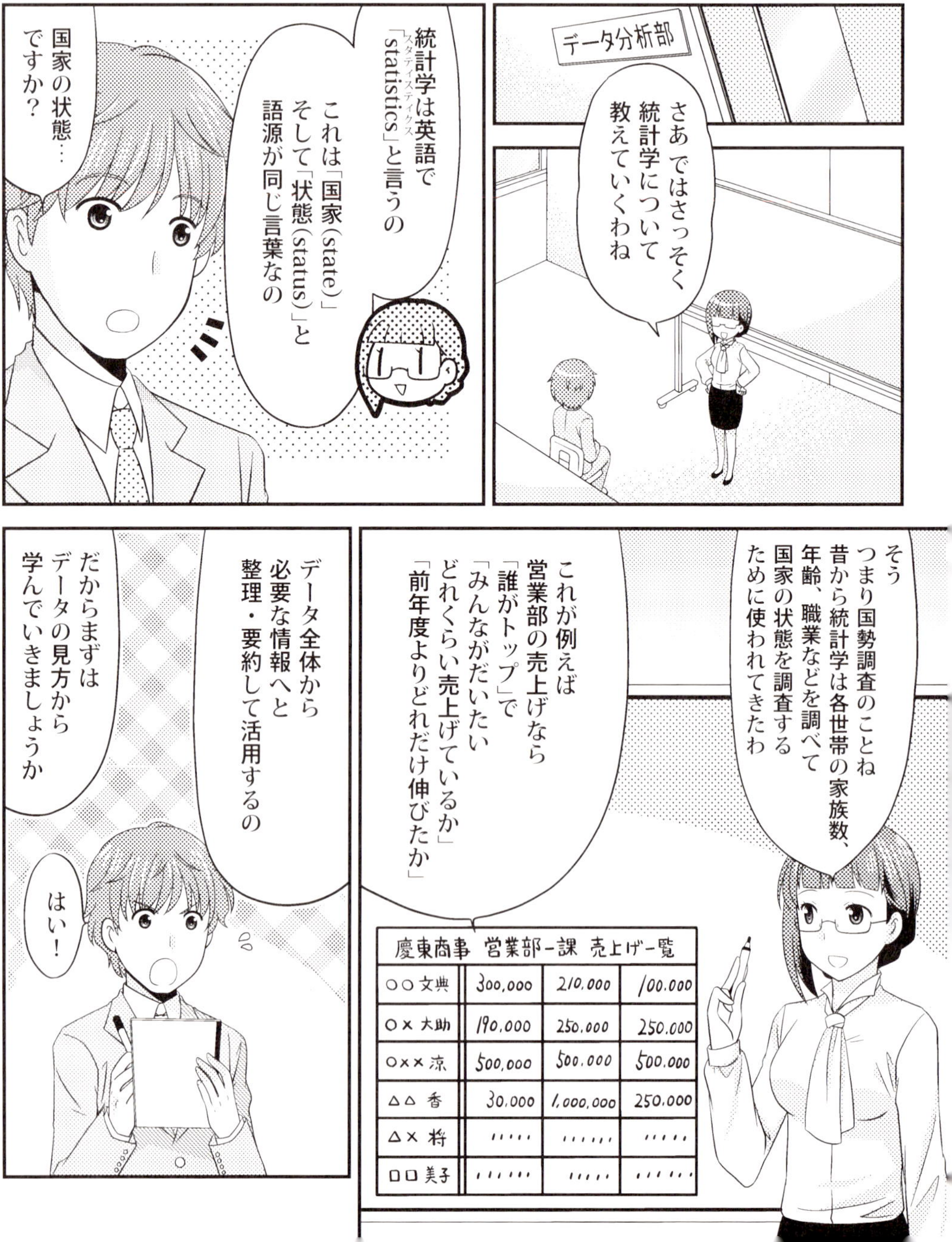
データ分析部
さあではさっそく統計学について教えていくわね
統計学は英語で「statistics《スタティスティクス》」と言うの これは「国家(state)」そして「状態(status)」と語源が同じ言葉なの
国家の状態…ですか？
そう つまり国勢調査のことね 昔から統計学は各世帯の家族数、年齢、職業などを調べて国家の状態を調査するために使われてきたわ
これが例えば営業部の売上げなら「誰がトップ」で「みんながだいたいどれくらい売上げているか」「前年度よりどれだけ伸びたか」
慶東商事 営業部一課 売上げ一覧
○○ 文典 300,000 210,000 100,000
○× 大助 190,000 250,000 250,000
○×× 涼 500,000 500,000 500,000
△△ 香 30,000 1,000,000 250,000
△× 将
□□ 美子
データ全体から必要な情報へと整理・要約して活用するの
だからまずはデータの見方から学んでいきましょうか
はい！

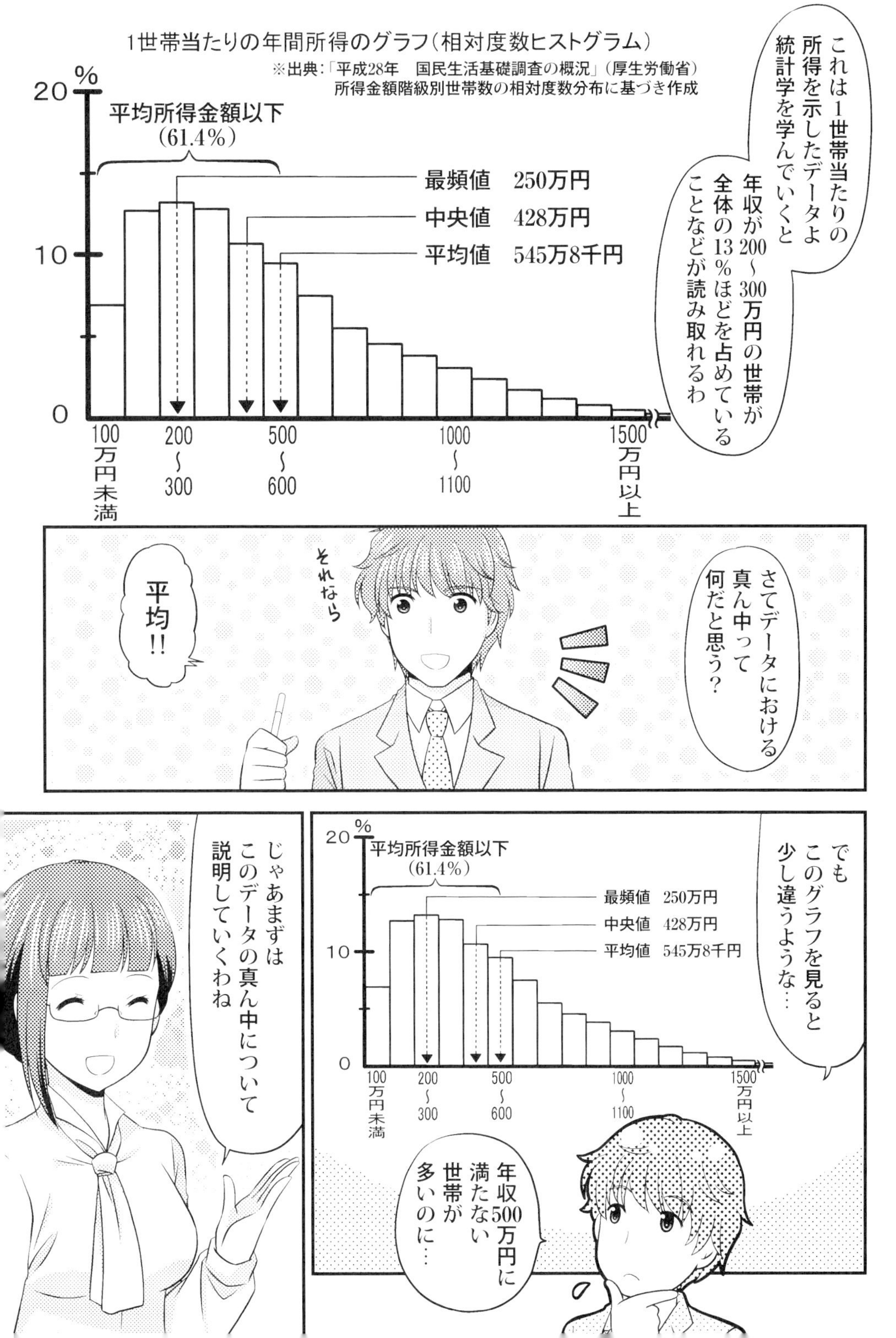
これは1世帯当たりの所得を示したデータよ
統計学を学んでいくと年収が200～300万円の世帯が全体の13％ほどを占めていることなどが読み取れるわ
1世帯当たりの年間所得のグラフ（相対度数ヒストグラム）
※出典：「平成28年　国民生活基礎調査の概況」（厚生労働省）
所得金額階級別世帯数の相対度数分布に基づき作成
%
20
10
0
平均所得金額以下
（61.4％）
最頻値　250万円
中央値　428万円
平均値　545万8千円
100万円未満
200～300
500～600
1000～1100
1500万円以上
さてデータにおける真ん中って何だと思う？
それなら
平均!!
でもこのグラフを見ると少し違うような…
%
20
10
0
平均所得金額以下
（61.4％）
最頻値　250万円
中央値　428万円
平均値　545万8千円
100万円未満
200～300
500～600
1000～1100
1500万円以上
年収500万円に満たない世帯が多いのに…
じゃあまずはこのデータの真ん中について説明していくわね

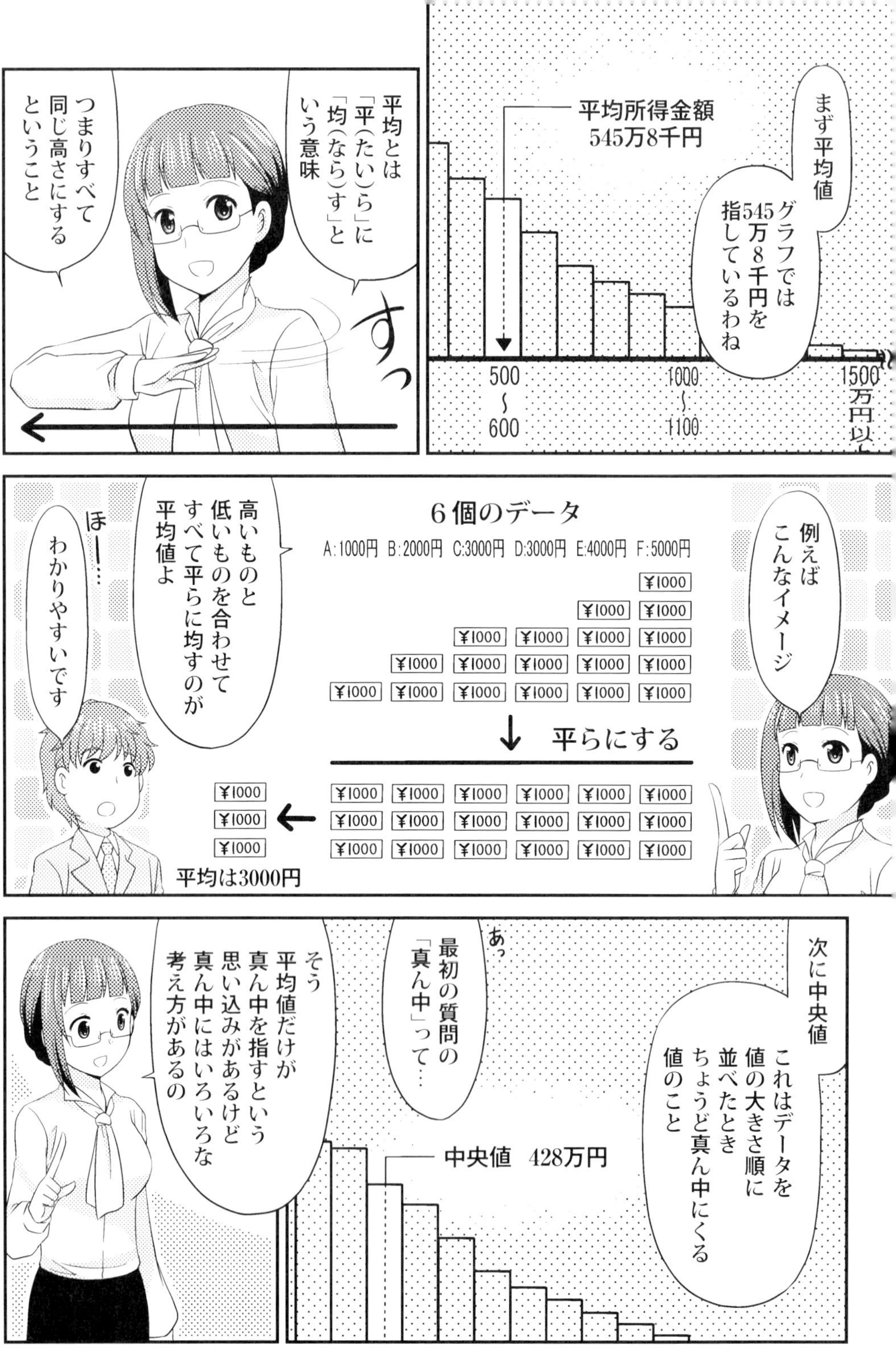
まず平均値
グラフでは545万8千円を指しているわね
平均所得金額 545万8千円
500〜600
1000〜1100
1500 万円以
平均とは「平(たい)ら」に「均(なら)す」という意味
つまりすべて同じ高さにするということ
すっ
例えばこんなイメージ
6個のデータ
A:1000円 B:2000円 C:3000円 D:3000円 E:4000円 F:5000円
¥1000
¥1000 ¥1000
¥1000 ¥1000 ¥1000 ¥1000
¥1000 ¥1000 ¥1000 ¥1000 ¥1000
¥1000 ¥1000 ¥1000 ¥1000 ¥1000 ¥1000
平らにする
¥1000 ¥1000 ¥1000 ¥1000 ¥1000 ¥1000
¥1000 ¥1000 ¥1000 ¥1000 ¥1000 ¥1000
¥1000 ¥1000 ¥1000 ¥1000 ¥1000 ¥1000
¥1000
¥1000
¥1000
平均は3000円
高いものと低いものを合わせてすべて平らに均すのが平均値よ
ほー…
わかりやすいです
次に中央値
これはデータを値の大きさ順に並べたときちょうど真ん中にくる値のこと
あっ
最初の質問の「真ん中」って…
中央値 428万円
そう平均値だけが真ん中を指すという思い込みがあるけど真ん中にはいろいろな考え方があるの

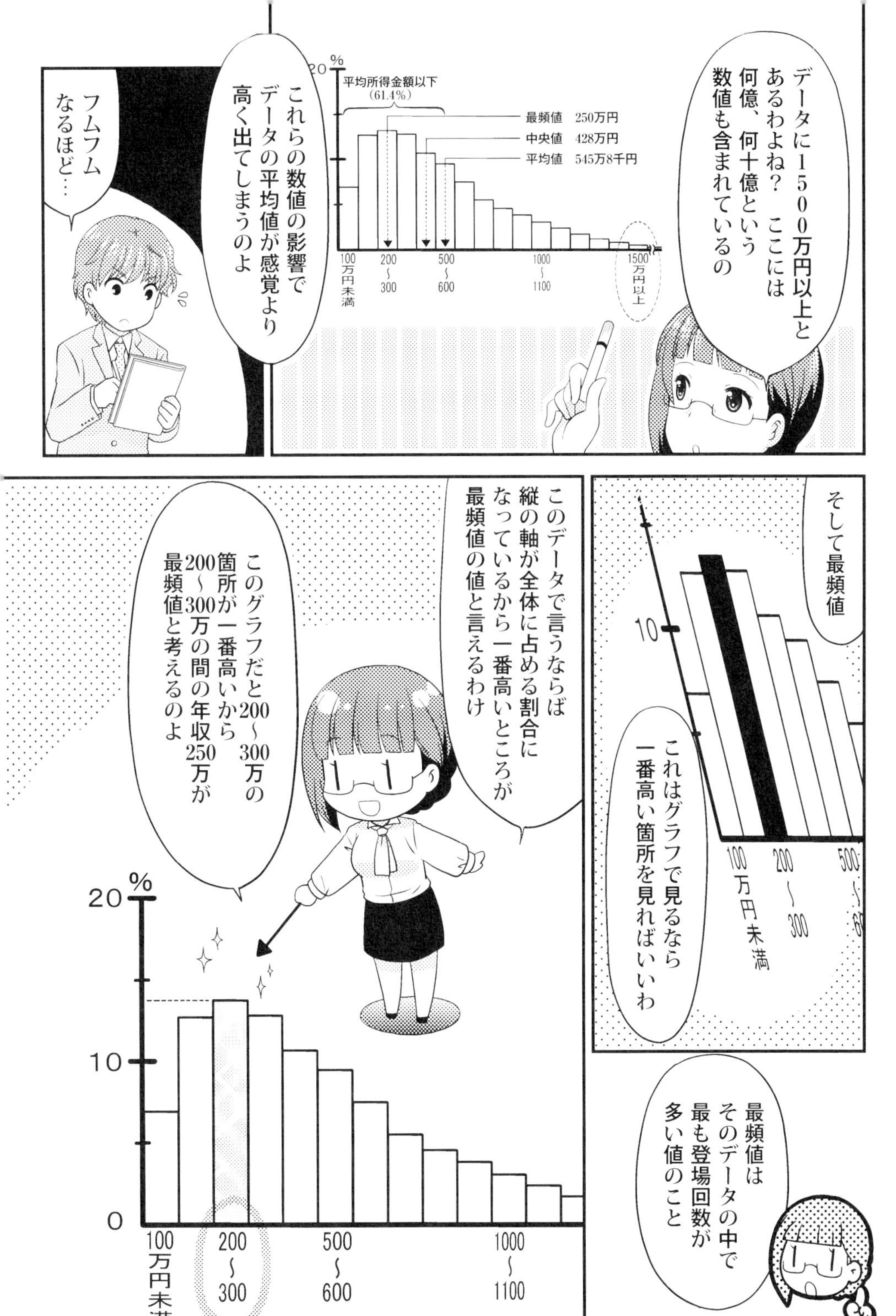

データに1500万円以上とあるわよね？ ここには何億、何十億という数値も含まれているの
20%
平均所得金額以下（61.4%）
最頻値 250万円
中央値 428万円
平均値 545万8千円
100万円未満
200～300
500～600
1000～1100
1500万円以上
これらの数値の影響でデータの平均値が感覚より高く出てしまうのよ
フムフム なるほど…
そして最頻値
10
100万円未満
200～300
これはグラフで見るなら一番高い箇所を見ればいいわ
このデータで言うならば縦の軸が全体に占める割合になっているから一番高いところが最頻値の値と言えるわけ
このグラフだと200～300万の箇所が一番高いから200～300万の間の年収250万が最頻値と考えるのよ
20%
10
0
100万円未満
200～300
500～600
1000～1100
最頻値はそのデータの中で最も登場回数が多い値のこと

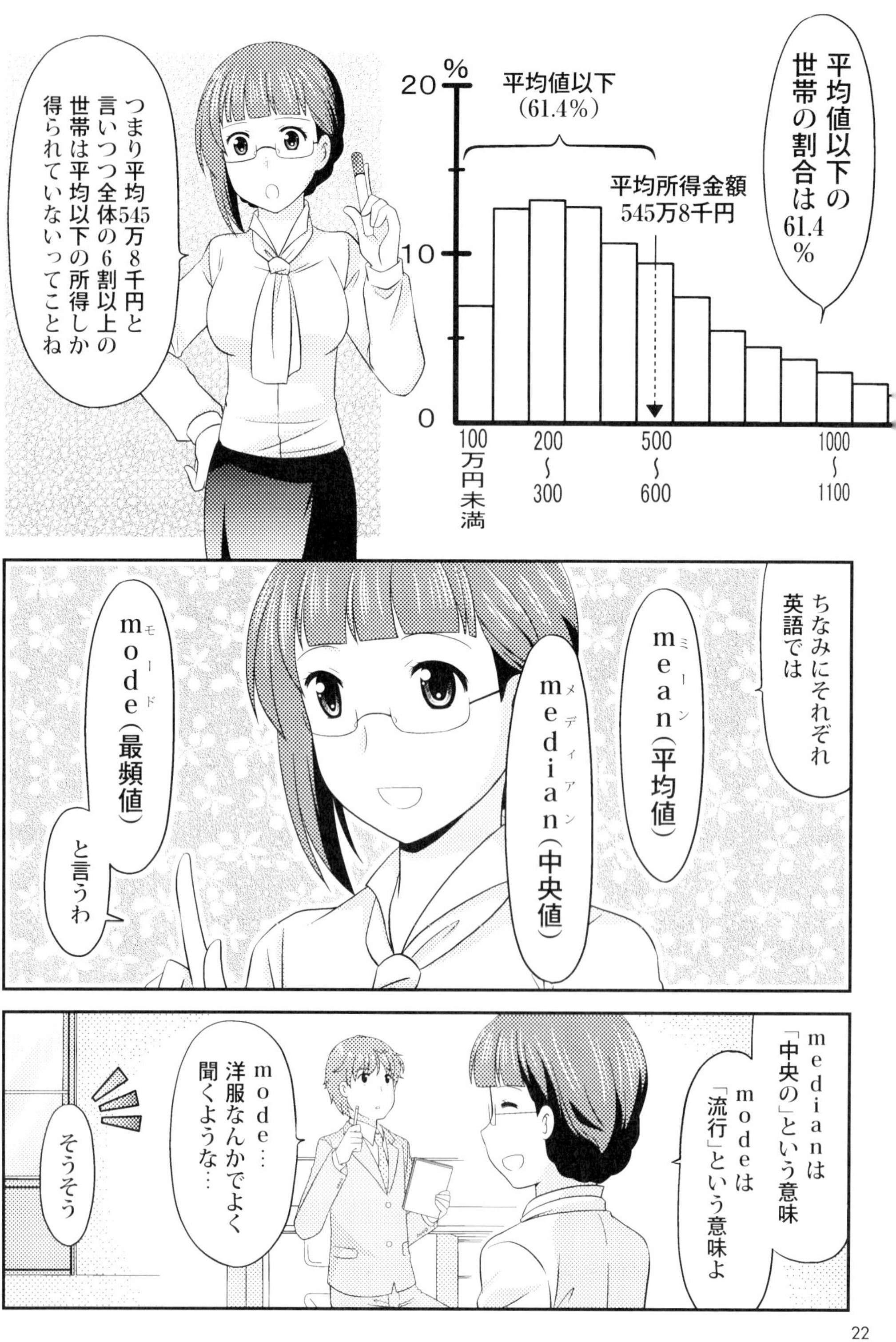

平均値以下の世帯の割合は61.4%
%
20
10
0
平均値以下
(61.4%)
平均所得金額
545万8千円
100万円未満
200〜300
500〜600
1000〜1100
つまり平均545万8千円と言いつつ全体の6割以上の世帯は平均以下の所得しか得られていないってことね
ちなみにそれぞれ英語では
mean《ミーン》(平均値)
median《メディアン》(中央値)
mode《モード》(最頻値)
と言うわ
medianは「中央の」という意味
modeは「流行」という意味よ
mode…洋服なんかでよく聞くような…
そうそう

ファッションの流行をモードって言うわね
流行するっていうことはそれだけ登場回数が多いってことなの
言葉の意味から考えてみるのも面白いわよ
平均値・中央値・最頻値などの真ん中を表す値を総称して「代表値(average《アベレージ》)」と呼ぶの
異なる代表値を使って読み解くことでそのデータが見せる顔は変わってくるわ
たしかに…統計学ちょっと面白い気がしてきました
ガシッ
じゃあ それぞれの代表値について もう少し深く読み解いて いきましょう
さあ! ビシバシ いくわよ!
ビシッ
ふんっ
うふふふ
バシッ
ビシバシ…
あーあ 部長に火が ついた
ブルッ

キーワード
統計学とは？

統計学は社会の課題を解決する手法

ナイチンゲールも統計学者だった！

■クリミアの天使のもうひとつの顔

「**統計学**」は英語で「statistics」と表記されます。これは「国家：state」や「状態：status」を語源にする言葉だと言われています。戦争や災害の被害、疫病対策などに政府が対応する上で、**人口の構成や土地の利用状況など「国力」を把握し、対策を考えるための手法として「統計」は発展してきました。**

「クリミアの天使」として知られる英国の看護師・ナイチンゲール（１８２０年～１９１０年）は、近代看護教育の母として有名ですが、実は統計学者でもあったのです。19世紀半ば、英国はクリミア戦争に参戦。戦地の病院に赴任したナイチンゲールは、兵士の死因が直接の戦死だけでなく病院の衛生環境にもあると考え、統計学を用いてその改善策を提案したのです。

ナイチンゲールは課題解決に統計学を用いた

ナイチンゲールは統計学の手法を用いることで、戦場の現実と課題を多くの人と共有し、その解決策を理解させました

①課題

戦場から報告される「戦死者」を軍も政府も「戦場での死者」と考えていました。その数は増えていくばかりでした。

②気づき

野戦病院に派遣されたナイチンゲールは「戦死者」の多くが不衛生な病院で亡くなる「戦傷者」であることに気づきます。

③分析　ナイチンゲールは、「戦死者」のデータを集め、統計学を用いて「戦死者」には病院の治療や衛生環境で亡くなる「戦傷者」が多いことを解明。病院の衛生状態が原因となっていることを「見える化」したグラフで議会や女王を納得させました。

④解決　ナイチンゲールの提案を受け、戦地の病院の衛生状態が改善されると「戦傷者」の救命率は大きく改善されました。

ナイチンゲールの用いた「鶏頭図」は半径の長さで割合を表現していたの。データの分析結果を「どう説明するか」まで工夫することも、統計学を活かす上で大切です！

■統計学は物事を改善する手法

人々は「戦争なのだから戦死者が出る」とまるで自然現象のように受け止めていました。そんな時代にあって、ナイチンゲールは、「病院の衛生状態の悪さ」で戦傷者が亡くなっている状況（課題）を知り、「衛生状態の改善策」（解決案）を見出したのです。当時の英国は、女性が医療の現場で意見することも難しい社会でした。しかし、ナイチンゲールは軍を説得します。彼女は3色で色分けしたグラフ（鶏頭図）を作り、病院での死者の割合が高いことを視覚的に示すことで、衛生環境の改善を訴えました。つまり、統計学を用いて現場の実情を分析、報告したのです。これにより、女王も「病院で死亡する割合の大きさ」を理解したそうです。

ナイチンゲールの提案を受け、病院の衛生環境が改善されると戦傷者の救命率は見違えるほど改善しました。このように、**統計学は、課題の性質を見極め、その改善策や解決案を周囲と共有し話し合うための手法**なのです。それを一緒に学んでいきましょう。

一言メモ　彗星の発見で著名な天文学者のハレーは、統計学を用いて、実際の死亡記録から年齢ごとの死亡率の一覧表「生命表」を作成。その利用方法として生命保険の料率計算に用いることを提案しました。

キーワード
平均値と中央値

日常的に使うけれど、本当の意味は知っている？
「平均値」はいろいろな〝真ん中〟のひとつ

昼休み・社員食堂
がやがや
この前テレビでサラリーマンのお小遣いの統計データ特集やってたんだけどさ
平均月4万円だって みんなはどれくらいもらってるんだ？
統計の話…
4万
2万
3万
7万
オレの2万って少なすぎるだろー！
だいたい何だ7万って セレブかよ！おごってください!!
わーん
そーだ そーだ
えー!?
おごってー
なるほどなー
平均値は極端に高い値があるとそれにつられてしまうんだな…

〝真ん中〟を意味する３つの代表値を学ぼう！

統計学では、さまざまな〝真ん中〟の考え方があり、それらを総称して「代表値(average)」と呼びます。よく出てくる代表値は、この３つです。

平均値(mean)
データの値をすべて足してデータ数で割った値。「算術平均」「相加平均」とも言います（32ページのコラム参照）。例えば、食事の時の「割り勘」は、平均値の値です。

中央値(median)
「メディアン」とも言います。すべてのデータを値の大きさの順に並べた時に〝真ん中（中央）〟にある値。データが奇数個ならすぐにわかりますが、偶数個の場合はどうなるのでしょう？

最頻値(mode)
「モード」とも言います。これはちょっと難しい言葉です。「階級」「度数」「階級値」「ヒストグラム」など、他の統計の言葉と一緒に学びます。

どれも英語の頭文字が「m」なのが特徴です

■統計学は〝真ん中〟を曖昧なままにしない

統計学を学ぶ上で「数式」と同じくらい重要なのが、さまざまな「言葉」です。第1章、第2章と読み進めれば、一見難しそうな数式も、実は統計学の言葉を効率良く表記するためのものだとわかります。ですから、**学びの最初で統計学に使われる言葉のひとつひとつをしっかり理解することが大切です。**とは言っても、難解な言葉は出てきません。最初に学ぶのは「**平均値**」です。子どものころから日常的に使っている言葉ですね。

では、平均値をどんな意味で使っていますか？　周囲の人と確かめ合ったことはないと思いますが、多くの人は、日常会話で「特別大きくも小さくもないちょうど真ん中」という意味で使っていることでしょう。

しかし、〝真ん中〟と言われても、言葉としては曖昧すぎて、さまざまなとらえ方ができてしまいます。**統計学では、上の例のように、それぞれの〝真ん中〟の「考え方」に異なる言葉を当てはめています。**どう異なるのか？　それぞれの言葉を見ていきましょう。

一言メモ　meanのコアイメージ（単語の中核的な意味）は「中」です。「中→本質」からmeaning［意味］、「目的への中間にあるもの」からmeans［手段］、〝真ん中〟からmean［平均］ととらえると覚えやすいです。

平均値（mean）とは？

4万
2万
3万
7万
4万円が平均値

26ページに出てきた4人のお小遣いの例を見てみましょう。〝真ん中〟が4万円というのは、「おや？」と感じますね。「4万」「3万」「2万」の3人の平均値なら、合計「9万」÷「3人」で3万円ですが、1人だけ「7万」が加わったことで1万円も平均値が上がってしまいました。このように極端に大きな値のデータがあった場合、その影響を受けやすいのも平均値の特徴です。

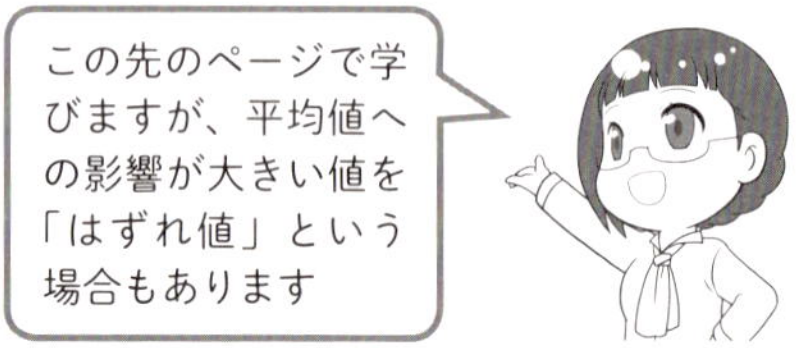
この先のページで学びますが、平均値への影響が大きい値を「はずれ値」という場合もあります

■「平均値」は暮らしの中でもよく使う代表値

〝真ん中〟を意味する「代表値」の中でも、最も身近な言葉が「**平均値**（または平均）」です。テストの「平均点」や飲み会の「全員の支払い額を頭数で割った〝割り勘〟の金額」など、**データのすべての値を合計して、データの個数で割った値**のことで、統計学ではよく使われます。「mean」の頭文字「m」に対応するギリシャ文字の小文字「μ（ミュー）」の記号で表します。

平均値の求め方

$$\text{平均値}(\mu) = \frac{\text{データの合計}}{\text{データの個数}}$$

例：「2、3、4、7」の4個のデータの平均値を求めよう

↓

$$\frac{2+3+4+7}{4} = \frac{16}{4} = 4$$

↓

平均値（μ）＝4

平均値の記号「μ」は「mean」の「m」を表しているのか。由来を知ると記号も覚えやすいですね

中央値（median）とは？

データの個数が奇数の場合

中央値は、値の大きさの順で並べた中央の値

7個　2、3、3、5、6、6、8

9個　2、3、4、4、5、5、6、6、8

対象となるすべてのデータを値の大きさの順で並べたときに〝真ん中〟にある値が「中央値」です。データ数が奇数個の場合、対象の値は1個

データの個数が偶数の場合

中央値は、値の大きさの順で並べた中央２つの値の平均値

8個　2、3、3、4、5、6、6、8

（4＋5）÷ 2 ＝ 4.5

10個　2、3、4、4、5、5、6、6、7、8

（5＋5）÷ 2 ＝ 5

データ数が偶数個の場合、〝真ん中〟に位置する２つの値の平均値を計算して「中央値」を求めます

■ 極端に大きな値があっても影響を受けにくい

すべてのデータを「値の大きさの順」で並べた時にちょうど〝真ん中〟にある値が「中央値」です。データの個数が奇数個であれば真ん中に位置する値は1個ですが、個数が偶数個の場合、対象になる値は2個となります。この場合、その2個の平均値（足して2で割った値）を中央値とします。

極端に大きな値がデータに含まれていると、平均値は、その影響を受けやすいのに対して、中央値は、影響を受けにくいのが特徴です。上の「10個のデータ」の最大値「8」を「50」や「100」に変更したとしても中央値は「5」です。このように一言で〝真ん中〟と言っても、〝真ん中〟にはさまざまなとらえ方があることを覚えておきましょう。

知っておきたい統計学の言葉

統計学では「データの個数」について「標本の大きさ」「サンプルサイズ」という表現を使うこともあります。ここでは、このページにある「値の大きさ」と混同しないよう「データの個数」という表現で統一しています。

一言メモ　中央値を表す英語 median は「中央の」の意味。新聞・テレビ・インターネットなどの媒体（media：メディア）は、情報と人の「間（中央）」に位置する伝達役。

データの中にはいくつもの〝真ん中〟がある

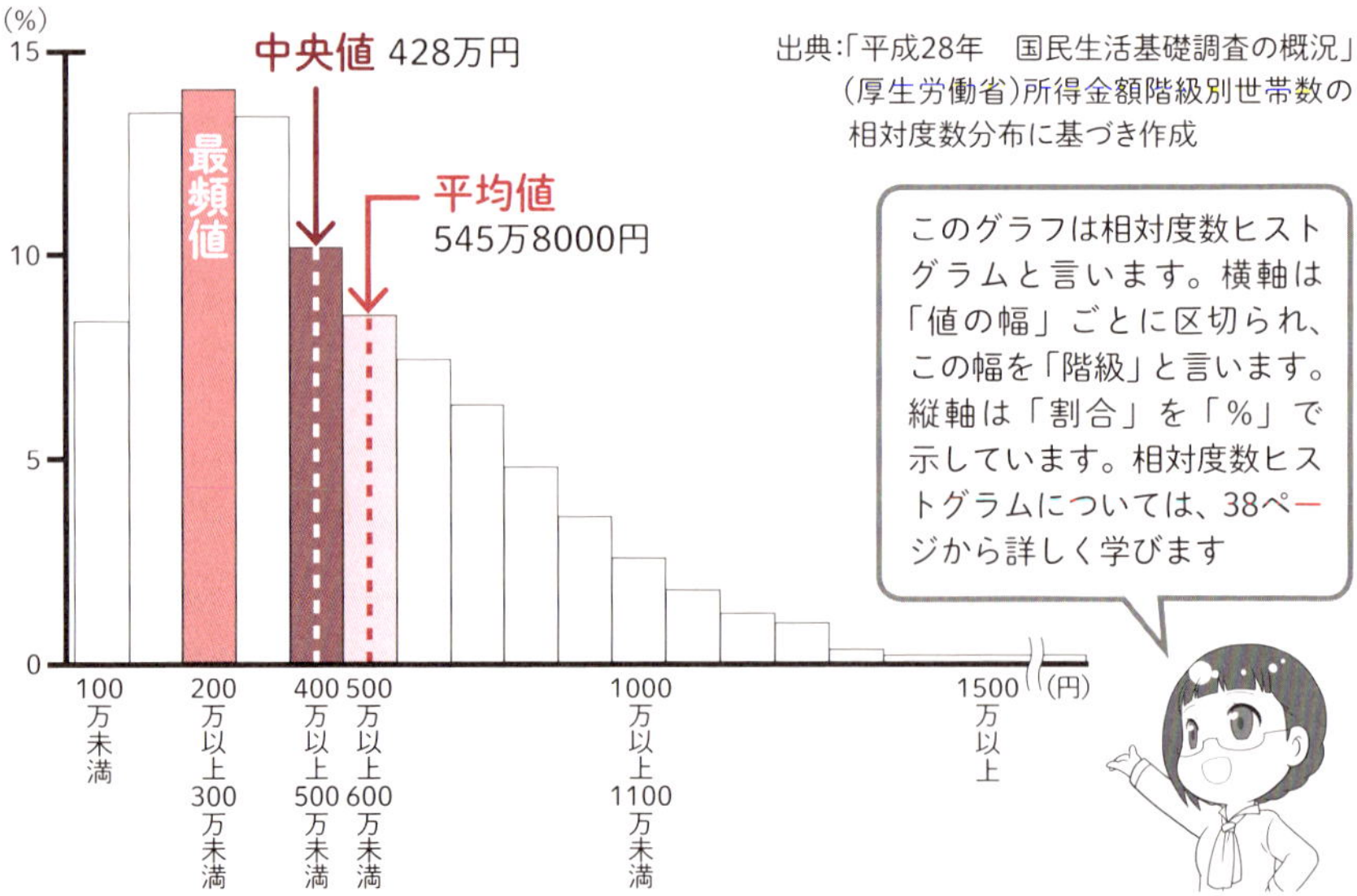
(%)
15
10
5
0
中央値 428万円
最頻値
平均値
545万8000円
出典:「平成28年　国民生活基礎調査の概況」
（厚生労働省）所得金額階級別世帯数の
相対度数分布に基づき作成
このグラフは相対度数ヒストグラムと言います。横軸は「値の幅」ごとに区切られ、この幅を「階級」と言います。縦軸は「割合」を「%」で示しています。相対度数ヒストグラムについては、38ページから詳しく学びます
100万未満
200万以上300万未満
400万以上500万未満
500万以上600万未満
1000万以上1100万未満
1500万以上
(円)

代表値が示す〝真ん中〟とは

データを〝読む〟〝見せる〟ためにどの〝真ん中〟に注目するのかを考えてみよう

統計学を学ぶ上で基本となる代表値、「平均値（平均）」と「中央値」について見てきました。その〝違い〟をもう一度整理します。上のグラフは、国内の「年間所得ごとの世帯数の割合」を%で表したものです。こうしたグラフを「**相対度数ヒストグラム**」と言い、統計学でよく使います（詳しくは38ページから学びます）。この相対度数ヒストグラムは金額の幅の中に全体のうちどれだけの割合があるかを表しています。

グラフに平均値と中央値、さらに新しい言葉「**最頻値**」を示しました。「最頻値」も〝真ん中〟を示す代表値のひとつです。ここでは「最も割合が多かった金額幅の〝真ん中〟」と考えてください（詳しくは34ページから学びます）。

平均値と中央値に注目すると、示している金額の値が違うのがわかります。何がどう違うのでしょうか？

それぞれの代表値は違う意味の〝真ん中〟を示している

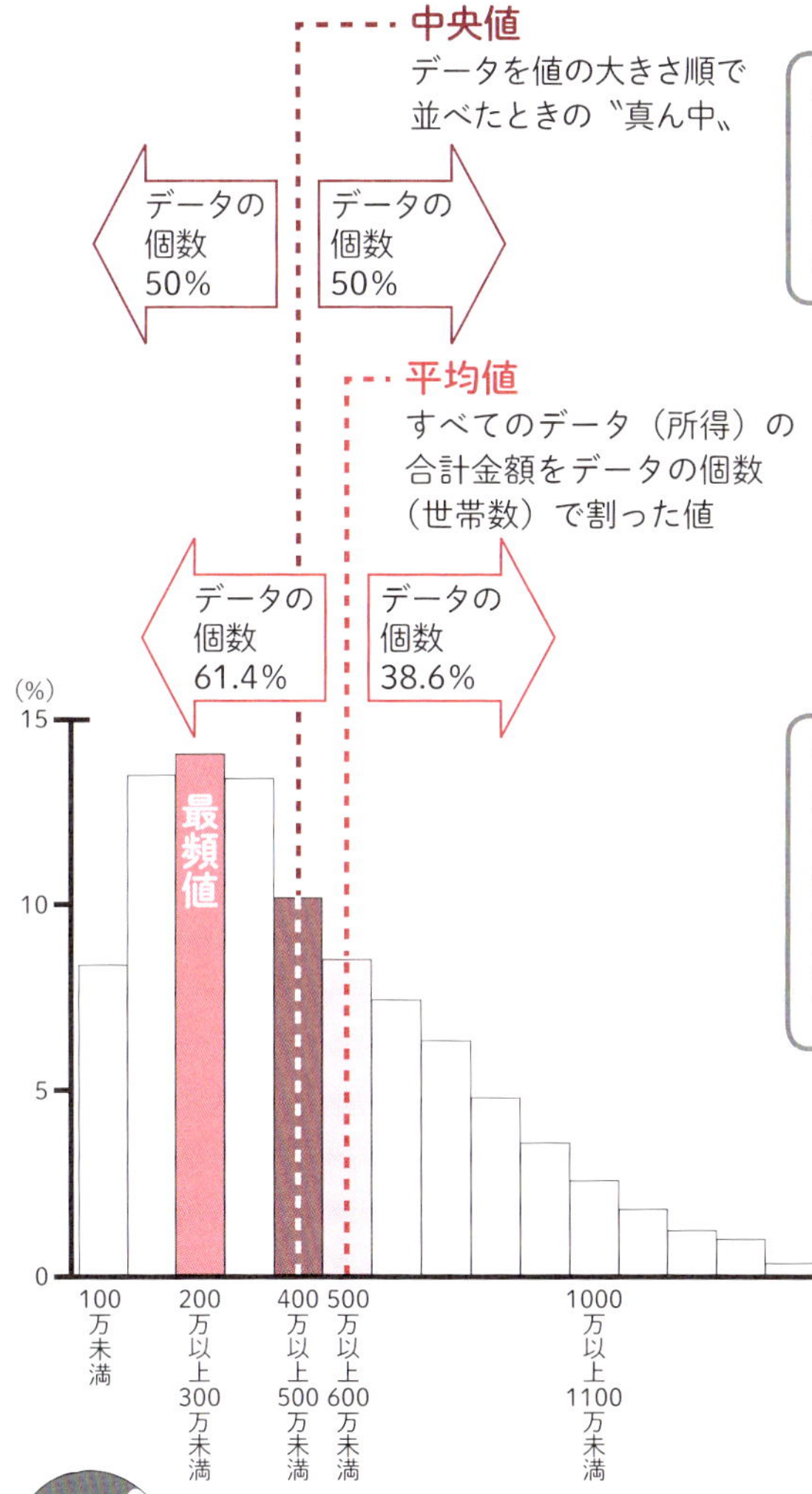
中央値
データを値の大きさ順で
並べたときの〝真ん中〟
データの
個数
50%
データの
個数
50%
平均値
すべてのデータ（所得）の
合計金額をデータの個数
（世帯数）で割った値
データの
個数
61.4%
データの
個数
38.6%
(%)
15
10
5
0
最頻値
100万未満
200万以上300万未満
400万以上500万未満
500万以上600万未満
1000万以上1100万未満
1500万以上
(円)

中央値は、すべてのデータの中央の値です。中央値より小さいデータも大きいデータも、ともにその個数は同じ（50%ずつ）になります

平均値はすべての所得の合計金額をデータの個数（世帯数）で割った値。実際には6割の世帯が平均値より低い値に含まれています。これは少数の高所得世帯の値に影響を受けていると考えられます

何をどう示すための分析や資料なのかを念頭に、代表値を考えることが大切です！

自分の「所得」の実感からすると平均値では違和感があるし、中央値であれば自分との比較に使える気がします！

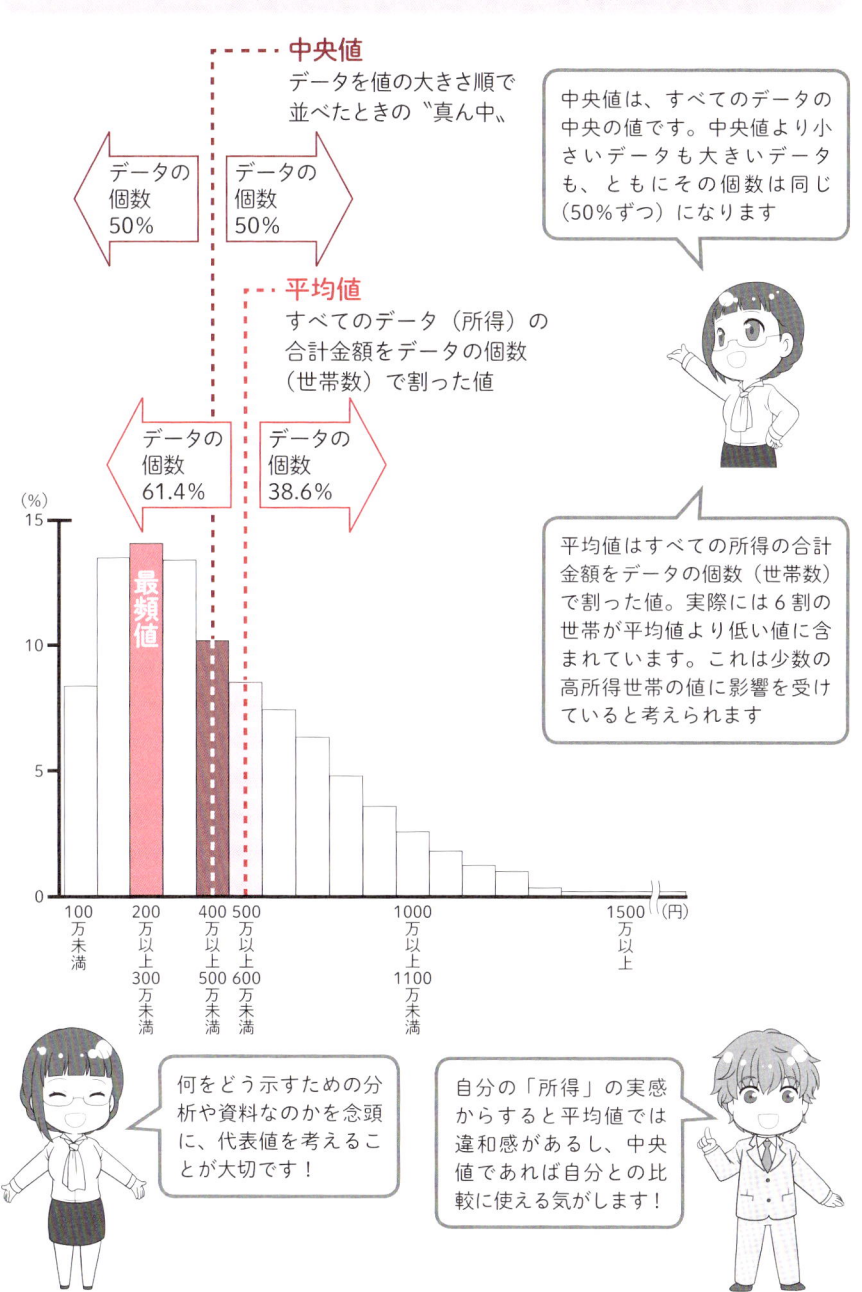

コラム

足し算の平均「相加平均」と掛け算の平均「相乗平均」の違いとは

「掛け算の平均」はどのように求めるのか

ここまで、〝真ん中〟の総称である代表値のうち、平均値と中央値を見てきました。この後に学ぶ「最頻値」を加えた3種類をよく用います。しかし、これ以外にも代表値はあります。ここでは、その中の「**相乗平均**」の計算方法と使い道を見ていきましょう。

私たちが日常よく使う「平均」は、データ同士を「加える」、つまり「足し算」した合計をデータ数で割った値です。これを「**相加平均**」と呼ぶこともあります。一方、「相乗平均」と呼ぶ平均もあります。すなわち、データ同士を「乗じる」、つまり「掛け算」した値から〝真ん中〟を考えるのが相乗平均です。

相乗平均は、「増加率の平均」を考えるのに適した代表値です。その求め方も見てみましょう。

5個のデータ				
1	1	1	2	16

5個の□（平均）				
□	□	□	□	□

「5個のデータ」を「5個の□」に対応させて、相加平均と相乗平均の式を比較してみましょう。

掛け算の平均？
難しそうだなあ。
どうやって求め、
どんなときに使
うんだろう

ひとつずつ確認するから
大丈夫！
まず相加平均を「復習」
してみましょう！　左上の
5個のデータを使います

相加平均

データの合計数「21」をデータ数「5」で割った値が相加平均。つまり、相加平均の値を「□」とし、5個の「□」の足し算と元のデータの足し算が等しいと考えます。

5個の□の足し算　　5個のデータの足し算

$\square+\square+\square+\square+\square = 1+1+1+2+16$

$\square\times 5 = 21$

$\square = 4.2$ ← 相加平均の値

相乗平均

5個の「□」の掛け算が、データのすべての掛け算（積）と等しいとして□を計算します。この場合、データすべての積「32」の「5」乗根を求めた値が相乗平均です。

5個の□の掛け算　　5個のデータの掛け算

$\square\times\square\times\square\times\square\times\square = 1\times 1\times 1\times 2\times 16$

$\square^5 = 32$

$\square^5 = 2^5$

$\square = 2$ ← 相乗平均の値

増加率の平均を求めるには相乗平均が適している

相乗平均はどのような場面で使うのでしょうか？　次の例を考えてみましょう。

［各年の前年比の売上げの増加率（%）：

2015年 ＋21% → 2016年 ＋69% → 2017年］

「増加」という言葉から足し算をしたくなりますが、ここでは相加平均は正しくありません。相加平均を求めると、(21+69) ÷2＝45（%）となりますが、これは不適切です。下の図のように増加率は「掛け算」の計算だからです。ここでは相乗平均を考えるのが適切です。

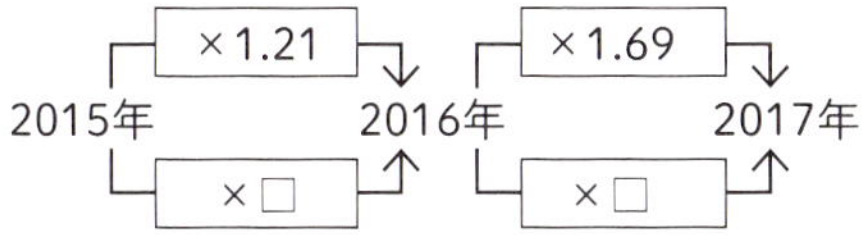

$\square\times\square = 1.21\times 1.69$

$\square = \sqrt{1.21\times 1.69}$

$\square = 1.1\times 1.3 = 1.43$

つまり、43%が2年間の売上げの平均増加率。

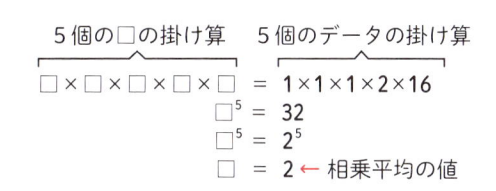

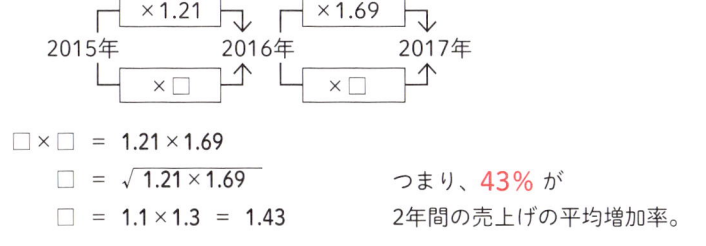

キーワード

最頻値

さらなる〝真ん中〟を知って統計学に1歩踏み込む
〝登場回数〟から求める「最頻値」

ケイタ君 この社員食堂の売上げデータを分析してくれる?
あ はい!
えっと… 中央値は650円で平均値は780円か…
カタ カタ
5/23(水)
5/24(木)
1200
750
650
650
500
750
750
900
900
900
600
750
750
900
650
650
750
600
650
650
750
750
750
300
300
750
でもやっぱり千円使ってる人も節約して300円の人もいるなあ
ん? データ上だと750円という金額が一番多いのか…
その値こそが最頻値よ
前にも言ったけど最頻値とは登場回数が最も多い値のこと
300
750
900
平均値、中央値、最頻値 それぞれ特徴があってデータの見方も変わってくるの 今回は最頻値もちゃんと出しておきましょう
そうか…真ん中にもいろいろな考え方があるんですね!
うん うん

最頻値（mode）とは？

あるクラスの小テスト（10点満点）を採点した10個のデータがあります。最も登場回数の多い点数は何点でしょう？

小テストの採点結果（点）									
2	3	3	4	4	5	7	7	7	8

点数	登場回数
2点	1回
3点	2回
4点	2回
5点	1回
7点	3回
8点	1回

7点が3回登場していて一番多い。「7」がこのデータの最頻値です！
上のデータを表にしてみましょう。データを数字として見るだけでなく、表やグラフに整理して特徴を考えることも統計学の基本です

■最頻値はデータ中の「登場回数」が最も多い値

30ページのグラフには、平均値や中央値と一緒に「**最頻値**」という言葉も登場しました。「頻」は「頻度」のことで、「データの中で最も多く登場する値」を意味します。

登場回数が多いことから「データ全体の主要な値」とみなします。つまり、「データを代表する〝真ん中〟」「中心的な値」として、最頻値も代表値のひとつと考えます。**最頻値も中央値と同様に、データの中に「極端に大きな値」があっても、その影響を受けにくいという特徴があります。**ここで3つの代表値の特徴を再度確認しておきましょう。

3つの代表値のおさらい

●平均値…データの値の合計をデータの個数で割った値。極端な値の影響を受けやすい。

●中央値…データを値の大きさ順に並べたときに中央にくる値。極端な値の影響を受けにくい。

●最頻値…登場回数が最も多い値。極端な値の影響を受けにくい。

一言メモ　「mode」という英単語には「流行」という意味もあります。流行のファッションを「モード」と言いますが「登場回数の多い服装」とも考えられるわけです。

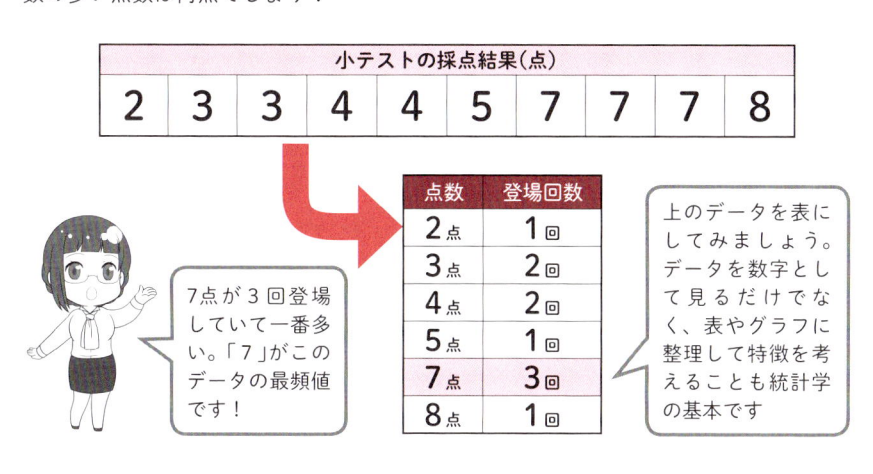

キーワード
ヒストグラム

度数分布表やヒストグラムから最頻値を考える

データを整理して図で表現する

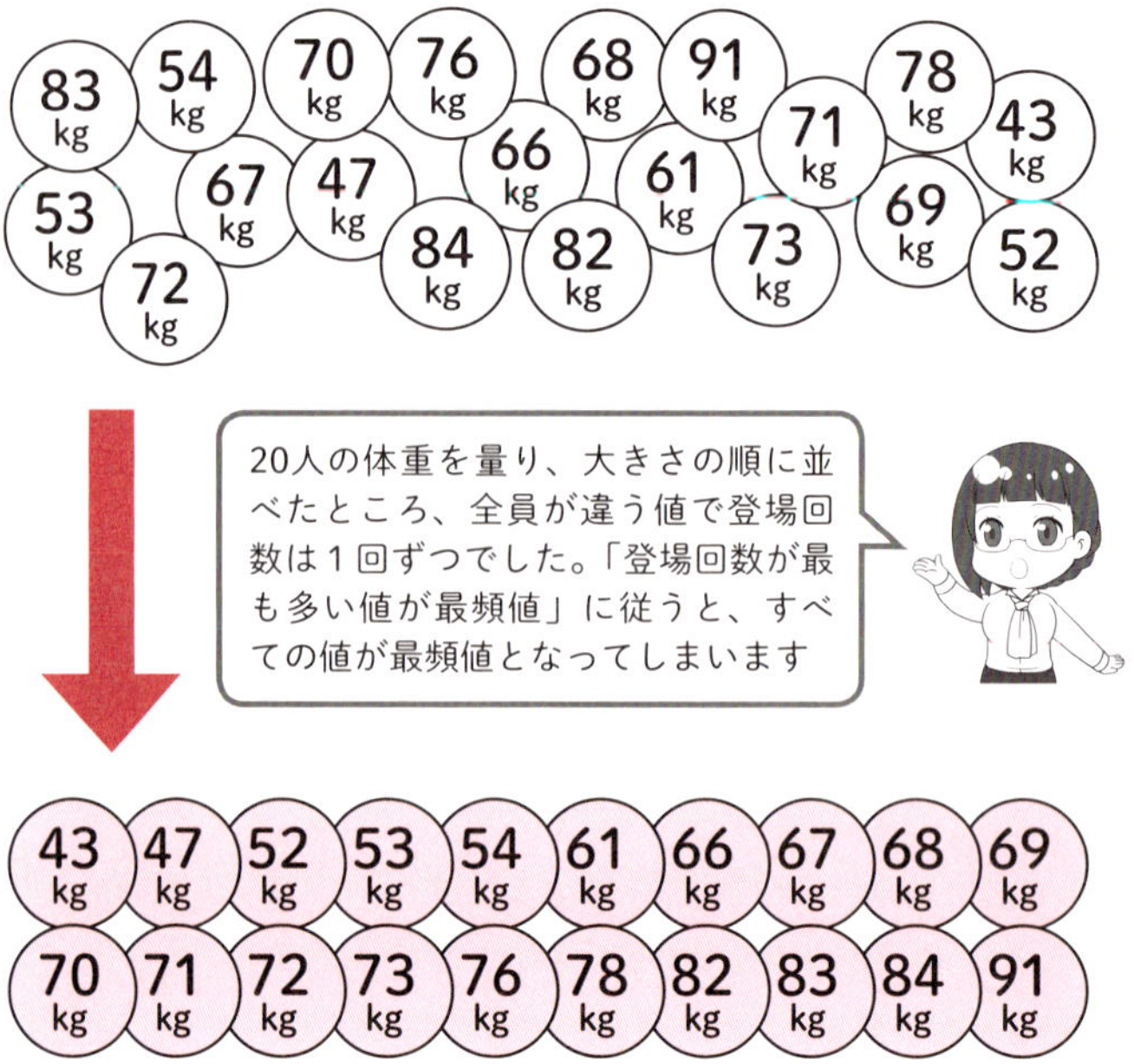
83kg 54kg 70kg 76kg 68kg 91kg 78kg 71kg 43kg
53kg 67kg 47kg 66kg 61kg 69kg
72kg 84kg 82kg 73kg 52kg
20人の体重を量り、大きさの順に並べたところ、全員が違う値で登場回数は１回ずつでした。「登場回数が最も多い値が最頻値」に従うと、すべての値が最頻値となってしまいます
43kg 47kg 52kg 53kg 54kg 61kg 66kg 67kg 68kg 69kg
70kg 71kg 72kg 73kg 76kg 78kg 82kg 83kg 84kg 91kg

■度数分布表を作って最頻値を求める

データ数が少ない場合、値ごとに登場回数に差が生まれないこともあります。また、上のデータのようにデータ数が多くても、体重や身長など細かな値では、やはり登場回数に差が生まれないことも。そこで登場するのが「**度数分布表**」です。度数分布表は、一定の幅でデータを区切り、その範囲に登場するデータの個数を値として表します。この「データの幅」を「**階級**」、階級の中に登場するデータの個数の値を「**度数**」と言います。また、それぞれの階級の中央の値を「**階級値**」と言い、データの値を「階級」「階級値」「度数」で整理したものが度数分布表です。度数分布表の「度数が大きい」ことを「登場回数が多い」と読み替え、「最も度数の大きな階級の階級値」を最頻値と考えます。

度数分布表を作り最頻値を求める

①一定の幅でデータを整理する

データの値を一定の幅で区切り、その中での登場回数を整理してみましょう。ここでは体重を「10kg ずつ」に分けました。「●以上○未満」に分けた区間が「階級」、この幅のことを「階級幅」と言います。各階級のデータの個数（ここでは人数の値）が「度数」です。

40kg 台 → 40kg 以上50kg 未満の階級 → 43、47 → 2人
50kg 台 → 50kg 以上60kg 未満の階級 → 52、53、54 → 3人
60kg 台 → 60kg 以上70kg 未満の階級 → 61、66、67、68、69 → 5人
70kg 台 → 70kg 以上80kg 未満の階級 → 70、71、72、73、76、78 → 6人
80kg 台 → 80kg 以上90kg 未満の階級 → 82、83、84 → 3人
90kg 台 → 90kg 以上100kg 未満の階級 → 91 → 1人

②階級値を求める

各階級の値の両端、「●以上○未満」の「●」と「○」の平均値が階級値です。
「40kg 以上50kg 未満」の階級の階級値は次のように計算します。
(40+50)÷2＝45

③度数分布表を作る

階級(kg) 以上～未満	階級値(kg)	度数
40～50	45	2
50～60	55	3
60～70	65	5
70～80	75	6
80～90	85	3
90～100	95	1

階級幅は一定であることが望ましいですが、データの性質上、途中から階級幅が変わることもあります。アンケートのデータなどが該当し、例えば「貯蓄額のアンケート」の階級幅を、0から1000万円までは「100万円ずつ」、1000万円以上では「200万円ずつ」とする場合があります。

最も度数の大きな階級「70kg 以上80kg 未満」の階級値「75」が、このデータの最頻値です！　最頻値の求め方には２つあることがわかりましたね
①登場回数が最も多い値　②度数が最も大きな階級の階級値

一言メモ　例えば、体重59.1kg と59.2kg の間には「59.02kg」「59.13kg」「59.17kg」のように、無数の値を考えることもできます。こういった値のことを「連続変数」と呼びます（95ページのコラム参照）。

度数分布表からヒストグラムを作る

度数分布表

階級（kg）以上～未満	階級値（kg）	度数
40～50	45	2
50～60	55	3
60～70	65	5
70～80	75	6
80～90	85	3
90～100	95	1

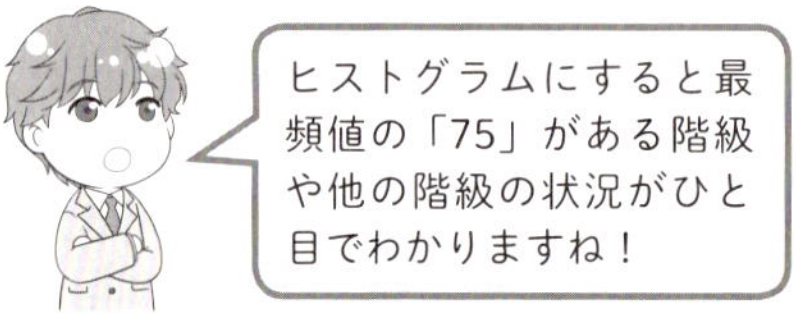
ヒストグラムにすると最頻値の「75」がある階級や他の階級の状況がひと目でわかりますね！

ヒストグラム

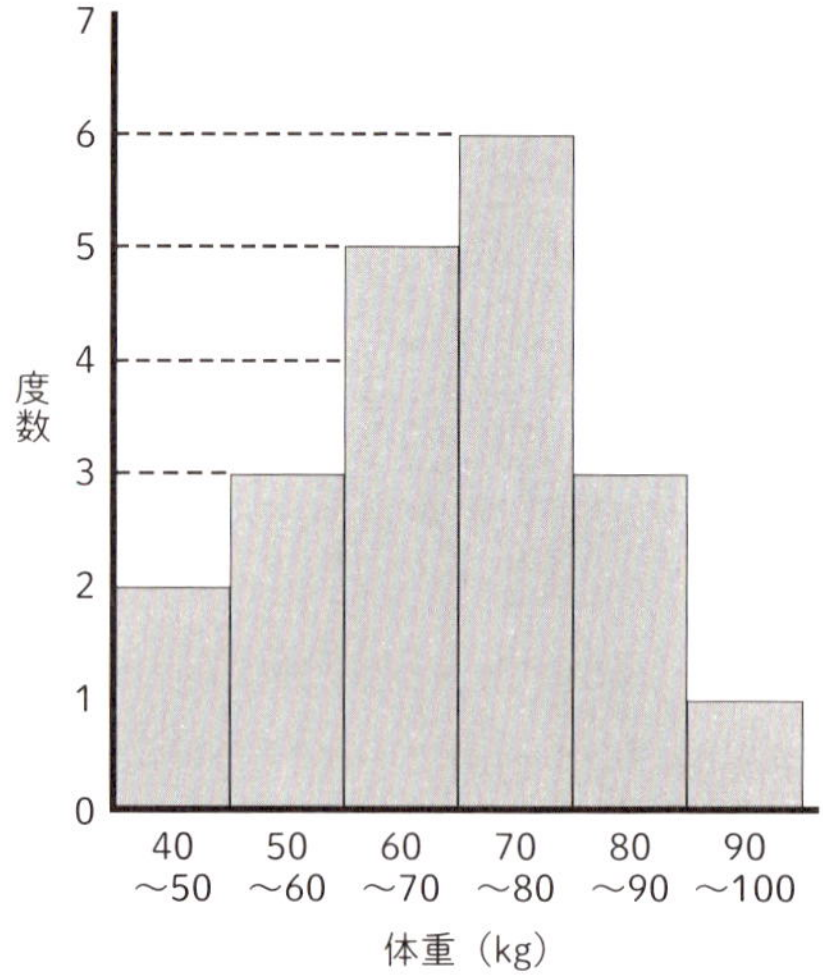
度数
0
1
2
3
4
5
6
7
40～50
50～60
60～70
70～80
80～90
90～100
体重（kg）

■データの特徴がひと目でわかるヒストグラム

度数分布表を図に表現したものを「**ヒストグラム**（柱状グラフ）」と言います。馴染みのある「棒グラフ」は、棒状のグラフを指す言葉で、ヒストグラムもその一種ですが、ヒストグラムならではの特徴があります。上のヒストグラムを参考にして、その特徴を見てみましょう（詳しくは90ページを参照）。

ヒストグラムは、縦軸が度数、横軸が階級です。つまり、それぞれの階級にデータが何個登場したかを表現したグラフです。また、「40kg以上50kg未満の階級」と「50kg以上60kg未満の階級」では「50」のところで**階級の柱がくっついているのも特徴です。**

さらに、度数の合計（データの個数）に対して、それぞれの階級の度数を割合（%）で表した値を「**相対度数**」、それを含めた表を「**相対度数分布表**」と言います。この相対度数を縦軸に表したのが「**相対度数ヒストグラム**」です。次のページから必要な値の求め方、特徴を見ていきましょう。

一言メモ　「ヒストグラム」は、ギリシャ語で「すべてのものを直立にする」という意味のhistos（ヒストス）と「描いたり記録したりすること」を意味するgramma（グラマ）に由来しています。

相対度数ヒストグラムを作る

$$\text{ある階級の相対度数} = \frac{\text{ある階級の度数}}{\text{全体の度数の合計}}$$

「相対度数」は中学校の数学で習います。「ある階級の度数が、度数全体の何％を占めているのか」を示す値です。計算方法はこうなります

階級「40〜50」の度数は「2」。度数の合計は、体重を量った人数の「20」ですから……、つまり相対度数は10％ですね

$$\text{階級「40〜50」の相対度数} = \frac{2}{20} = 0.1$$

すべての階級の相対度数を出して、その項目を加えた「相対度数分布表」と、それに基づく「相対度数ヒストグラム」を作ってみましょう！

相対度数分布表

階級(kg) 以上〜未満	階級値 (kg)	度数	相対度数 (%)
40〜50	45	2	10
50〜60	55	3	15
60〜70	65	5	25
70〜80	75	6	30
80〜90	85	3	15
90〜100	95	1	5
合計		20	100

縦軸の目盛りが「％」になっただけで、ヒストグラムの形には変化がありませんね！

相対度数ヒストグラム

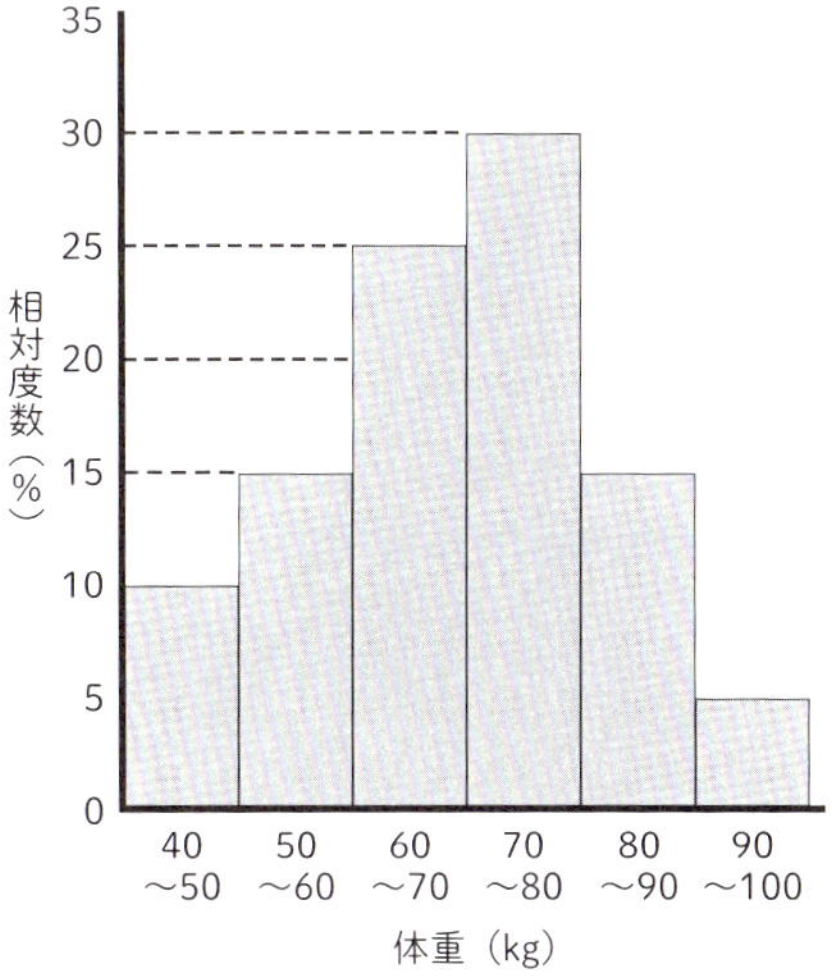

一言メモ

「階級」は「クラス（class）」と呼ぶこともあります。また、ヒストグラムの縦軸に「度数」を示す「f」を書くことがあります。これは度数の英単語「frequency」の頭文字です。

階級幅を変えるとヒストグラムが変化する

前のページで学んだように、ヒストグラムも相対度数ヒストグラムも形は同じでした。では、階級幅を変えるとヒストグラムがどうなるか見てみましょう

階級幅10kgのヒストグラム

度数分布表

階級(kg) 以上～未満	階級値 (kg)	度数
40～50	45	2
50～60	55	3
60～70	65	5
70～80	75	6
80～90	85	3
90～100	95	1

ヒストグラム

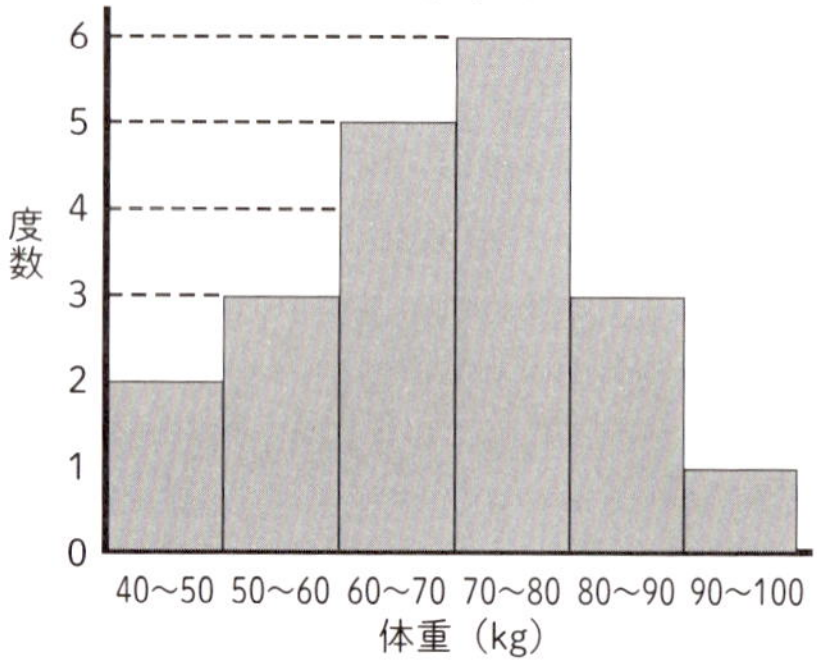

階級幅を5kgに変えてみると……

度数分布表

階級(kg) 以上～未満	階級値 (kg)	度数
40～45	42.5	1
45～50	47.5	1
50～55	52.5	3
55～60	57.5	0
60～65	62.5	1
65～70	67.5	4
70～75	72.5	4
75～80	77.5	2
80～85	82.5	3
85～90	87.5	0
90～95	92.5	1
95～100	97.5	0

ヒストグラム

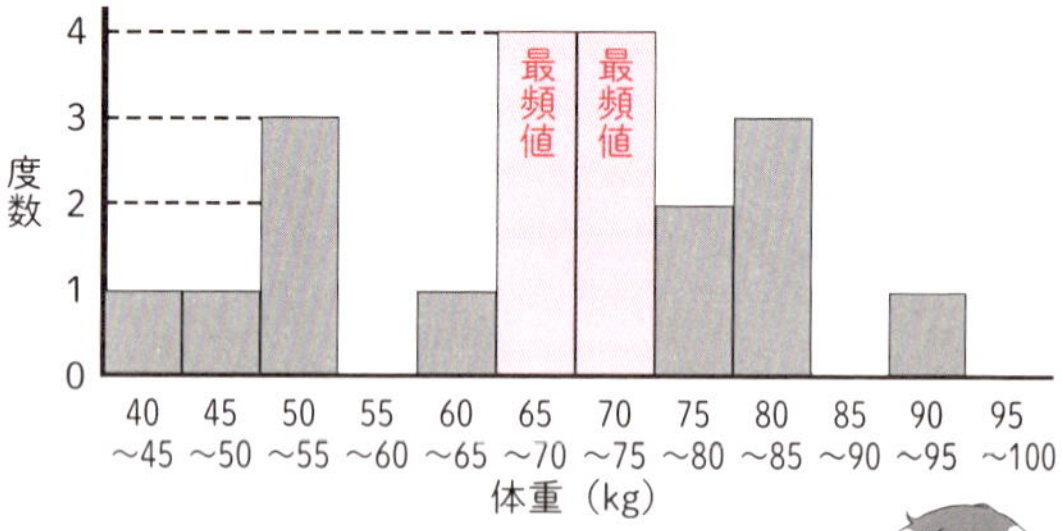

最頻値を含む階級が２つ現れました！

全部の値が違うデータでは、すべての値が最頻値となってしまうように、階級幅を小さく下げていくと、最頻値を含む階級がいくつも出てきてしまうのです。適切な階級幅を選ぶことも大切です

階級の適切な数を決める目安となる「スタージェスの公式」

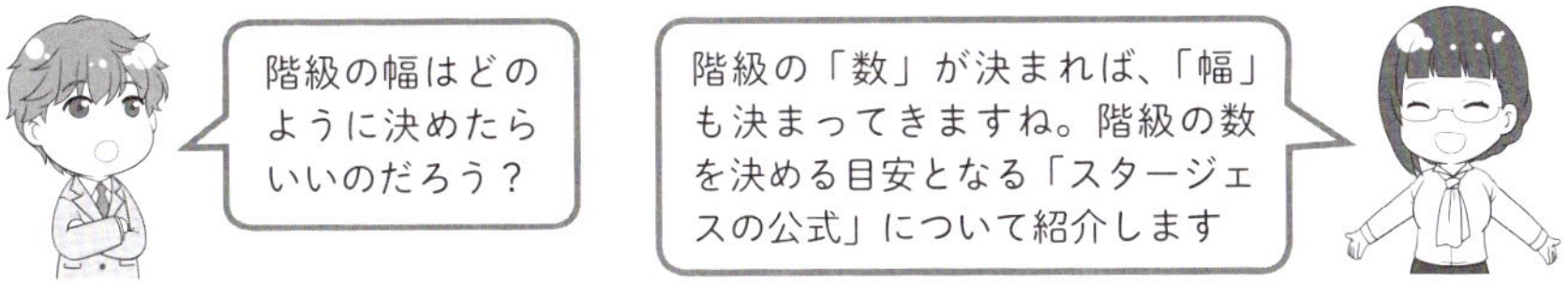
階級の幅はどのように決めたらいいのだろう？
階級の「数」が決まれば、「幅」も決まってきますね。階級の数を決める目安となる「スタージェスの公式」について紹介します

スタージェスの公式とは？

度数分布表やヒストグラムを作る際に適切な階級の「数」を判断する〝目安〟となる公式です。以下の関係を、階級の数を決める際の参考にしてください。

データの個数	度数分布表やヒストグラムでの適切な階級の数の目安
$2^1=2$	2
$2^2=4$	3
$2^3=8$	4
$2^4=16$	5
$2^5=32$	6
2^n	n+1

体重のデータは20個なのでこのあたり

○データ全体の個数を「2のn乗」と考え、その時の階級の数を「n＋1」とする。
○これは「絶対にこうあるべき」というものではなく、これまでの統計学において「だいたいこれくらいがいいだろう」という経験的なもの。
○提唱者であるスタージェス氏が、人間の持つ主観を含めて考え、「目安」となるものとして用意した公式が「スタージェスの公式」。

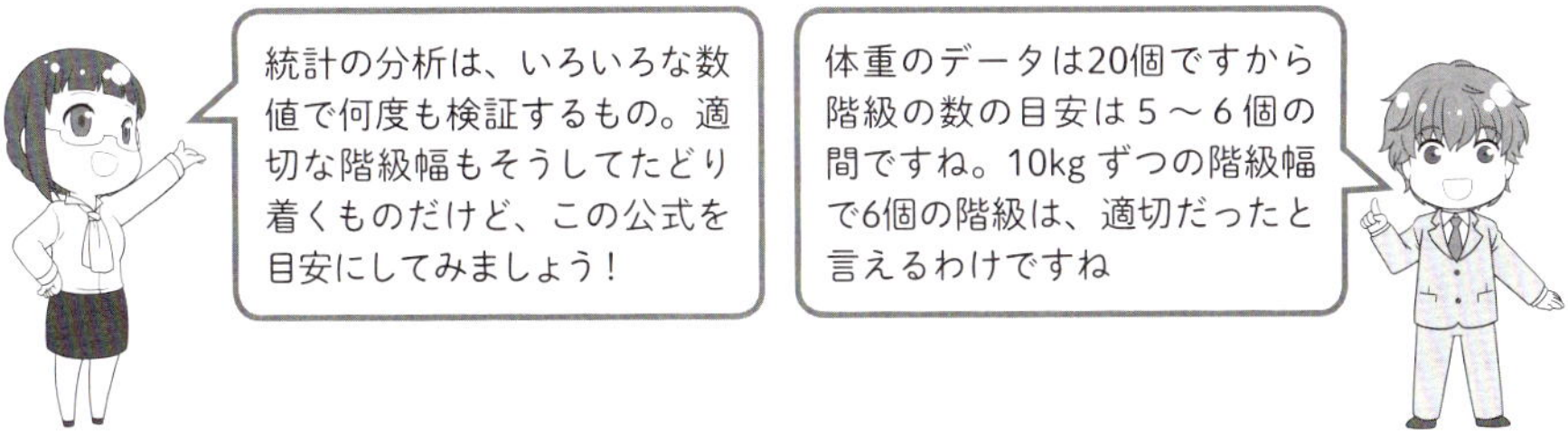
統計の分析は、いろいろな数値で何度も検証するもの。適切な階級幅もそうしてたどり着くものだけど、この公式を目安にしてみましょう！
体重のデータは20個ですから階級の数の目安は5～6個の間ですね。10kgずつの階級幅で6個の階級は、適切だったと言えるわけですね

\〝バラつき〟とはいったい何か/

学力テストの結果を「指標」で比較

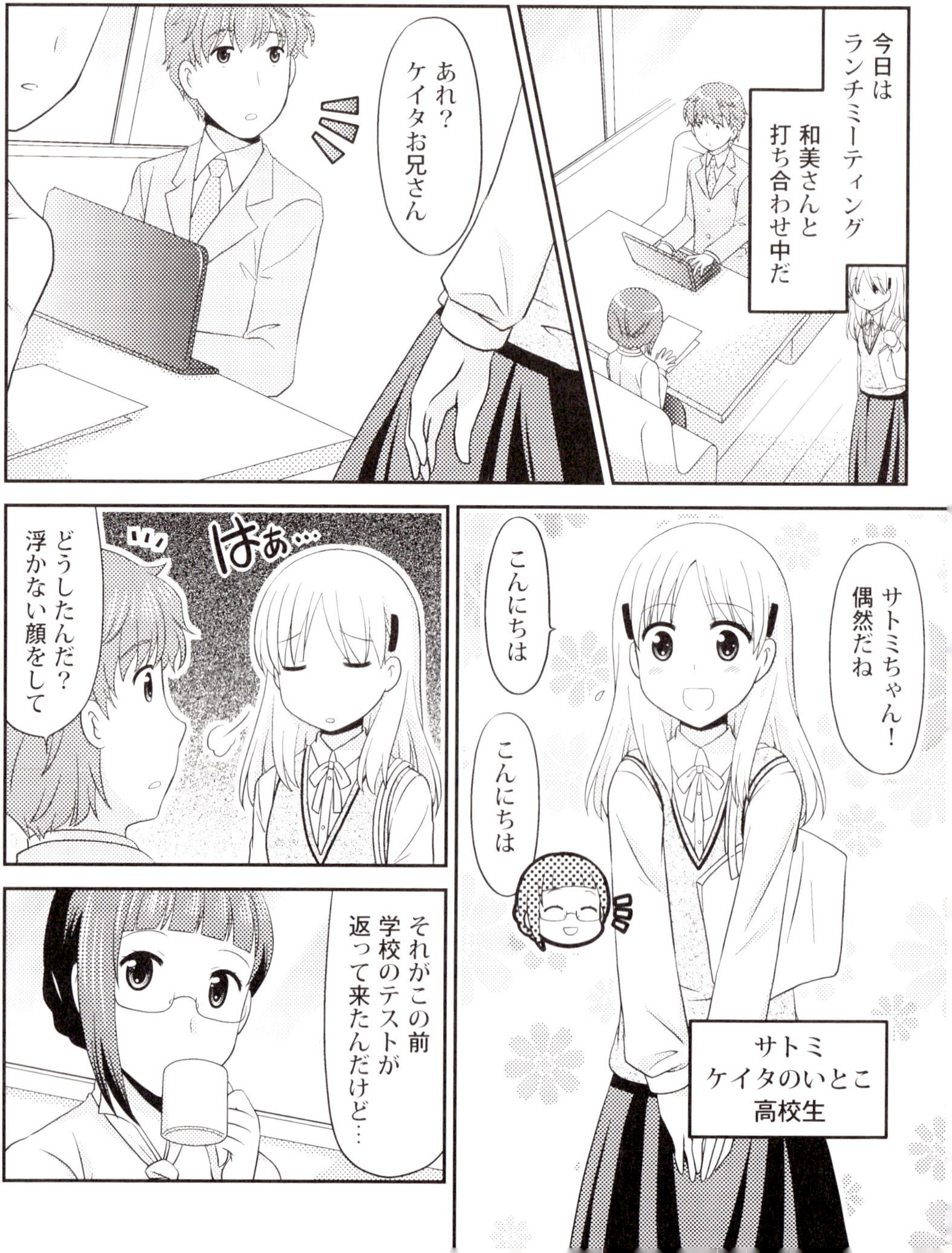

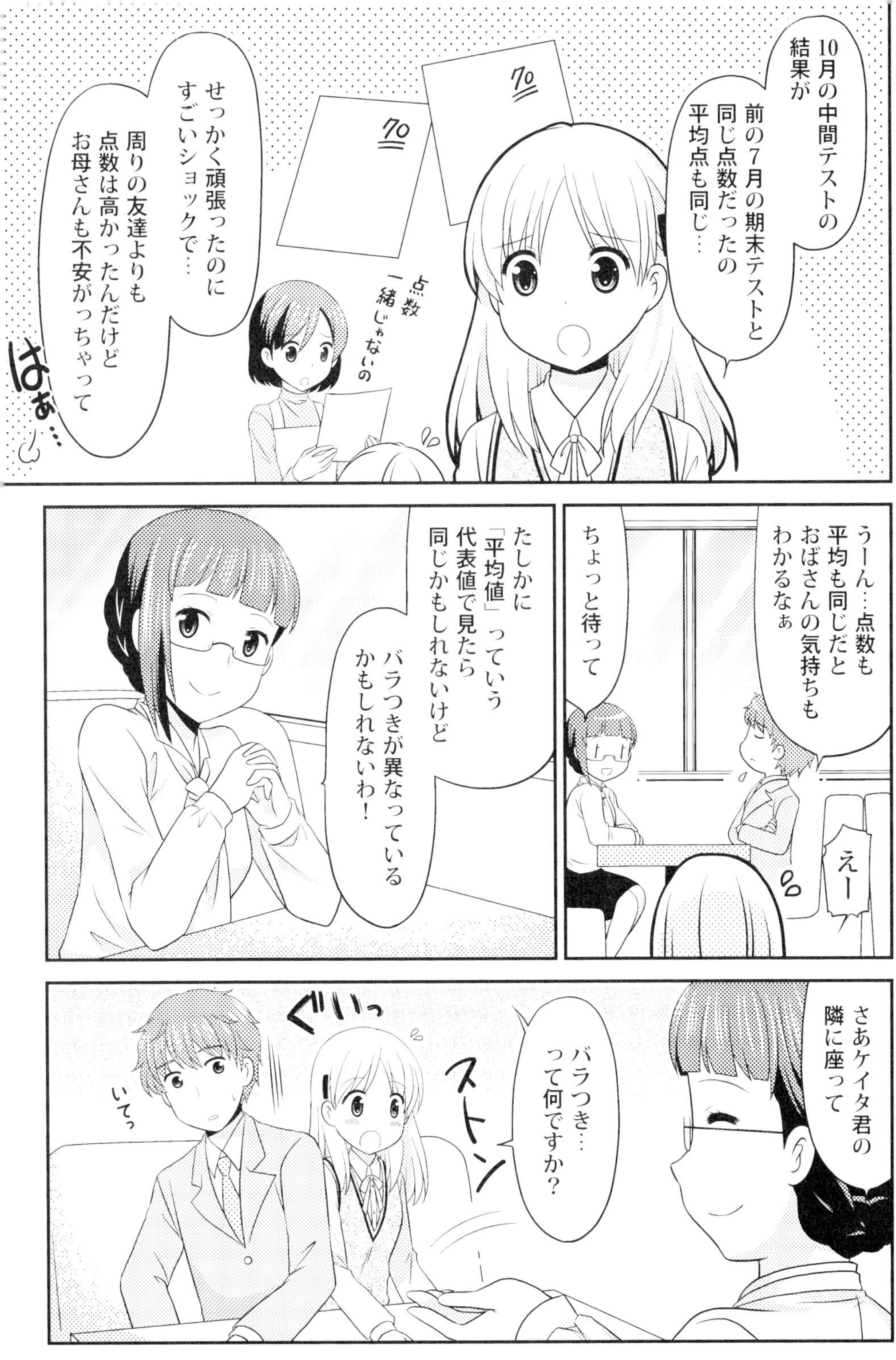

10月の中間テストの結果が
前の7月の期末テストと同じ点数だったの
平均点も同じ…
点数一緒じゃないの
せっかく頑張ったのにすごいショックで…
周りの友達よりも点数は高かったんだけどお母さんも不安がっちゃって
はぁ…
うーん…点数も平均も同じだとおばさんの気持ちもわかるなぁ
ちょっと待って
えー
たしかに「平均値」っていう代表値で見たら同じかもしれないけど
バラつきが異なっているかもしれないわ!
さあケイタ君の隣に座って
ぐいっ
ストン
バラつき…って何ですか?
いてっ

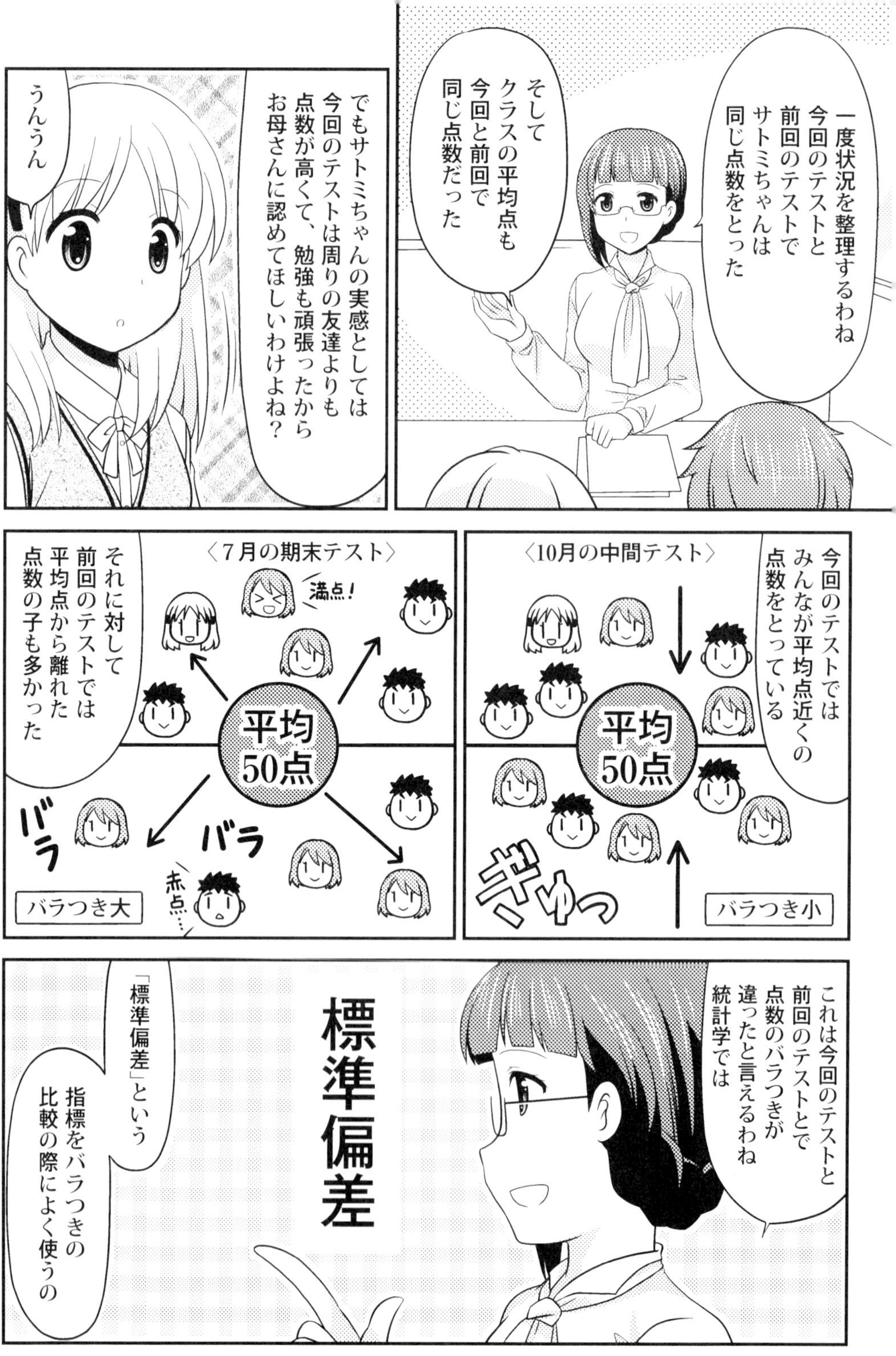
一度状況を整理するわね
今回のテストと前回のテストでサトミちゃんは同じ点数をとった
そしてクラスの平均点も今回と前回で同じ点数だった
でもサトミちゃんの実感としては今回のテストは周りの友達よりも点数が高くて、勉強も頑張ったからお母さんに認めてほしいわけよね？
うんうん
〈10月の中間テスト〉
今回のテストではみんなが平均点近くの点数をとっている
平均50点
ぎゅっ
バラつき小
〈7月の期末テスト〉
それに対して前回のテストでは平均点から離れた点数の子も多かった
満点！
平均50点
バラ
バラ
赤点……
バラつき大
これは今回のテストと前回のテストとで点数のバラつきが違ったと言えるわね
統計学では
標準偏差
「標準偏差」という指標をバラつきの比較の際によく使うの

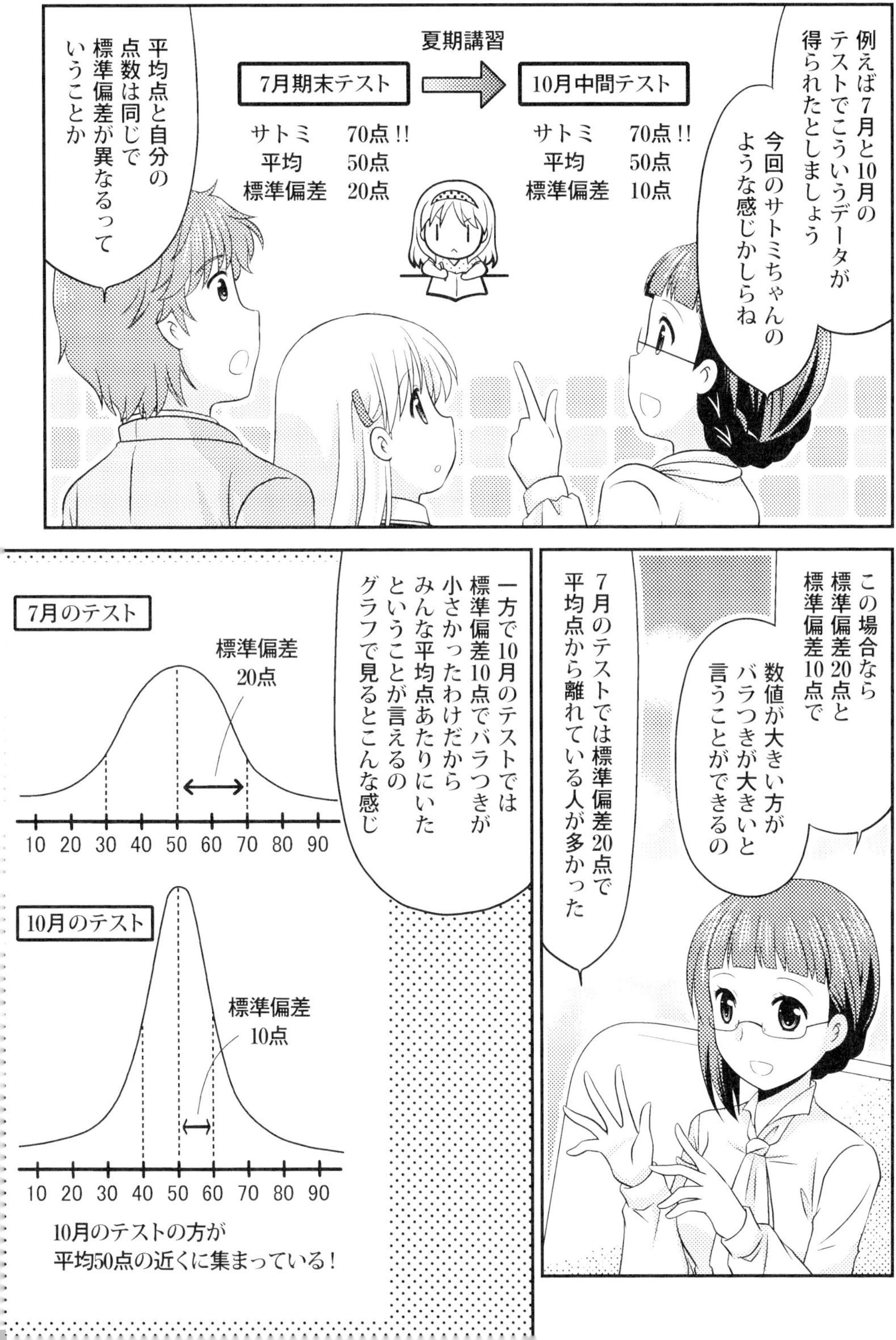

例えば7月と10月のテストでこういうデータが得られたとしましょう
今回のサトミちゃんのような感じかしらね
夏期講習
7月期末テスト
サトミ　70点!!
平均　50点
標準偏差　20点
10月中間テスト
サトミ　70点!!
平均　50点
標準偏差　10点
平均点と自分の点数は同じで標準偏差が異なるっていうことか
この場合なら標準偏差20点と標準偏差10点で
数値が大きい方がバラつきが大きいと言うことができるの
7月のテストでは標準偏差20点で平均点から離れている人が多かった
一方で10月のテストでは標準偏差10点でバラつきが小さかったわけだからみんな平均点あたりにいたということが言えるのグラフで見るとこんな感じ
7月のテスト
標準偏差
20点
10 20 30 40 50 60 70 80 90
10月のテスト
標準偏差
10点
10 20 30 40 50 60 70 80 90
10月のテストの方が
平均50点の近くに集まっている！

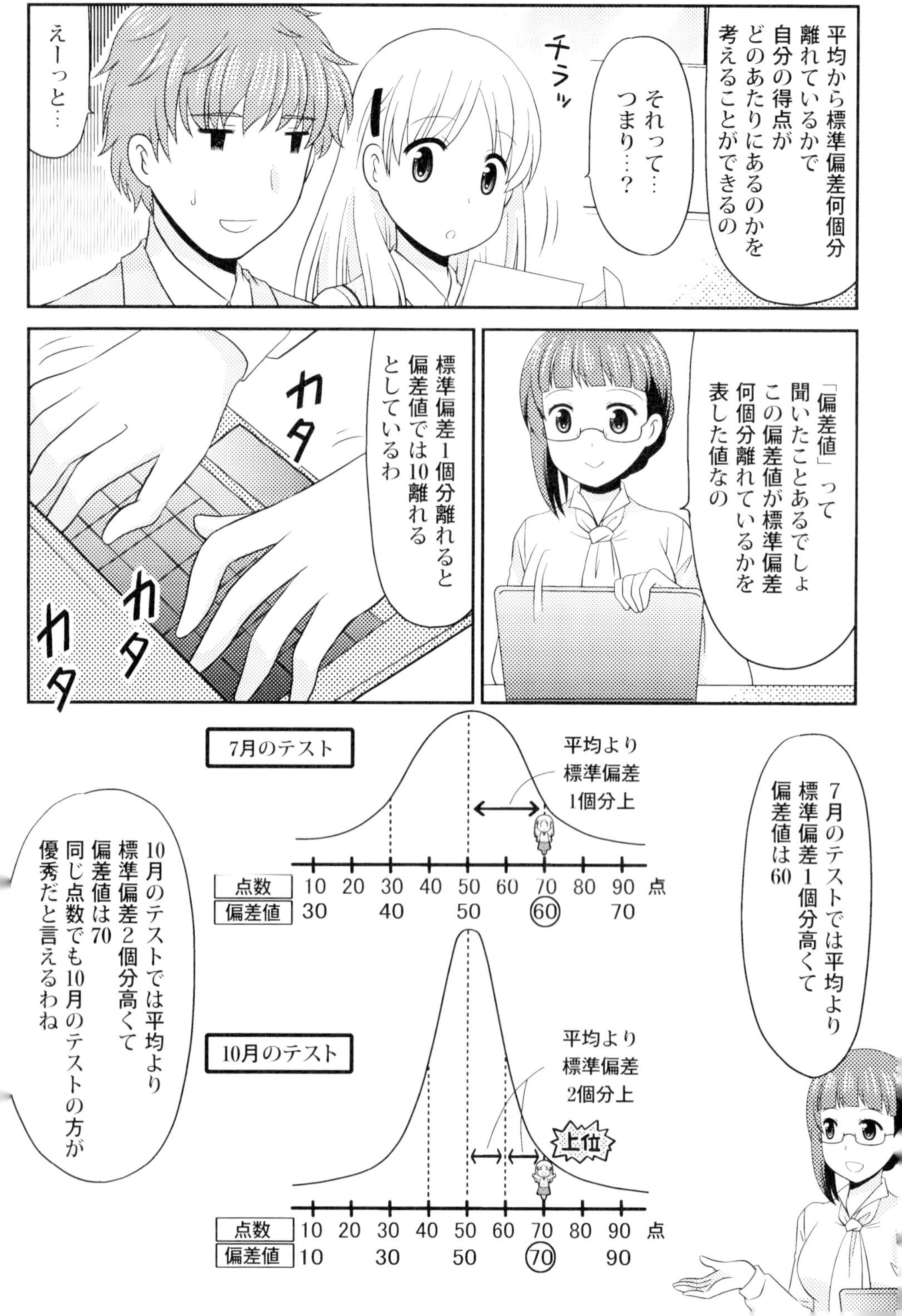
平均から標準偏差何個分離れているかで自分の得点がどのあたりにあるのかを考えることができるの
チラッ
それって…つまり…？
えーっと…
「偏差値」って聞いたことあるでしょ　この偏差値が標準偏差何個分離れているかを表した値なの
標準偏差1個分離れると偏差値では10離れるとしているわ
カタ
カタ
カタ
7月のテストでは平均より標準偏差1個分高くて偏差値は60
7月のテスト
平均より標準偏差1個分上
点数　10　20　30　40　50　60　70　80　90　点
偏差値　30　40　50　60　70
10月のテスト
平均より標準偏差2個分上
上位
点数　10　20　30　40　50　60　70　80　90　点
偏差値　10　30　50　70　90
10月のテストでは平均より標準偏差2個分高くて偏差値は70　同じ点数でも10月のテストの方が優秀だと言えるわね

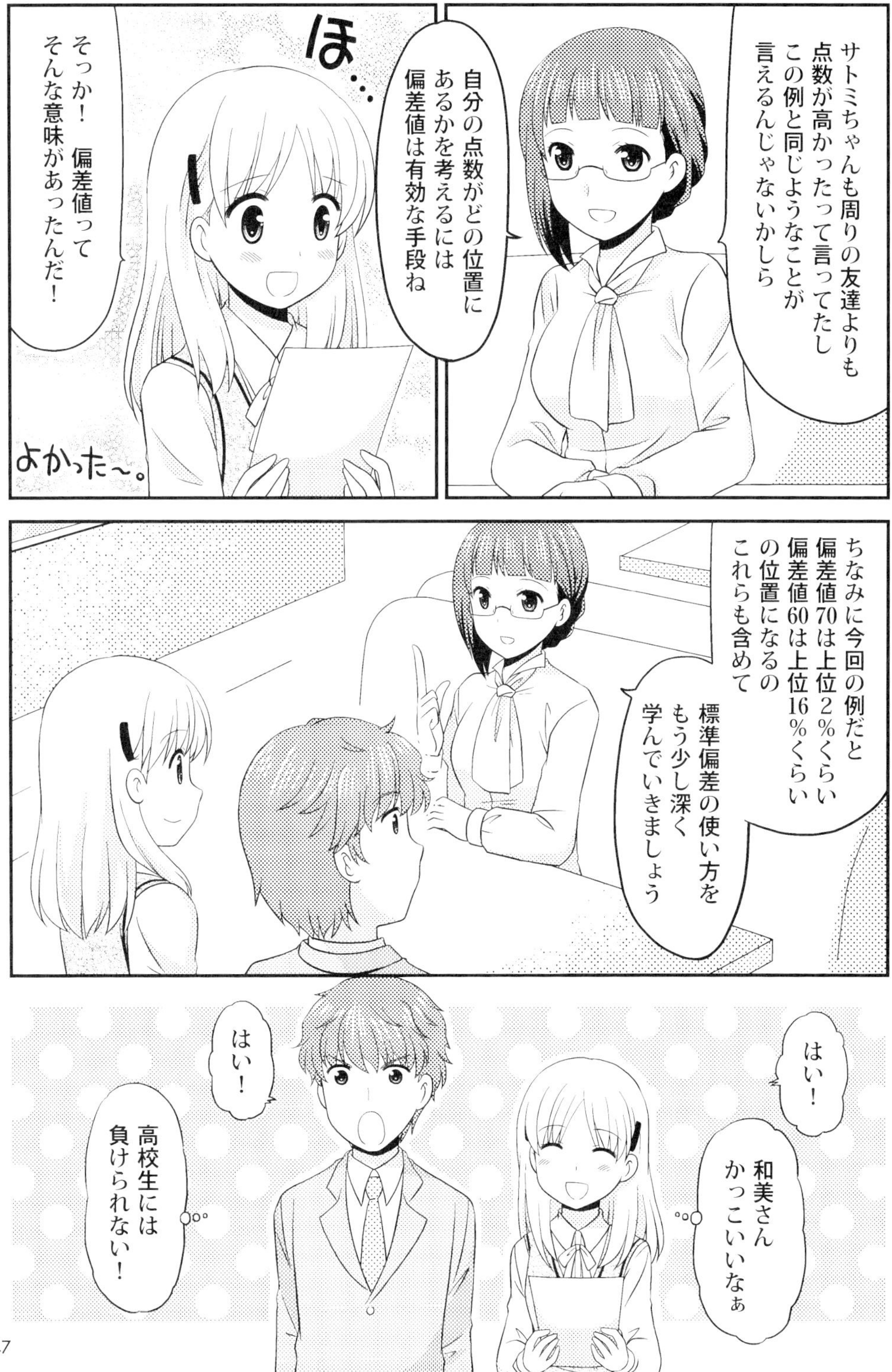
サトミちゃんも周りの友達よりも点数が高かったって言ってたしこの例と同じようなことが言えるんじゃないかしら
自分の点数がどの位置にあるかを考えるには偏差値は有効な手段ね
ほ…
そっか！ 偏差値ってそんな意味があったんだ！
よかった〜。
ちなみに今回の例だと偏差値70は上位2％くらい偏差値60は上位16％くらいの位置になるのこれらも含めて
標準偏差の使い方をもう少し深く学んでいきましょう
はい！
和美さんかっこいいなぁ
はい！
高校生には負けられない！

キーワード
〝バラつき〟とは？

データの値の〝バラつき〟がどの程度かを示す指標のひとつ

「標準偏差」の〝使い方〟

■ 統計学はデータの値の〝バラつき〟にも注目する

ここまではデータの値の〝真ん中〟に注目してきました。統計学では、〝真ん中〟だけでなく〝バラつき〟にも注目します。これも曖昧な言葉に聞こえるかもしれませんが、**「データの値が、平均値の周りにどのように広がり、また散らばっているのか」**を表す言葉でとても重要です。

〝真ん中〟の指標を「代表値」と言いましたが、〝バラつき〟の指標は「**散布度**」と言います。

代表値にいろいろな〝真ん中〟の示し方があったように、散布度にも上記のようなものがあります。そのひとつひとつを深掘りする前に、〝バラつき〟がわかると何ができるのかを体感してみましょう。まず学ぶのは「**標準偏差**」です。

〝真ん中〟の指標は「代表値」
〝バラつき〟の指標は「散布度」

真ん中の指標（代表値）
データの〝真ん中〟がどこにあるかを表す指標
- ☑ 平均値
- ☑ 中央値
- ☑ 最頻値
- （その他、相乗平均など）

バラつきの指標（散布度）
データの〝バラつき〟を表す指標
- □ 平均偏差
- □ 分散
- ☑ 標準偏差
- □ 範囲
- □ 四分位範囲

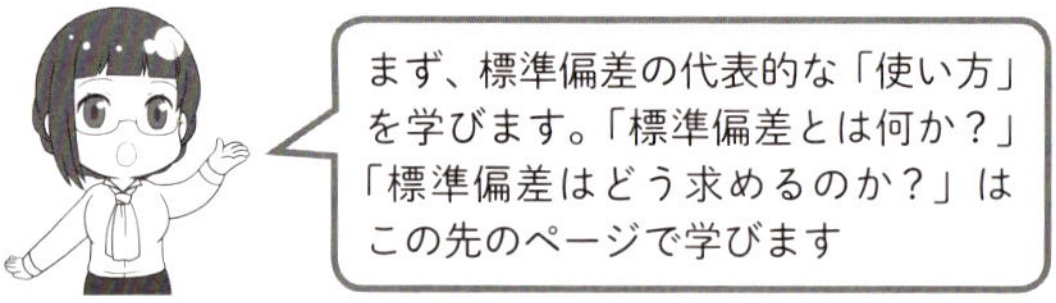
まず、標準偏差の代表的な「使い方」を学びます。「標準偏差とは何か？」「標準偏差はどう求めるのか？」はこの先のページで学びます

〝バラつき〟の異なる2つのデータを比較する

左のデータを見ると、A組もB組もいずれも平均値は「5」です。しかし、A組は平均値に対して高得点や低い点もあります。一方のB組は、平均点に近い点が多いことから、A組とB組とでは、〝バラつき〟が異なっていると言えます。

そこで注目するのが、〝バラつき〟の指標（散布度）のひとつである「標準偏差」です。詳しい説明の前に「標準偏差の使い道」を学んでいきましょう。

小テスト（10点満点）の採点結果

A組（10人）の得点

2、3、3、4、4、5、7、7、7、8
平均値＝50÷10＝5（点）

B組（10人）の得点

3、4、4、5、5、5、6、6、6、6
平均値＝50÷10＝5（点）

ここからは、少しずつ統計の記号にも慣れていきましょう！　平均値の「μ」と、もうひとつの記号をここで覚えてください

「平均値」を表すμ（ミュー）

平均値は英語で「mean」。その頭文字の「m」に対応するギリシャ文字が「μ」です。A組、B組の平均値を表すとこうなります。

A組の平均値 $\mu_A = 5$、B組の平均値 $\mu_B = 5$

「標準偏差」を表すσ（シグマ）

標準偏差は英語で「standard deviation」。その頭文字「s」に対応するギリシャ文字が「σ」です。

標準偏差はデータの〝バラつき〟を表す値で「σ」で表現します。平均値「μ」、標準偏差「σ」、ともに右下に添え字をつけることで、異なるグループの平均や標準偏差を表すことができます

平均値「μ」と標準偏差「σ」を使ってA組のデータを表す

A組の平均値 $\mu_A=5$(点)
A組の標準偏差 $\sigma_A=2$(点)

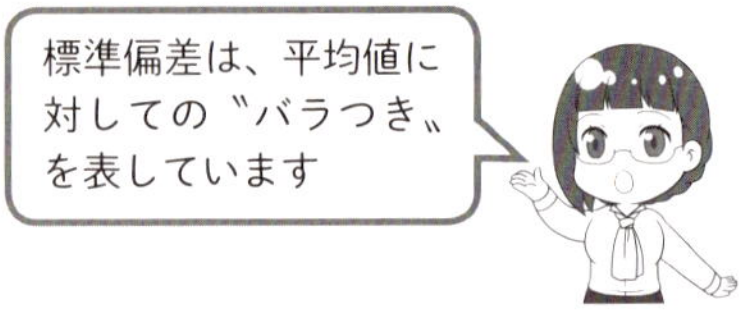

標準偏差は、平均値に
対しての〝バラつき〟
を表しています

標準偏差の使い方① 平均値から「どれくらい離れているのか」を表す

A組のデータは、平均値「$\mu=5$（点)」と標準偏差「$\sigma=2$（点)」を用いると次のように表すことができます。

［A組］ 2、┆3、3、┆4、4、┆5、┆7、7、7、┆8

（3、3 の下に $\mu_A-\sigma_A$、5 の下に μ_A、7、7、7 の下に $\mu_A+\sigma_A$）

〝バラつき〟は「平均値に対して標準偏差何個分離れているか」で表現します。例えば「7点」は平均値（$\mu_A=5$点）に対して「標準偏差（$\sigma_A=2$点）1個分高い」と考えることができます。これを「$\mu_A+\sigma_A$」と表記します。同様に「3点」は、「標準偏差1個分低い」と考え「$\mu_A-\sigma_A$」と表します。

標準偏差の使い方② 標準得点を求める

では「8点」は平均値に対して標準偏差で何個分離れているのでしょうか？　それは、まず得点から平均値を引き（何点離れているか)、次に標準偏差で割る（何個分）ことで求めることができます。

$$(\text{データ}-\mu_A)\div\sigma_A=(8-5)\div2=1.5$$

「8点は平均値から標準偏差1.5個分高い」ことがわかります。この「データから平均値を引いて、標準偏差で割る」ことで求めた値を「標準得点（z得点)」と言います。

$$\text{標準得点（z得点）}=\frac{\text{（データ）}-\text{（平均値）}}{\text{（標準偏差）}}$$

標準偏差の使い方③ 偏差値を求める

偏差値は、平均値を「50」として、ある値が平均値より上か下かを示す指標です。標準得点を用いて次の計算式で計算します。

$$\text{偏差値}=50+\text{（標準得点）}\times10$$

A組の8点は標準得点が1.5 だったので
偏差値は50＋1.5×10＝65 となります。

B組も同様にそれぞれの値を求めてまとめたのが次ページの表です。

A組　$\mu_A=5$、$\sigma_A=2$										
得点	2	3	3	4	4	5	7	7	7	8
記号で表す	$\mu_A-1.5\sigma_A$	$\mu_A-\sigma_A$		$\mu_A-0.5\sigma_A$		μ_A	$\mu_A+\sigma_A$			$\mu_A+1.5\sigma_A$
標準得点	-1.5	-1		-0.5		0	1			1.5
偏差値	35	40		45		50	60			65

B組　$\mu_B=5$、$\sigma_B=1$										
得点	3	4	4	5	5	5	6	6	6	6
記号で表す	$\mu_B-2\sigma_B$	$\mu_B-\sigma_B$		μ_B			$\mu_B+\sigma_B$			
標準得点	-2	-1		0			1			
偏差値	30	40		50			60			

A組、B組ともに平均値は「5」だったけれど、〝バラつき〟の指標の標準偏差が違うことで、どうなったかしら？

A組の標準偏差は「2」、B組の標準偏差は「1」。B組の方が〝バラつき〟が小さいから、同じ「3点」でも偏差値は低くなってしまうんですね

標準偏差が表す「データが平均値からどれくらい離れているか」の指標が、同じ平均値の2つのデータの違いを比較するのに役立ちそうですね。42〜47ページのマンガに出てきたテストの点数を例に考えてみましょう。

7月の期末テスト	10月の中間テスト
平均値：50点	平均値：50点
標準偏差：20点	標準偏差：10点
サトミの点数：70点	サトミの点数：70点

●7月の期末テストのサトミの標準得点と偏差値は

$$\text{標準得点} = \frac{(\text{データ})-(\text{平均値})}{(\text{標準偏差})} = \frac{70-50}{20} = 1$$

$$\text{偏差値} = 50+(\text{標準得点})\times 10 = 50+1\times 10 = 60$$

●10月の中間テストのサトミの標準得点と偏差値を同様に求めると
標準得点＝2、偏差値＝70
10月の成績の方が「優秀」ということができます。

よく見る「偏差値」は「平均値」と「標準偏差」から計算されていたんですね

データの〝バラつき〟がわかるといろんなことができそうね。次は標準偏差をどうやって求めるのかを説明していきます！

キーワード
偏差とは?

「標準偏差」の理解に向けてひとつひとつ学んでいこう

「偏差」を用いて〝バラつき〟の指標を考える

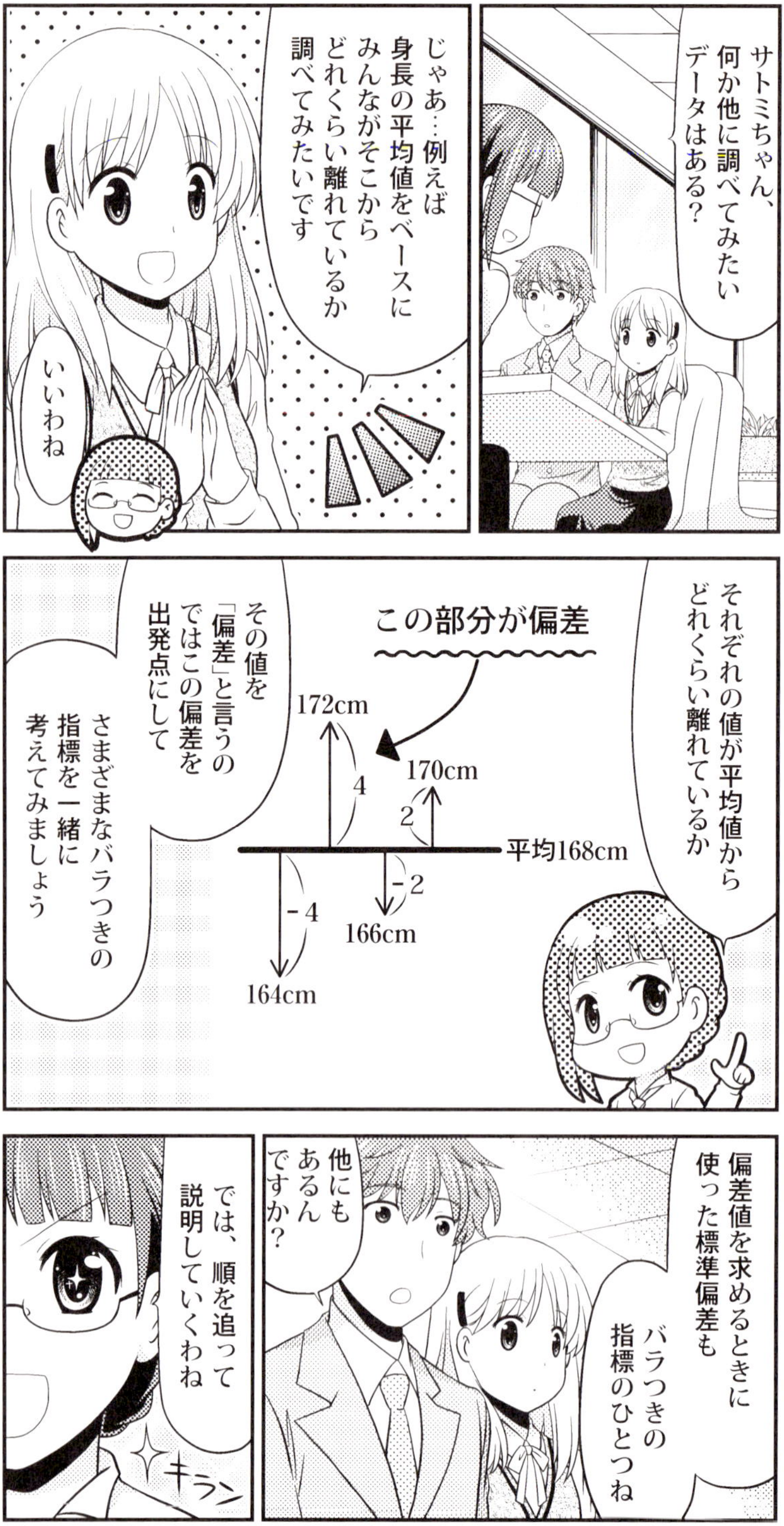

サトミちゃん、何か他に調べてみたいデータはある?
じゃあ…例えば身長の平均値をベースにみんながそこからどれくらい離れているか調べてみたいです
いいわね
それぞれの値が平均値からどれくらい離れているか
この部分が偏差
172cm
4
170cm
2
平均168cm
－2
166cm
－4
164cm
その値を「偏差」と言うのではこの偏差を出発点にして
さまざまなバラつきの指標を一緒に考えてみましょう
偏差値を求めるときに使った標準偏差も
バラつきの指標のひとつね
他にもあるんですか?
では、順を追って説明していくわね
キラン

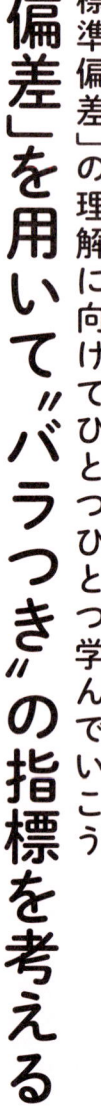

■「偏差」は〝バラつき〟の指標を理解する出発点

実際に使ってみることで、標準偏差（σ）がデータの〝バラつき〟を示していることが体感できたと思います。では、この標準偏差は、どのような計算で求めているのでしょうか。その理解の出発点となる「偏差」から説明していきます。

偏差とは、「データの値と平均値との差」。つまり、それぞれのデータが**「平均値からどれだけ離れているか」**を表す値です。

下に、A組とB組の小テスト、各10人の得点と偏差を並べました。さらに、矢印の向きと長さで偏差の値を視覚化しました。2つのデータは、いずれも平均値は同じ「5（点）」ですが、偏差（＝平均値からどれだけ離れているか）を視覚化して見比べると、A組の方が〝バラついている〟ことが読み取れます。

〝バラつき〟の指標には、さまざまなものがあります。まず、偏差をしっかりと理解し、〝バラつき〟の指標について、さらに学んでいきましょう。

A組	A組の平均値：$\mu_A=5$									
得点	2	3	3	4	4	5	7	7	7	8
偏差	-3	-2	-2	-1	-1	0	2	2	2	3

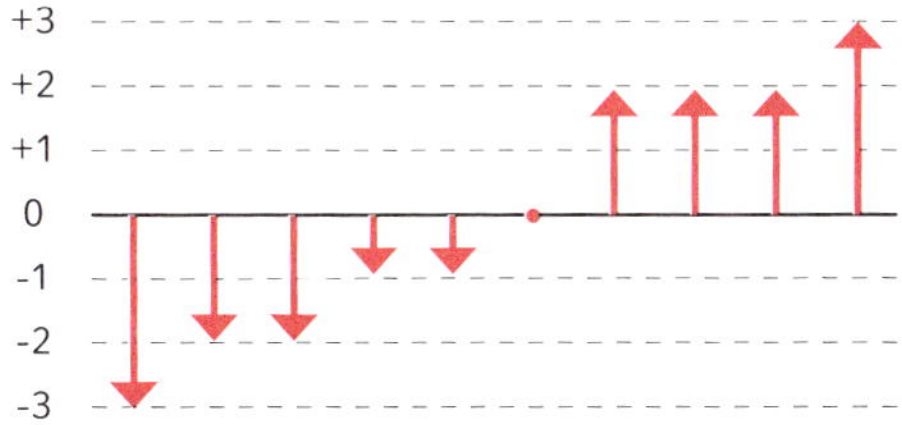
+3
+2
+1
0
-1
-2
-3

データと平均との差、「偏差（※）」を視覚化してみました。平均を「0」として＋－で表される偏差を合計すると、必ず「0」になります。

※それぞれの得点から平均値を引いた値

偏差の合計　(−3) + (−2) + (−2) + (−1) + (−1) + 0 + 2 + 2 + 2 + 3 = 0

B組	B組の平均値：$\mu_B=5$									
得点	3	4	4	5	5	5	6	6	6	6
偏差	-2	-1	-1	0	0	0	1	1	1	1

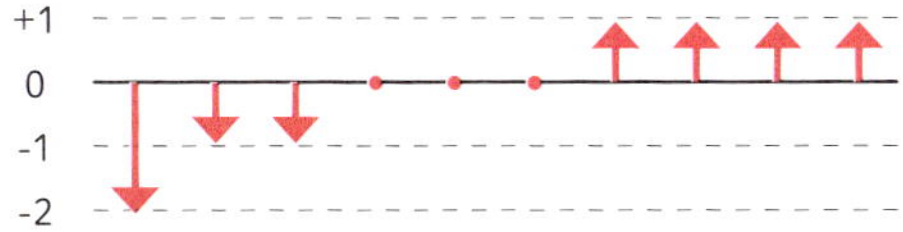
+1
0
-1
-2

A組の方がバラついているように見えるけど、どうやったらバラつきを説明できるんだろう？

偏差の合計　(−2) + (−1) + (−1) + 0 + 0 + 0 + 1 + 1 + 1 + 1 = 0

⬅「A組の方がバラついている」を説明するには？

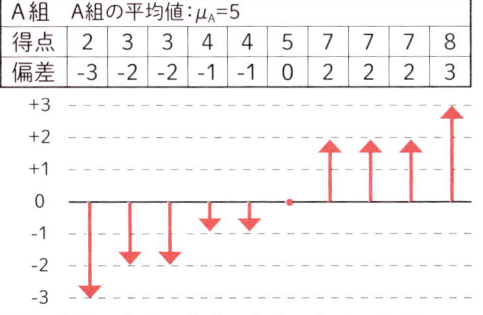

合計すると「0」になる偏差をどう扱うか？

A組	$\mu_A = 5$									
得点	2	3	3	4	4	5	7	7	7	8
偏差	-3	-2	-2	-1	-1	0	2	2	2	3

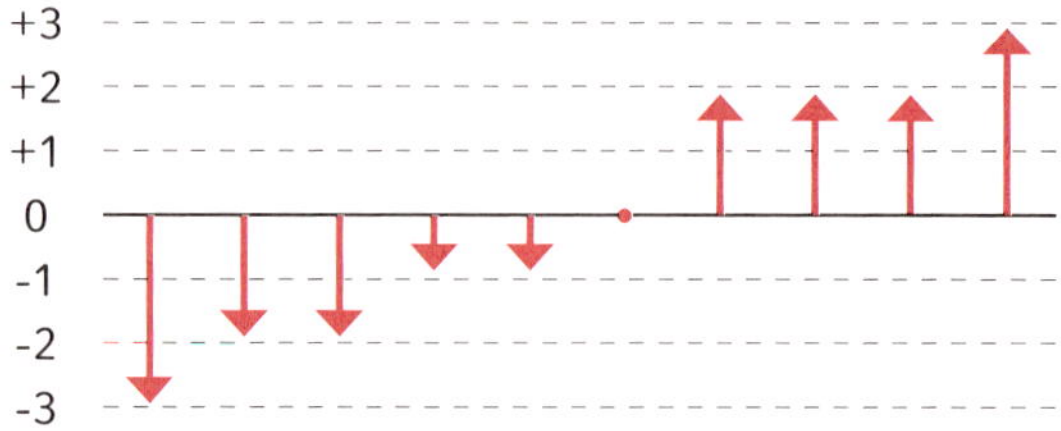
+3
+2
+1
0
-1
-2
-3

B組	$\mu_B = 5$									
得点	3	4	4	5	5	5	6	6	6	6
偏差	-2	-1	-1	0	0	0	1	1	1	1

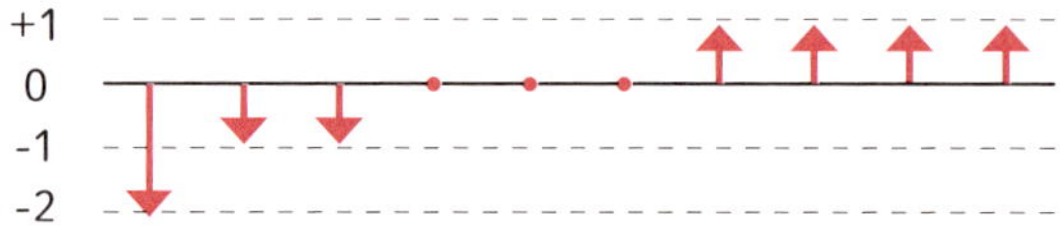
+1
0
-1
-2

偏差の合計は「0」。これは、偏差には「+」と「−」があるからです。A組の方が〝バラつき〟が大きいことを示すには「矢印の長さ」をすべて合計することが自然な発想です。つまり、偏差の値をすべて「+」にすると考えるわけです

平均偏差と分散

偏差を使って〝バラつき〟を比較する2つのアイディア

偏差を矢印で表し視覚化すると、矢印をつなげて長さの合計を出せば、データ全体の〝バラつき〟がわかるのでは？ 自然な発想ですが、実際のデータは長さのある矢印ではなくマイナスも含む数値です。そこで、偏差を扱うための2つのアイディアを紹介します。

●アイディア① 偏差を「＋」にして合計する

ひとつ目のアイディアは、プラスやマイナスのすべての値をプラスとして考え（これを「**絶対値**」と言い、56ページで学びます）、その合計をデータ数で割ります。これを「**平均偏差**」と言います。

●アイディア② 偏差を二乗して合計する

もうひとつのアイディアは、「－」の値も二乗すれば「＋」になることを利用します。すべての偏差を二乗して合計し（これを「**偏差平方和**」と言います）、データ数で割ります。これを「**分散**」と言います。

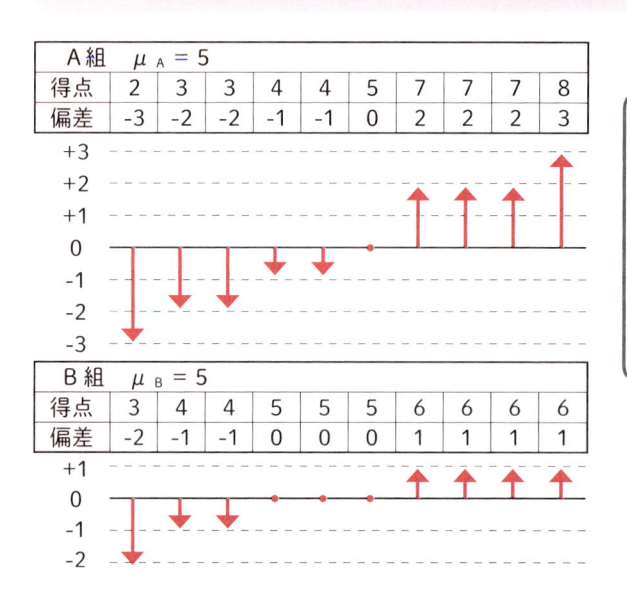

アイディア①――「平均偏差」の求め方
偏差の値をすべて「+」にして合計し、データ数で割る

A組の平均偏差を求める

偏差	-3	-2	-2	-1	-1	0	2	2	2	3

●すべての偏差の値を「+」にして合計する　→ $3+2+2+1+1+0+2+2+2+3$
$=18$

●合計をデータ数で割る　$18 \div 10 = 1.8$　←A組の平均偏差

B組の平均偏差を求める

偏差	-2	-1	-1	0	0	0	1	1	1	1

●すべての偏差の値を「+」にして合計する　→ $2+1+1+0+0+0+1+1+1+1$
$=8$

●合計をデータ数で割る　$8 \div 10 = 0.8$　←B組の平均偏差

それぞれの平均偏差を比較するとA組の方が〝バラつき〟が大きいと考えられる。

アイディア②――「分散」の求め方
偏差の値を二乗して合計し、データ数で割る

A組の分散を求める

偏差	-3	-2	-2	-1	-1	0	2	2	2	3

●すべての偏差の値を二乗して合計する（偏差平方和）　→ $(-3)^2+(-2)^2+(-2)^2+(-1)^2+(-1)^2$
$+0^2+2^2+2^2+2^2+3^2$
$=40$

●合計をデータ数で割る　$40 \div 10 = 4$　←A組の分散

B組の分散を求める

偏差	-2	-1	-1	0	0	0	1	1	1	1

●すべての偏差の値を二乗して合計する（偏差平方和）　→ $(-2)^2+(-1)^2+(-1)^2+0^2+0^2+0^2+1^2+1^2+1^2+1^2$
$=10$

●合計をデータ数で割る　$10 \div 10 = 1$　←B組の分散

それぞれの分散を比較するとA組の方が〝バラつき〟が大きいと考えられる。

平均偏差でも分散でもA組の方が値が大きくなりました。つまり、平均偏差も分散も〝バラつき〟の指標である「散布度」と考えられるわけです。しかし、平均偏差はあまり用いられません。その理由は次のページで説明します

平均偏差に使う絶対値の数学的な表し方

どっちも散布度なら「足して、割る」だけの平均偏差の方が使いやすい気がします

たしかにそうね。ただ、平均偏差で用いた絶対値も使うことはできれば避けたいの
絶対値は数直線上での原点（0）からの距離を表す値。ここがポイントよ。これから解説していくわね

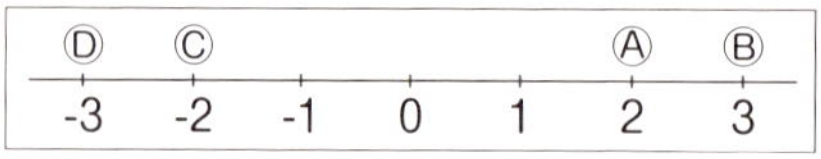
Ⓓ
Ⓒ
Ⓐ
Ⓑ
-3
-2
-1
0
1
2
3

平均値「0」に対して「2」Ⓐ、「3」Ⓑ、「－2」Ⓒ、「－3」Ⓓの偏差について考えます。

絶対値を求める際、元の値「●」を「｜●｜」と縦棒で挟んで表記します。「2の絶対値」という言葉は、「｜2｜」となります。よって、それぞれ次のように表記できます。

Ⓐ $|2|=2$　　Ⓑ $|3|=3$

これを数式として値を「X」とした場合は次のように表記できます。

$$|X|=X$$

ⒸとⒹのマイナスの値も同様に表記できます。

Ⓒ $|-2|=2$　　Ⓓ $|-3|=3$

しかし、$|X|=X$であるならば「｜｜」内の値とイコールを挟んだ右辺の値は同じ値として表記されなければいけません。そこで、次のように考えます。

$$|-2|=2 \quad \rightarrow \quad |-2|=-(-2)$$

これを数式として値を「X」とした場合は次のように表記できます。

$$|X|=-(X)=-X \quad \rightarrow \quad |X|=-X$$

つまり……

$$|X| = \begin{cases} X & (X \geqq 0) \\ -X & (X \leqq 0) \end{cases}$$

これを「言葉」にすると「Xの絶対値は、Xの値が0以上の時はX、Xの値が0以下の時は－X」となります。記号でまとめるとこうなります
一方、分散は数学的に扱いやすい反面、注意が必要な点があります

一見、単純そうに見えて、絶対値を使うことは数学的には複雑なことになるんですね

分散は二乗するため「単位」が変わることに注意

もう一度、A組のデータから分散を求めた手順を単位に注目して見てみましょう。

A組のデータ　　2、3、3、4、4、5、7、7、7、8　←単位は「点」

↓　偏差を求める（平均値　$\mu = 5$（点）　を引く）

A組の偏差　　－3、－2、－2、－1、－1、0、2、2、2、3　←単位は「点」

↓　二乗した値を合計して偏差平方和を求める

$$(-3)^2+(-2)^2+(-2)^2+(-1)^2+(-1)^2+0^2+2^2+2^2+2^2+3^2=40$$

↓　分散を求める（偏差平方和をデータ数で割る）

A組の分散　　$40 \div 10 = 4$

ここで単位は「点」から「点^2」に変わっています。「cm」などの長さの単位なら「cm^2」と面積になってしまいます。単位が異なると、元のデータとの比較ができなくなってしまうことに注意しましょう

■数学や統計学は文字にしていく学問

そろそろ「統計学の本なのに、数式より言葉の説明の方が多いな……」と思っていませんか？　数学は、考え方や手法を一般化し、誰もが共有できるようにする学問です。そのため「文字にしていく」ことが重視されます。統計学も同じです。

マイナスの符号がついていても「取ってしまえばいい」とする絶対値は、一見便利そうです。しかし、数学的には、値を1個ずつ「こういう理由で正のまま」「こういう理由で負を正にする」と判断する必要があり、逆に使いたくない手法なのです。一方、**分散の「二乗」は、値が正でも負でも二乗すればすべて正になり、数学的には使いやすい手法なのです。**

データの値の〝バラつき〟を見る上で、分散はとても扱いやすい手法です。しかし、二乗して値をすべて正にできる一方で、単位が変わってしまうことに注意が必要です

標準偏差と標準得点

データの〝バラつき〟を「平均値から標準偏差何個分離れている」と考える標準得点

分散は「偏差を二乗した合計をデータ数で割った値」でした。つまり、「偏差を二乗した値（偏差平方）の平均値」とも言えます。しかし、分散には単位も二乗されてしまう問題があります。

この問題を解決し、かつデータそれぞれの値で「平均値に対してどの程度離れているのか」を表した指標が、48～51ページで学んだ「標準偏差（σ）」なのです。

実は、分散の「√（平方根）」を計算し、二乗した単位を元に戻すことで、標準偏差を求めることができます。

また、「σ何個分」の個数のことを「**標準得点（z得点）**」と学びました。「1σ」を「標準得点1」とし、「平均値を偏差値50」とした場合、平均値より「標準得点1」高い値は「偏差値60」、「標準得点1」低い値は「偏差値40」となります。

標準偏差の使い方の復習

もう一度、標準偏差（σ）を使った2つのデータの比較を見てみましょう。

A組　$\mu_A=5$、$\sigma_A=2$										
得点	2	3	3	4	4	5	7	7	7	8
記号で表す	$\mu_A-1.5\sigma_A$	$\mu_A-\sigma_A$		$\mu_A-0.5\sigma_A$		μ_A	$\mu_A+\sigma_A$			$\mu_A+1.5\sigma_A$
標準得点	-1.5	-1		-0.5		0	1			1.5
偏差値	35	40		45		50	60			65

B組　$\mu_B=5$、$\sigma_B=1$										
得点	3	4	4	5	5	5	6	6	6	6
記号で表す	$\mu_B-2\sigma_B$	$\mu_B-\sigma_B$		μ_B			$\mu_B+\sigma_B$			
標準得点	-2	-1		0			1			
偏差値	30	40		50			60			

σの個数＝標準得点を指標にすることで偏差値が求められ、データの個々の値が平均値に対してどう位置づけられるかの比較が可能だったことを確認しましょう。

標準偏差は平均値に対して、足したり引いたりして考えることができます。つまり、元のデータと単位が同じになっているということです。標準偏差は分散の「√（平方根）」を計算したものですが、二乗された単位を元に戻す計算もしているわけです

標準偏差の求め方

いよいよ標準偏差を求めます！

A組のデータ　2、3、3、4、4、5、7、7、7、8（点）

↓

A組の平均値　$\mu_A = 5$（点）

↓

A組の偏差　-3、-2、-2、-1、-1、0、2、2、2、3（点）

↓

A組の偏差平方和

$(-3)^2 + (-2)^2 + (-2)^2 + (-1)^2 + (-1)^2 + 0^2 + 2^2 + 2^2 + 2^2 + 3^2 = 40$（点^2）

↓

A組の分散

$40 \div 10 = 4$（点^2）

偏差の値を二乗するので、分散の単位は「点^2」になってしまいます。元のデータと単位を同じにするために、分散の√（平方根）を計算したものが標準偏差です。

↓

A組の標準偏差　$\sigma_A = \sqrt{4} = 2$　この時、単位はもとの「点」に戻っています

$\sigma_A = 2$を使って標準得点と偏差値を求めてみましょう

標準得点を求める計算式

$$標準得点 = \frac{データ - 平均値}{標準偏差}$$

$$標準得点 = \frac{偏差}{標準偏差}$$

標準得点は「偏差」割る「標準偏差」と覚えてください。

偏差値を求める計算式

$$50 + 標準得点 \times 10 = 50 + \frac{データ - 平均値}{標準偏差} \times 10$$

では、A組の「8点」の標準得点と偏差値を求めてみましょう。

標準得点　$(8 - 5) \div 2 = 1.5$

偏差値　$50 + 1.5 \times 10 = 65$

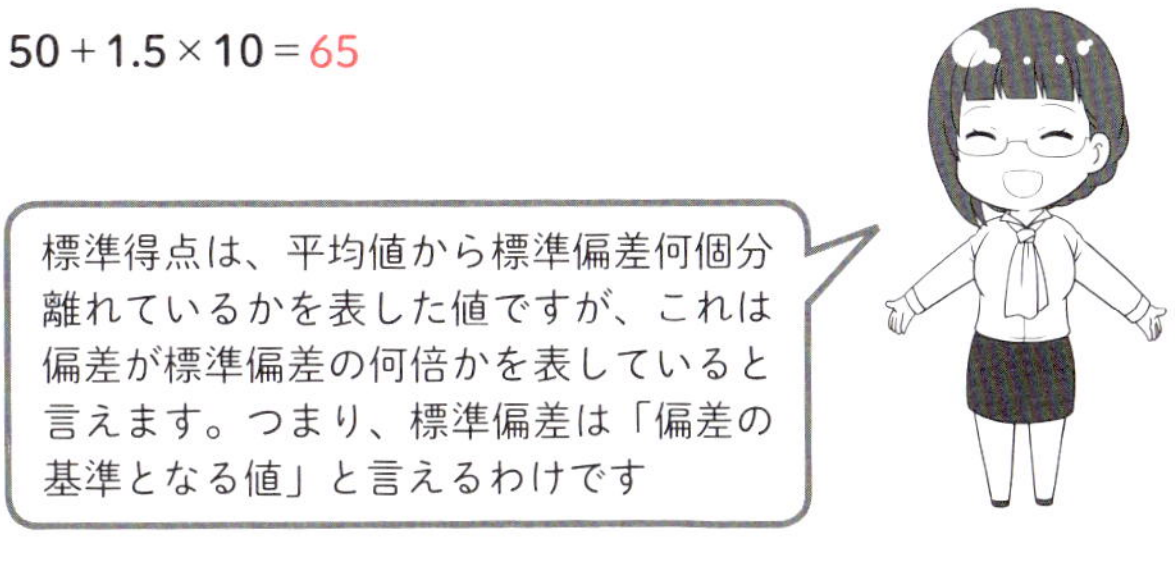
標準得点は、平均値から標準偏差何個分離れているかを表した値ですが、これは偏差が標準偏差の何倍かを表していると言えます。つまり、標準偏差は「偏差の基準となる値」と言えるわけです

キーワード

正規分布

標準偏差を使ってデータ全体の割合を考える

正規分布と標準正規分布表

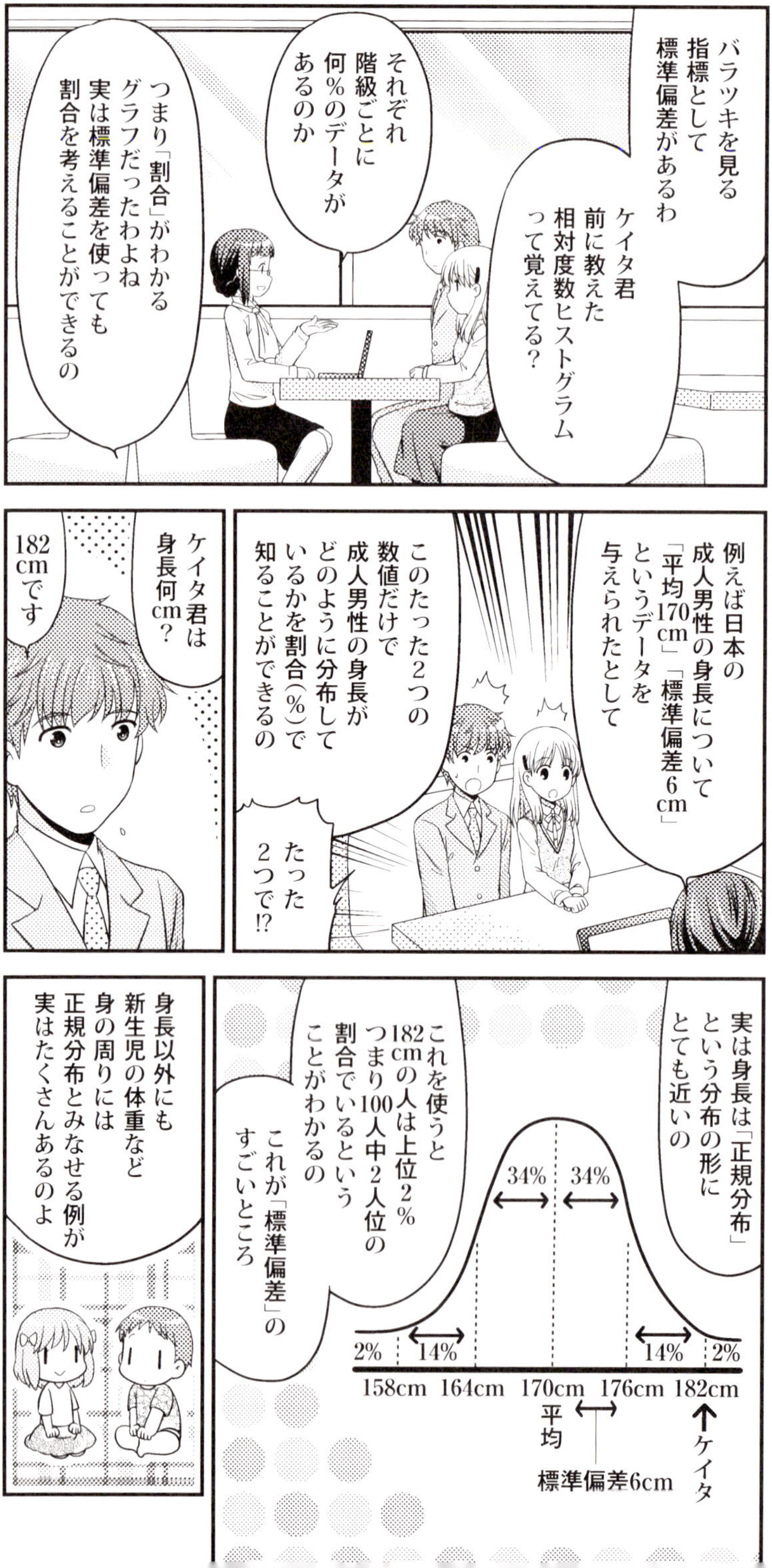

バラツキを見る指標として標準偏差があるわ
ケイタ君 前に教えた相対度数ヒストグラムって覚えてる?
それぞれ階級ごとに何%のデータがあるのか
つまり「割合」がわかるグラフだったわよね 実は標準偏差を使っても割合を考えることができるの
例えば日本の成人男性の身長について「平均170cm」「標準偏差6cm」というデータを与えられたとして
このたった2つの数値だけで成人男性の身長がどのように分布しているかを割合(%)で知ることができるの
たった2つで!?
ケイタ君は身長何cm?
182cmです
実は身長は「正規分布」という分布の形にとても近いの
これを使うと182cmの人は上位2%つまり100人中2人位の割合でいるということがわかるの
これが「標準偏差」のすごいところ
34%
34%
2%
14%
14%
2%
158cm 164cm 170cm 176cm 182cm
平均
標準偏差6cm
ケイタ
身長以外にも新生児の体重など身の周りには正規分布とみなせる例が実はたくさんあるのよ

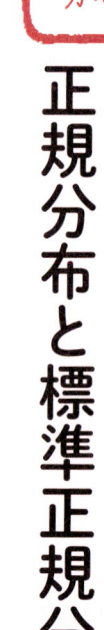

■統計学の学びには正規分布の理解が欠かせない

「**正規分布**」という新たな言葉が登場しました。正規分布なしでは統計学は語れない。そう言われるほど、重要な存在です。統計学の勉強を進めていく上で、正規分布の理解は欠かせません。

本書で学ぶ基礎はもちろんのこと、**統計学の手法の多くは、この正規分布を前提にしています。**また、世の中の事柄を計測すると、正規分布に従っている（近似している）ものが見受けられることもひとつの理由です。

生活習慣や意志の影響を受ける成人の体重は別ですが、お腹の中にいる期間が同じ胎児の体重や、遺伝の影響が大きい身長などのデータは、正規分布に従います。自然現象に限らず、工場で生産される製品の長さや重さの〝バラつき〟も正規分布に近似するため、品質管理に用いられています。

正規分布とは何かを理解し、実践的に使える統計学の手法として学んでいきましょう。

正規分布は左右対称の「つり鐘」状のグラフ

すでに学んできた統計学の言葉でも正規分布を〝語る〟ことが可能です。グラフは左右対称の「つり鐘」状をしています。正規分布に従うデータでは平均値から標準偏差何個分離れているか（標準得点）で割合がわかるのが特徴です。

ちょっと予習

正規分布を用いてデータを見るのには、「標準正規分布表」が欠かせません！　本書の巻末216ページに掲載されています。この学びの中でも活用します

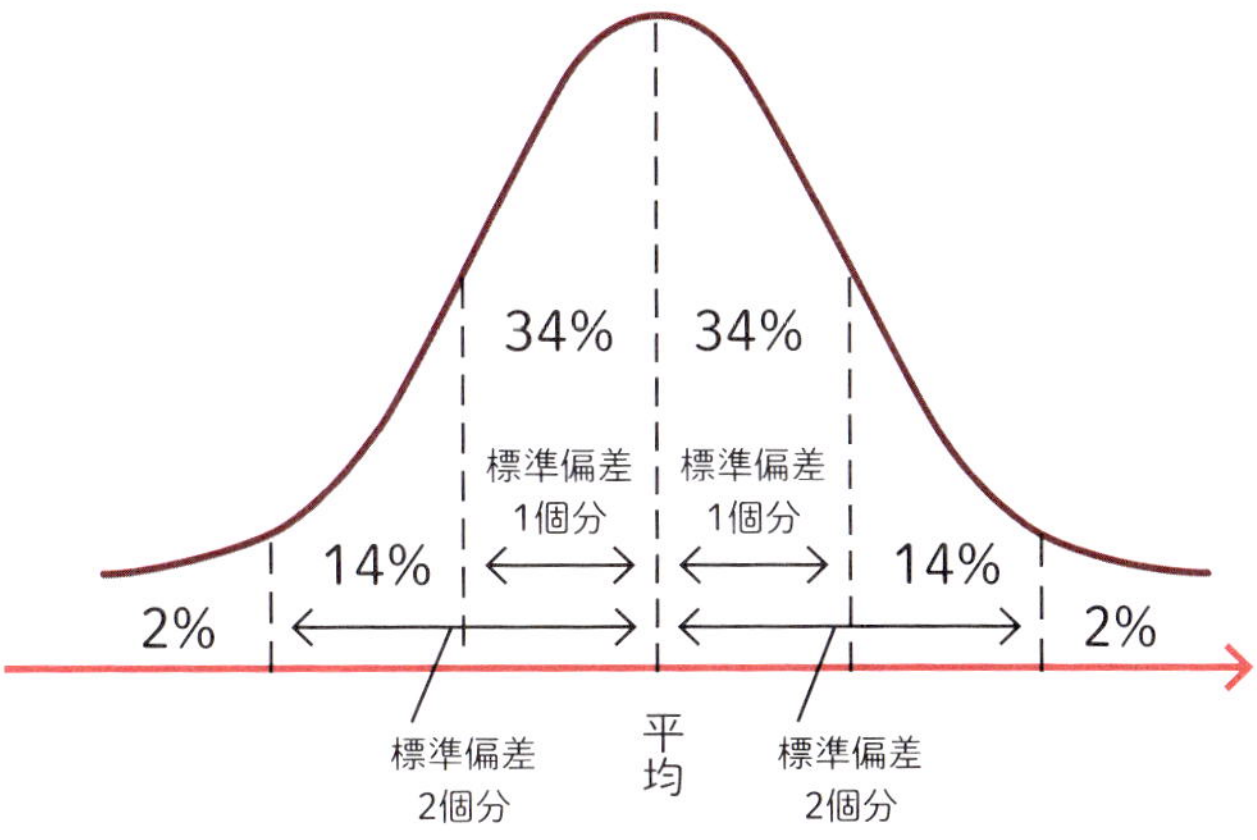

相対度数ヒストグラムの階級幅を小さくしていくと？

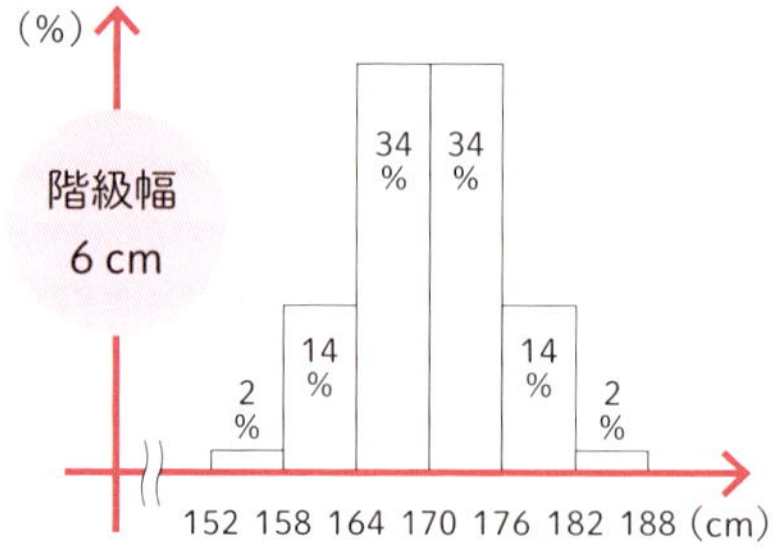

ここで相対度数ヒストグラムを思い出してください！　日本の成人男性の身長データを、階級幅6cmでヒストグラムにしました

あれ!?　正規分布のグラフと同じような左右対称になりましたね！

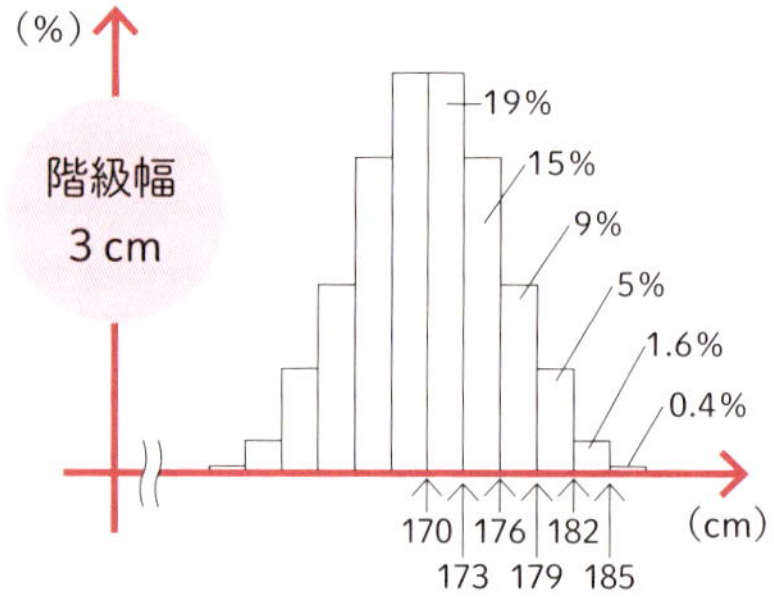

今度は上のヒストグラムの階級幅を3cmに変更しました。何が変わったかしら？

ひとつの階級幅に対するデータの割合が減りましたね。全体になだらかな山のようになりました

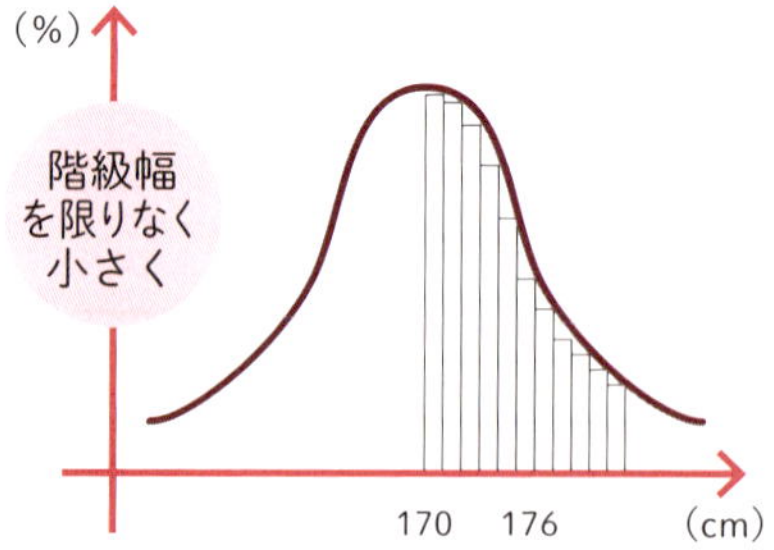

さらにヒストグラムの階級幅を限りなく小さくしていくとこの図のようになります

正規分布とそっくりな「釣り鐘」状になりましたね！

正規分布は相対度数ヒストグラムを究極までなめらかにしたものと考えると、グラフが表しているものもわかりやすいわね！　それを詳しく学んでいきましょう！

標準正規分布表を見れば、値がデータの何%に含まれるかがわかる

平均身長（平均値：μ）＝170cm、標準偏差（σ）＝6 cm の正規分布

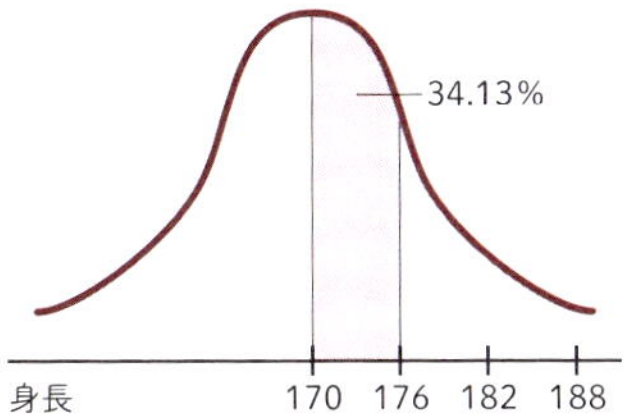

平均170cm から176cm の男性は全体の34.13%を占める。

身長は近似的に正規分布に従うから、右のように「平均値からその値までの身長の人が、データ全体の何%を占める」かがすぐにわかるの！

えっ!?
どこから34.13%なんて数字がでてきたんですか？

ここで登場するのが、正規分布表を使うときに便利な「標準正規分布表」です。左上の「z」は、標準得点（z 得点）のことと考えることもできます

Z	0.00	0.01	0.02	0.0
0.0	.0000	.0040	.0080	.01
0.1	.0398	.0438	.0478	.05
0.2	.0793	.0832	.0871	.09
0.3	.1179	.1217	.1255	.12
0.4	.1554	.1591	.1628	.16
0.5	.1915	.1950	.1985	.20
0.6	.2257	.2291	.2324	.23
0.7	.2580	.2611	.2642	.26
0.8	.2881	.2910	[illegible]	.29
0.9	.3159	.3186	.3212	.32
1.0	.3413	.3438	.3461	.34
1.1	.3643	.3665	.3686	.37
1.2	.3849	.3869	.3888	.39

標準正規分布表（216ページ参照）

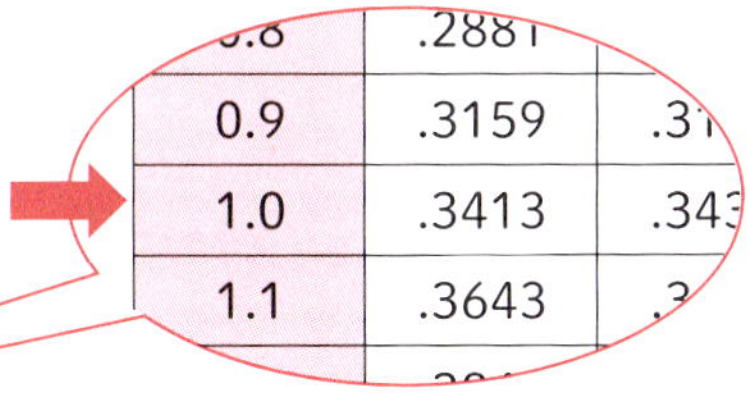

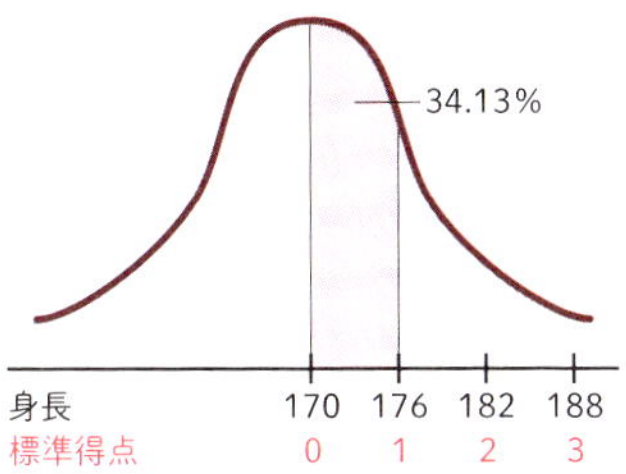

標準正規分布表の見方

標準正規分布表は、縦方向に標準得点の小数第 1 位を、横方向に標準得点の小数第 2 位を示しています。身長170～176cm の人が全体に占める割合を求めるには、まず「μ =170cm、σ = 6 cm」から176cm の標準得点を求めます。標準得点は「偏差を標準偏差で割る」でした。

標準得点＝（176－170）÷ 6 ＝ 1

身長と標準得点を対応させたのが左の図です。

標準得点 1（1.00）を標準正規分布表で見ると縦方向には「1.0」、横方向に「0.00」の値「0.3413」。つまり「標準得点が 0 ～ 1」である「身長170～176cm」の割合は、「0.3413（34.13%）」と求めることができます。

標準正規分布表を使って割合を求める練習をしてみよう

練習問題

日本人の成人男性の身長のデータ
平均値（μ）＝170cm
標準偏差＝6cm
このデータで、身長180〜185cm
が占める割合は何％か？

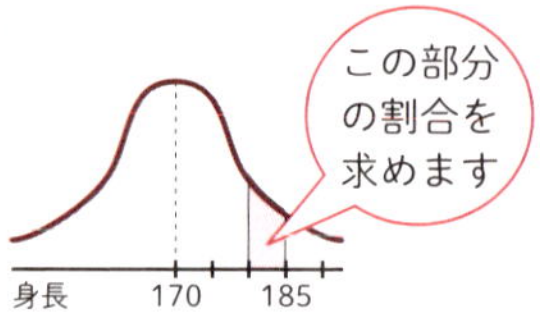

この部分の割合を求めます
身長
170
185

実際に標準正規分布表を使って、データの値の割合を求める計算をしてみましょう。平均値から離れた範囲の計算です。

●**考え方**

①185cm の標準得点を求める。

②180cm の標準得点を求める。

③ ①と②から「170〜185cm」の割合、「170〜180cm」の割合を出し、それらを引き算をする。

① 185cmの標準得点を求める

身長185cm の標準得点を求める

$$標準得点 = \frac{データ - 平均値}{標準偏差} = \frac{185 - 170}{6} = 15 \div 6 = 2.50$$

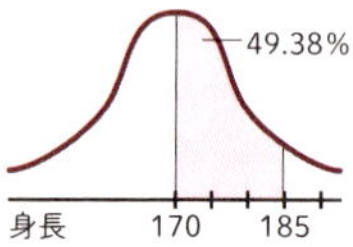

49.38%
身長
170
185

② 180cmの標準得点を求める

身長180cm の標準得点を求める

$$標準得点 = \frac{180 - 170}{6} = 10 \div 6 = 1.67$$

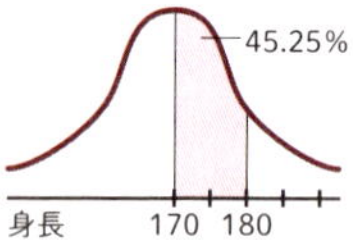

45.25%
身長
170
180

③ ①と②の平均値からそれぞれの身長の人が占める割合を標準正規分布表で求める

Z	0.00	0.01	0.02	0.03	0.04	0.05	0.06	0.07
0.0	.0000	.0040	.0080	.0120	.0160	.0199	.0239	.0279
0.1	.0398	.0438	.0478	.0517	.0557	.0596	.0636	.0675
0.2	.0793	.0832	.0871	.0910	.0948	.0987	.1026	.1064
0.3	.1179	.1217	.1255	.1293	.1331	.1368	.1406	.1443
[illegible]	[illegible]	[illegible]	[illegible]	[illegible]	.1700	.1736	.1772	.1808
1.3	.4032	.4049	.4066	.4082	[illegible]	[illegible]	[illegible]	.4147
1.4	.4192	.4207	.4222	.4236	.4251	.4265	.4279	.4292
1.5	.4332	.4345	.4357	.4370	.4382	.4394	.4406	.4418
1.6	.4452	.4463	.4474	.4484	.4495	.4505	.4515	.4525
1.7	.4554	.4564	.4573	.4582	.4591	.4599	.4608	.4616
1.8	.4641	.4649	.4656	.4664	.4671	[illegible]	[illegible]	.4693
1.9	.4713	.4719	.4726	.4732	.4738	[illegible]	[illegible]	.4756
2.0	.4772	.4778	.4783	.4788	.4793	[illegible]	[illegible]	.4808
2.1	.4821	[illegible]	[illegible]	.4834	.4838	.4842	.4846	.4850
2.2	.4861	[illegible]	[illegible]	.4871	.4875	.4878	.4881	.4884
2.3	.4893	[illegible]	[illegible]	.4901	.4904	.4906	.4909	.4911
2.4	.4918	.4920	.4922	.4925	.4927	.4929	.4931	.4932
2.5	.4938	.4940	.4941	.4943	.4945	.4946	.4948	.4949
2.6	.4953	.4955	.4956	.4957	.4959	.4960	.4961	.4962
2.7	.4965	.4966	.4967	.4968	.4969	.4970	.4971	.4972

標準正規分布表（216ページ参照）

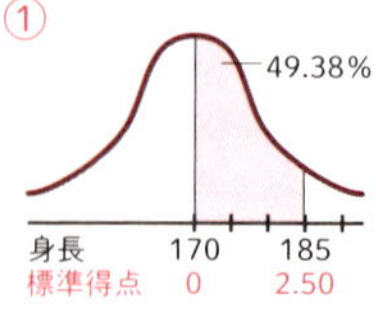

①
49.38%
身長 170 185
標準得点 0 2.50

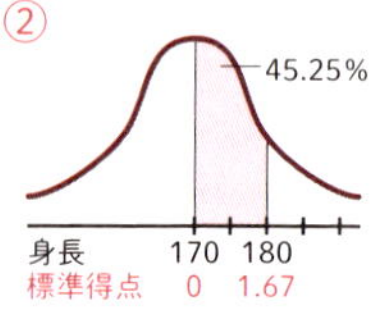

②
45.25%
身長 170 180
標準得点 0 1.67

①の割合 − ②の割合＝

49.38 − 45.25 ＝ 4.13（％）

このデータで、身長180〜185cmの人が占める割合は約4％

データ全体の「上から何%を占めるか」を求める

練習問題

日本人の成人男性の身長のデータ
平均値（μ）＝170cm
標準偏差＝6cm
このデータで、身長190cm以上が占める割合は何%か？

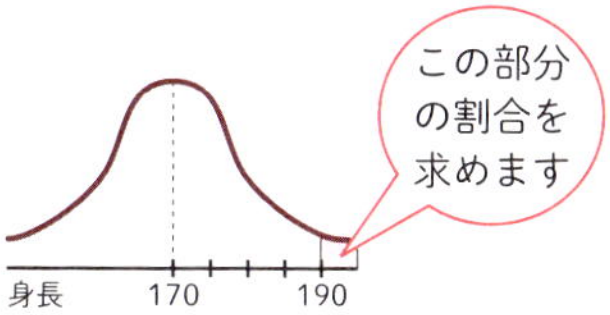
この部分の割合を求めます
身長
170
190

統計を使う現場では、こうした「上から何%」を求める機会が多くあります。その度にこうした割合の引き算をしなくても、「上から何%」を計算できるためのものとして「標準正規分布表（上側確率）」があります（217ページに掲載）

今度は「データの上の部分を占める割合」を求めます。平均値より上はデータ全体の50%であることに注目します。

●考え方

①190cmの標準得点を求める。
（190－170）÷6＝20÷6＝3.33

②平均値（170cm）から190cmまでが占める割合を標準得点「3.33」を使い標準正規分布表から求める。
標準正規分布表の値　→　0.4996
全体に占める割合　　→　49.96%

③「平均値より上の割合は50%」なので、「50－②の値」で「190cm以上」が占める割合を求める。
50－49.96＝0.04（%）
答え：身長190cm以上が占める割合は、全体の0.04%。

データの「上位何%を占める」は「標準正規分布表（上側確率）」でもわかる！

上の練習問題で求めた「標準得点3.33」を「標準正規分布表（上側確率）」で見ると「0.0004」の値が〝一発〟でわかります。全体を「1」とした「0.0004」は「0.04%」です。
例えば「上から1%を占めるのは何cm以上の人」なのかを知りたいときは、上側確率の表で「0.01」に近いものを探すと標準得点は「2.33」。
この場合の身長は
170＋2.33×6＝183.98（cm）
このようにして、約184cmの人が約1%と計算できます。

u	0.00	0.01	0.02	0.03	0.04
0.0	.5000	.4960	.4920	.4880	.4840
0.1	.4602	.4562	.4522	.4483	.4443
0.2	.4207	.4168	.4129	.4090	.4052
[illegible]	[illegible]	.3783	.3745	.3707	.3669
2.6	.0047	.0045	.0044	.0043	.0041
2.7	.0035	.0034	.0033	.0032	.0031
2.8	.0026	.0025	.0024	.0023	.0023
2.9	.0019	.0018	.0018	.0017	.0016
3.0	.0013	.0013	.0013	.0012	.0012
3.1	.0010	.0009	.0009	.0009	.0008
3.2	.0007	.0007	.0006	.0006	.0006
3.3	.0005	.0005	.0005	.0004	.0004
3.4	.0003	.0003	.0003	.0003	.0003
3.5	.0002	.0002	.0002	.0002	.0002
3.6	.0002	.0002	.0002	.0001	.0001

標準正規分布表（上側確率）
（217ページ参照）

標準化って何？

正規分布に標準得点と割合が書かれた表だから、標準正規分布と呼んでいたんですね。

そう考えても差し支えはないんだけど、正しくは「正規分布表を標準化したものが標準正規分布表」よ。

うーん、「標準化」って何ですか？

「標準化」は、これまで標準得点の計算で何度も登場した「データから平均値を引いて標準偏差で割る」ことよ。それに、実は正規分布に従ったデータに限らず、どんなデータでも「平均値を引いて標準偏差で割る（＝標準化）」すると、平均が「０」、標準偏差が「１」になるの。

正規分布の標準化

手法としての標準正規分布の活用にとどまらずにもう1歩踏み込んで、「標準化」について学ぶ

「標準正規分布表」という統計学のツールの使い勝手の良さは、十分に体感できたのではないでしょうか？　また、相対度数ヒストグラムと同様に「正規分布」によるデータ全体の視覚化ができるようになると、数値の所在や〝バラつき〟の範囲がイメージでき、今まで以上に統計で〝できること〟〝わかること〟や、その手法を用いて〝伝えられること〟が具体的になったのではないでしょうか。

本書の目的である「統計学の基礎を理解する」という点では、正規分布に関しては、前のページまででミッション完了と言えます。しかし、学問は知ればもっと知りたくなるものです。「あれ？　標準って、結局何が標準なんだろう？」と思った人もいることでしょう。そうした人のために、もう1歩深く踏み込み、「**標準化**」について学んでみましょう。

「正規分布」の「標準化」とは？

データはさまざまな特徴を持っています。しかし、正規分布と見なせるようなデータであれば、「標準正規分布表」を使って、データの分析や活用を容易に行うことができます。また、どんなデータで「**標準化（平均値を引いて標準偏差で割る）**」をすると、平均値が「０」、標準偏差が「１」になります。この流れを、異なる平均、標準偏差の正規分布に従うデータ x、y で考えてみましょう。

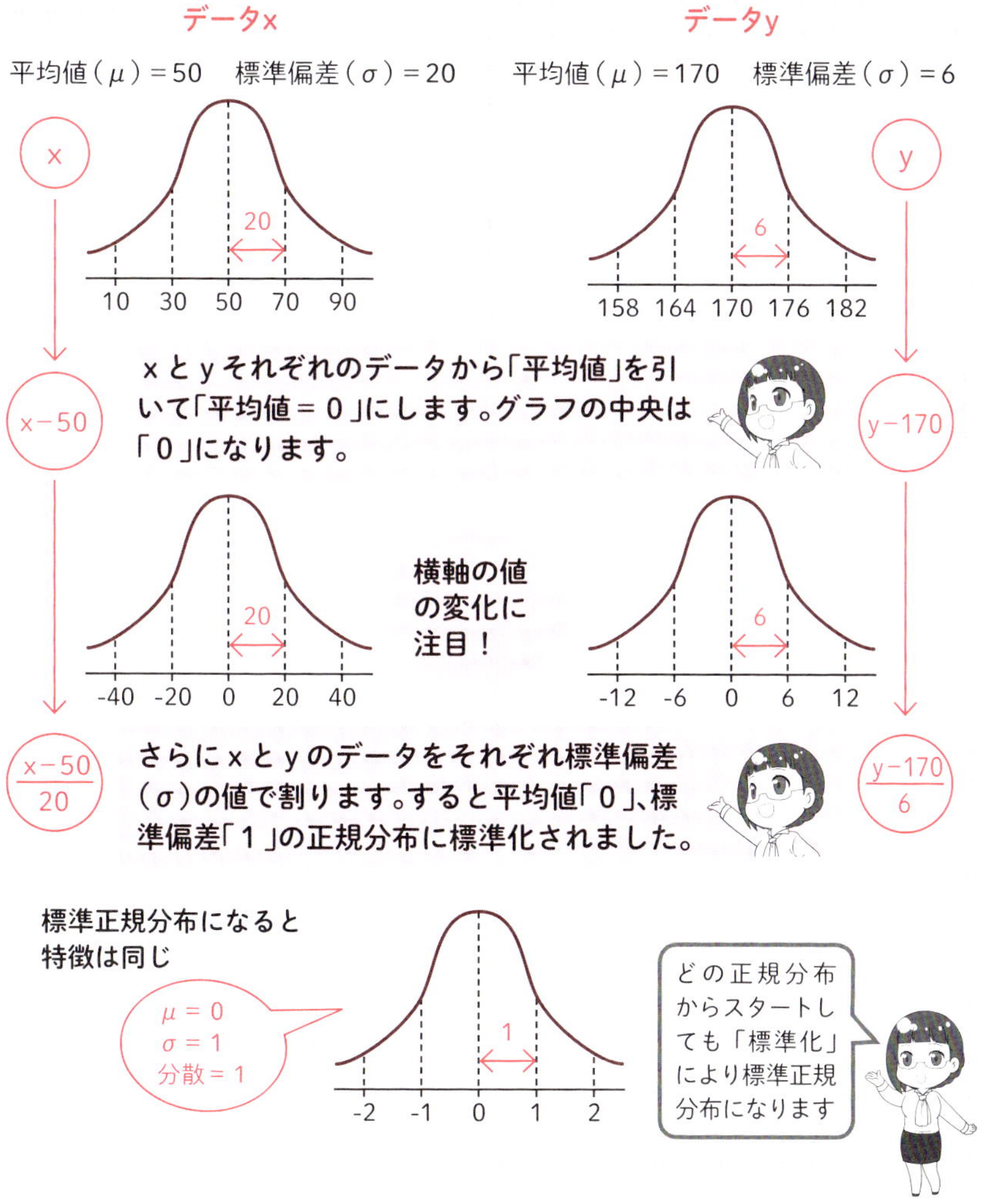

データx
平均値（μ）＝50　標準偏差（σ）＝20
x
20
10 30 50 70 90
データy
平均値（μ）＝170　標準偏差（σ）＝6
y
6
158 164 170 176 182
x と y それぞれのデータから「平均値」を引いて「平均値＝０」にします。グラフの中央は「０」になります。
x−50
y−170
20
-40 -20 0 20 40
横軸の値の変化に注目！
6
-12 -6 0 6 12
さらに x と y のデータをそれぞれ標準偏差（σ）の値で割ります。すると平均値「０」、標準偏差「１」の正規分布に標準化されました。
x−50 / 20
y−170 / 6
標準正規分布になると特徴は同じ
μ＝0
σ＝1
分散＝1
1
-2 -1 0 1 2
どの正規分布からスタートしても「標準化」により標準正規分布になります

コラム

正規分布でないデータも割合の目安がわかる「チェビシェフの不等式」

正規分布に近似しないデータの「割合」を求める

正規分布に近似していないデータでも、標準偏差や標準得点で〝バラつき〟を見ることは重要です。なぜなら、正規分布のように、割合を「何%」とは言えないのですが、「少なくとも何%」と算出できる統計学の手法があるからです。これを**「チェビシェフの不等式」**と言います。

下のグラフは「平均値（μ）から標準得点2σ分を品質規格に合ったものとし、それ以外を除外したい。全体の何%が合格か？」としたときの割合を示したものです。正規分布では標準偏差「-2〜2」の間で95・44%のデータがあることが計算できましたが、正規分布に近似しないデータでも標準偏差「-2〜2」の間で少なくとも75%のデータがあることを、チェビシェフの不等式から求めることができます。

正規分布では

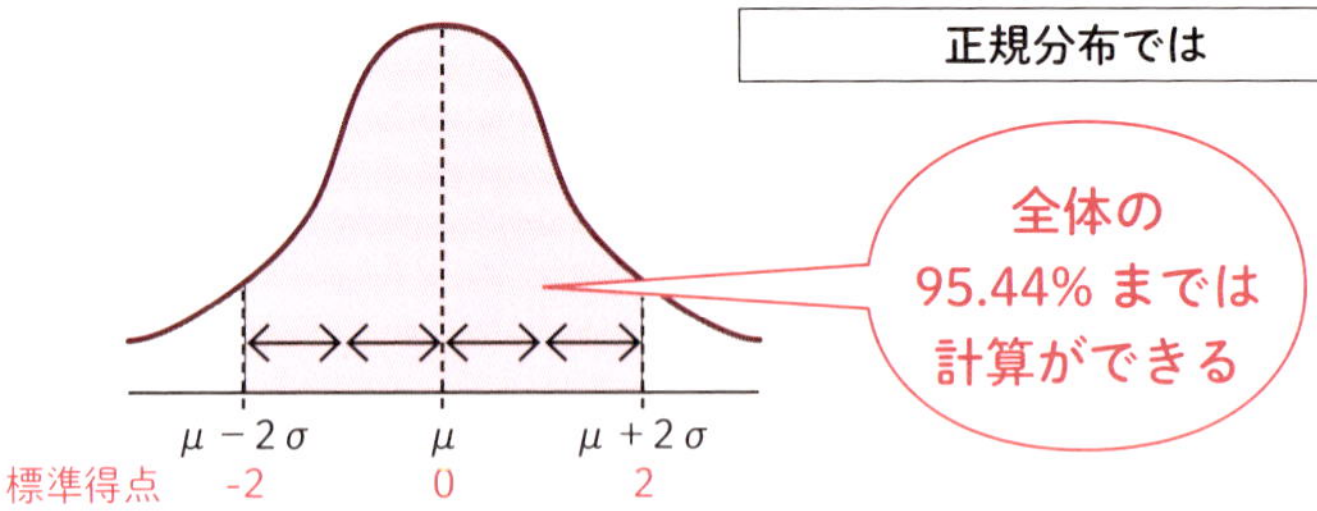
全体の
95.44% までは
計算ができる
μ－2σ
μ
μ＋2σ
標準得点
-2
0
2

正規分布に近似しないデータでも

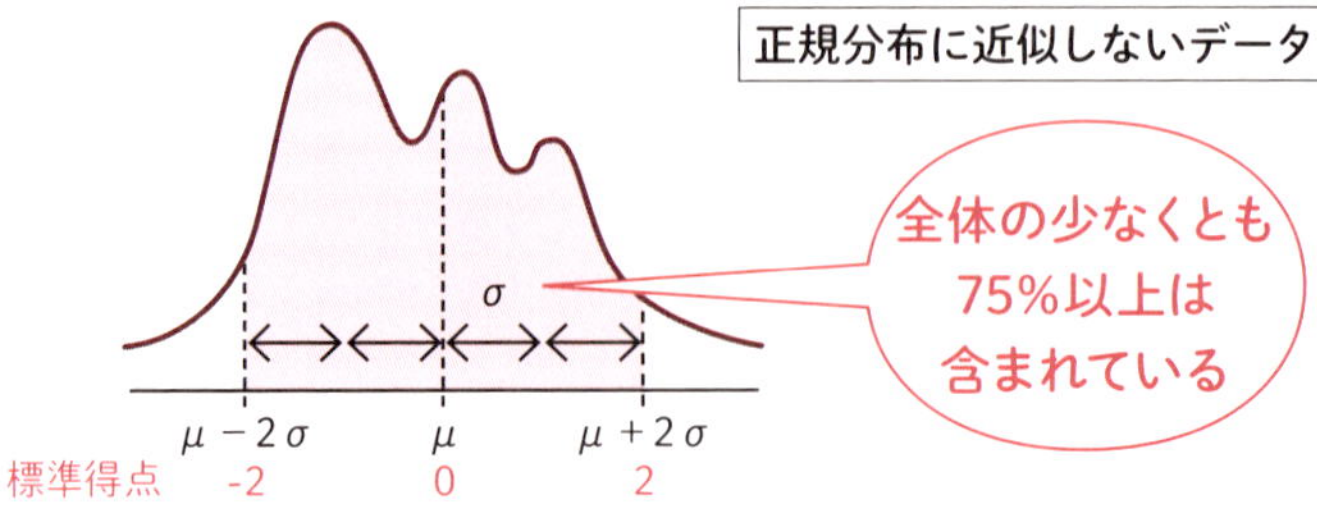
σ
全体の少なくとも
75%以上は
含まれている
μ－2σ
μ
μ＋2σ
標準得点
-2
0
2

チェビシェフの不等式が表現するもの

どんな分布であっても

「$\mu - k\sigma$ から $\mu + k\sigma$ には、少なくとも（割合として）

$1 - \dfrac{1}{k^2}$　のデータが含まれている」

μ ＝平均値

σ ＝標準偏差

k ＝検討したい範囲が σ いくつ分の値か

すごい難しそうですよ！
記号に数値を当てはめて使い方を体験するだけだから、まずはやってみましょう！

k ＝ 2 とした場合

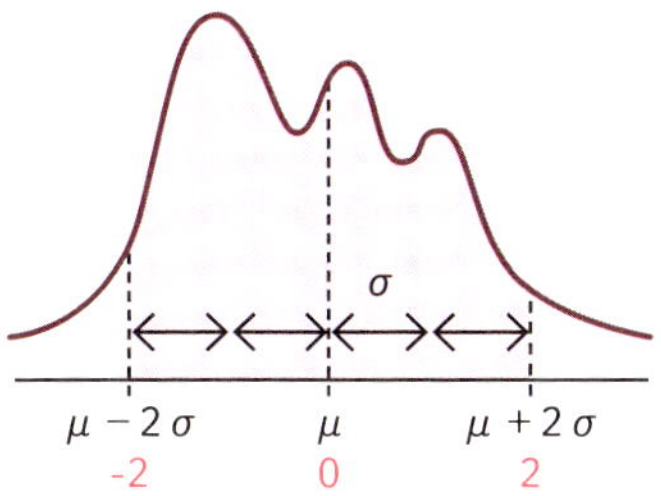
σ
μ − 2σ
μ
μ + 2σ
-2
0
2

平均値（μ）から「2 σ」離れた値の割合を求めるため、上の式を「k ＝ 2」で計算します。

$$1 - \frac{1}{k^2} = 1 - \frac{1}{2^2}$$

$$= 1 - 0.25 = 0.75 = 75\%$$

こういう表現ができます

「平均値から −2 σ から2 σ には、少なくとも75％のデータが含まれている」

k ＝ 3 とした場合

$$1 - \frac{1}{k^2} = 1 - \frac{1}{3^2} = 1 - \frac{1}{3^2} = \frac{8}{9}$$

$$\fallingdotseq 0.89 = 89\%$$

平均値から −3 σ ～3 σ には少なくとも約89％のデータが含まれています。

こうした考え方ができます

「平均値から −3 σ から3 σ 以外の規格外をはじいても総量の１割程度で収まる」

実際、「平均から ± 3 σ を品質基準とする」というのは工場の生産現場ではよく使われています。どのようなデータでも標準偏差を用いてその性質を見る、考えることが、統計学の手法を用いれば可能です。

キーワード

変動係数

平均値に対する標準偏差の割合

「変動係数」で平均の異なるデータを比較

外回りの帰り…
○○デパート
あ ○○デパート
そう言えば…
数日前
これがお得意先の○○デパートの売上げデータよ
平均購入金額は
食料品が3000円
衣料品が8000円
標準偏差は
食料品が900円
衣料品が4800円…
衣料品の方が標準偏差が大きい…つまり購入金額のバラつきも衣料品の方が大きいということですね
待ってケイタ君 標準偏差だけを比べてしまうのはよくないわ
そもそも衣料品と食料品では平均購入金額がかなり違うでしょ
このバラつきを比較するには平均購入金額も考慮する必要があるの
一度に8000円分の食料を買うことなんてそうそうないでしょう
はい…
はぁ たまにはおいしいもの食べて贅沢したい…。
はっ
つ…つまりバラつきを比較するときは「変動係数」っていう別の指標を使うの！
え。なに…
和美さんもあんな表情するんだなぁ…。

標準偏差では〝バラつき〟の比較が難しいデータ

あるデパートの食料品と衣料品の売上げデータ

	食料品（円）	衣料品（円）
平均購入金額	3,000	8,000
標準偏差	900	4,800

食料品と衣料品では、商品特性が異なるため、平均購入額に大きな差が出ていますね。でも、これだけのデータからどんなことがわかるのだろう？

標準偏差も「衣料品」がかなり大きく、これだけ見ると「衣料品」の〝バラつき〟の方が大きく感じるわね。本当にそうなのか、変動係数を求めてみましょう！

■平均値の異なるデータの〝バラつき〟を見る

データの〝バラつき〟を表す指標として、よく使われるのが標準偏差だと説明しました。しかし、平均値が異なるデータ同士を標準偏差だけで比べるのは困難です。なぜなら、平均値が大きいデータは標準偏差も大きくなる可能性があるためです。

上に示した売上げデータのように、食料品と、ブランド品などの高額商品も多い衣料品とでは、衣料品の標準偏差が大きくなります。しかし、それをもとに「衣料品の方が〝データのバラつき〟が大きい」と考えるのは早計です。

平均値が異なるデータの〝バラつき〟の比較に用いる指標が「**変動係数**」です。変動係数は標準偏差を平均値で割って求めます。そのため、平均値に対する標準偏差の割合を表しているとも言えます。

標準偏差には「単位」があります。しかし、変動係数は「割合」を示し、単位がない数値です。単位が異なるデータ同士を比較することにも使えます。

変動係数の求め方

あるデパートの食料品と衣料品の売上げデータ

	食料品（円）	衣料品（円）
平均購入金額	3,000	8,000
標準偏差	900	4,800

標準偏差には単位（円）があることにも注目

変動係数は「標準偏差÷平均値」として求めます。これは平均値に対する標準偏差の割合を表していると考えられます。求めた変動係数の値が大きければ、「〝バラつき〟が大きい」と判断します。

$$\text{変動係数（CV）} = \frac{\text{標準偏差}（\sigma）}{\text{平均値}（\mu）}$$

変動係数の記号「CV」は「coefficient（係数）of variation（変化）」の頭文字です

食料品の変動係数

900÷3000＝0.30
（30％）

衣料品の変動係数

4800÷8000＝0.60
（60％）

データの値を平均値で割った変動係数には、標準偏差のような単位はありません。しかし、「平均値に対する標準偏差の割合」と考えることができるので「％」で表示されることがあります。

衣料品の方が変動係数は大きく、〝バラつき〟が大きい

この「30％」を、日常生活の買い物で目にする「３割引」に置き換えてみましょう。食料品の「３割引」はあまり見かけませんが、衣料品の「３割引」は比較的よく目にします。標準偏差で考えると、食料品の「３割」は標準偏差１個分。衣料品の「３割」は標準偏差0.5個分。つまり、食料品の「３割引」は店側の大サービスだけど、衣料品の「３割引」は標準偏差で見ると食料品の半分の値下げでしかなく、それほど痛手ではないとも言えます

一言メモ　分散で使う偏差平方和を「変動」と呼ぶことがあります。変動係数の「変動」は、これとは由来が異なり「変化」程度の意味でしかありません。この先統計学を学ぶ際、混同しないようにしましょう。

〝バラつき〟のポイントをまとめてみよう

バラツキを表す指標の出発点は〝偏差〟！

「平均偏差」、「分散」、「標準偏差」。さまざまな散布度が出てきましたけど、その出発点は「偏差」でしたね。

「分散」、「標準偏差」の計算方法をもう一度確認！

偏差を二乗した値……、つまり「偏差平方」の平均値が「分散」。元のデータと単位を揃えるために「分散」の平方根（√）を計算した値が「標準偏差」でした。

〝標準得点〟の意味を理解しましょう！

平均値から標準偏差何個分離れているかを表したのが「標準得点」。データから平均を引いて、標準偏差で割ることで求められました。

標準正規分布は正規分布を標準化したもの！

どんな正規分布からスタートしても、平均値を引いて標準偏差で割ると標準正規分布になりました。だから、標準正規分布表で割合がわかるんですね。

平均値の異なるもの同士のバラツキは〝変動係数〟で比較！

変動係数の求め方は「標準偏差÷平均値」。つまり、平均値に対する標準偏差の割合でした。

「遠く」にある数値には注意！

諸君！
来年から我が社のワインブランドを全国展開していくよ
1週間後にまた意見を聞くからね！調査よろしく！
じゃ！
たたた
ポカン…
また急な話ですね…
新ブランドの販売戦略を考えておきなさいってことね…
ワインブランドの展開かぁ…
うーん…
ふふふ

俺は得意先を回って現場のニーズを調査してくるぜ!
バーン
さっそく行動だ!
営業行って来る!
だっ
フミノリ気合入ってるな…
今のおれにできるのは和美さんから学んだことを活かすことだ
いろんなデータを分析してみよう!
負けていられない!
バッ
カチャカチャ
まずは全国のワインの消費量を調査・分析だ
トン
――よし!

和美さん
完成しました!
ドンッ
都道府県別のワイン消費量(1人当たり)をもとに販売戦略を考えてみました
標準偏差も出しました!
チェックお願いします!
あら早いわね
パラッ
うーん…
ど…
どうでしょうか
残念だけど
この分析の仕方は間違っているわ
えっ!?

全国のワインの消費量だけど大事なところを見落としているわね
な…何を見落としてましたか!?
ワインの1人当たりの消費量は東京と山梨が突出して高いでしょ？
都道府県別のワイン消費量（1人当たり）
1 東京 9.8ℓ
2 山梨 8.3ℓ
3 長野 4.0ℓ
東京と山梨を含めてデータ分析すると全体がその2つの影響を受けてしまうの
あ…
データを分析する際極端に高い値や極端に低い値を「はずれ値」と言うのよ
ハズレ!?
はずれ〜。
当たりはずれの「はずれ」ではなくて「遠く外れ」たところにある値という意味
なるほど

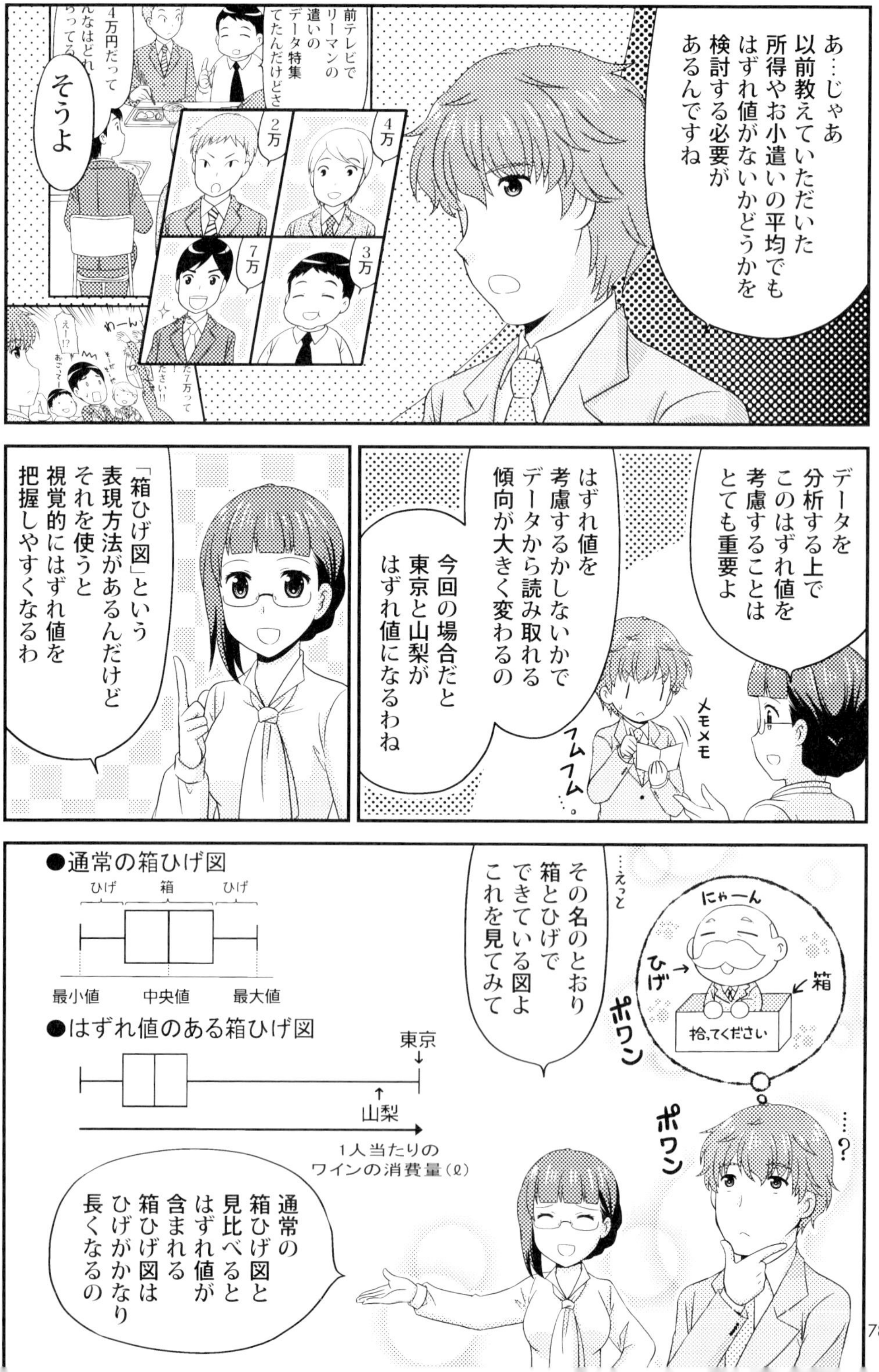

あ…じゃあ以前教えていただいた所得やお小遣いの平均でもはずれ値がないかどうかを検討する必要があるんですね
前テレビでリーマンの遣いのデータ特集てたんだけどさ
4万円だって
そうよ
4万
2万
3万
7万
わーん
え－!?
おごって－
そーだそーだ
た7万ってださい!!
データを分析する上でこのはずれ値を考慮することはとても重要よ
メモメモ
フムフム…。
はずれ値を考慮するかしないかでデータから読み取れる傾向が大きく変わるの
今回の場合だと東京と山梨がはずれ値になるわね
「箱ひげ図」という表現方法があるんだけどそれを使うと視覚的にはずれ値を把握しやすくなるわ
…えっと
その名のとおり箱とひげでできている図よこれを見てみて
にゃーん
ひげ
箱
拾ってください
ポワン
ポワン
…?
●通常の箱ひげ図
ひげ
箱
ひげ
最小値
中央値
最大値
●はずれ値のある箱ひげ図
東京
山梨
1人当たりのワインの消費量(ℓ)
通常の箱ひげ図と見比べるとはずれ値が含まれる箱ひげ図はひげがかなり長くなるの

箱ひげ図に使われる「四分位数」についてもこれから教えるわね
まだ統計学を使いこなすには早いのか…自信あったけどまだまだだなぁ…おれ
いやいやここで落ち込んでどうする
むしろこれはフミノリを見返すチャンスだ!
ぐっ
わかりました!はずれ値になりそうな他の数値を探してもう一度資料を作ります!
くるっ
その調子!またデータがまとめられたら箱ひげ図の書き方を教えるから声をかけてね!
うおおおおおお
ケイタ君がんばり屋さんだなぁ
教えがいのある人材をありがとう社長
うふふふ
視線を感じる…。

キーワード
箱ひげ図

ヒストグラムと「箱ひげ図」

データに影響を与える「はずれ値」を検討する

"平成27年度成人1人当たりの酒類販売（消費）数量表（都道府県別）
「ワイン」の消費量

消費量順に並べ替え

順位	都道府県	1人当たりの消費量（単位：ℓ）
1	東京	9.8
2	山梨	8.3
3	長野	4.0
4	京都	3.8
5	大阪	3.8
6	神奈川	3.6
7	北海道	3.5
8	宮城	3.2
9	千葉	3.1
10	埼玉	3.0
11	和歌山	3.0
12	福岡	3.0
13	山形	2.8
14	兵庫	2.7
15	岩手	2.6
16	青森	2.5
17	新潟	2.5
18	石川	2.5
19	[illegible]	[illegible]
20	[illegible]	[illegible]
21	[illegible]	2.4
45	佐賀	1.6
46	山口	1.5

元データ

都道府県	1人当たりの消費量（単位：ℓ）
北海道	3.5
青森	2.5
岩手	2.6
宮城	3.2
秋田	2.2
山形	2.8
福島	2.3
茨城	2.1
栃木	2.4
群馬	2.3
埼玉	3.0
新潟	2.5
長野	4.0
千葉	3.1
東京	9.8
神奈川	3.6
山梨	8.3
富山	2.1
[illegible]	[illegible]
[illegible]	[illegible]
[illegible]	[illegible]
岐阜	1.9
[illegible]	[illegible]
鹿児島	1.7

■平均値に影響を与える値に注意する

平均値の学びでも触れましたが、データの中に極端に大きな値（大きすぎたり、小さすぎたり、その両方です）が含まれていると平均値に影響を与えてしまうことがあります。データの〝バラつき〟の指標でも見てきたように、平均値は統計の基本となる値です。元となるデータに突出した値が隠れていないか、統計では常に注意するべきポイントです。

上の表は、都道府県別の1人当たりの年間ワイン消費量です。右が国税庁が公開している都道府県別順のデータです。これを消費量順に整理し並べ替えたのが左のデータです。東京都と山梨県が他の都道府県よりも突出しているように見えます。しかし、何をもって「突出している」と見なせばよいのでしょうか？

出典：国税庁課税部酒税課「酒のしおり」（2017年3月）
注：元データの分類は「果実酒」ですが、これは酒税法上のぶどうを原料としたワインの他にフルーツワインやシードルが含まれています。一般的に「ワイン」の消費量データとして用いられます。

データを度数分布表で整理しヒストグラムを作る

度数分布表

階級（ℓ） 以上～未満	階級値（ℓ）	度数
1～2	1.5	17
2～3	2.5	17
3～4	3.5	9
4～5	4.5	1
5～6	5.5	0
6～7	6.5	0
7～8	7.5	0
8～9	8.5	1
9～10	9.5	1

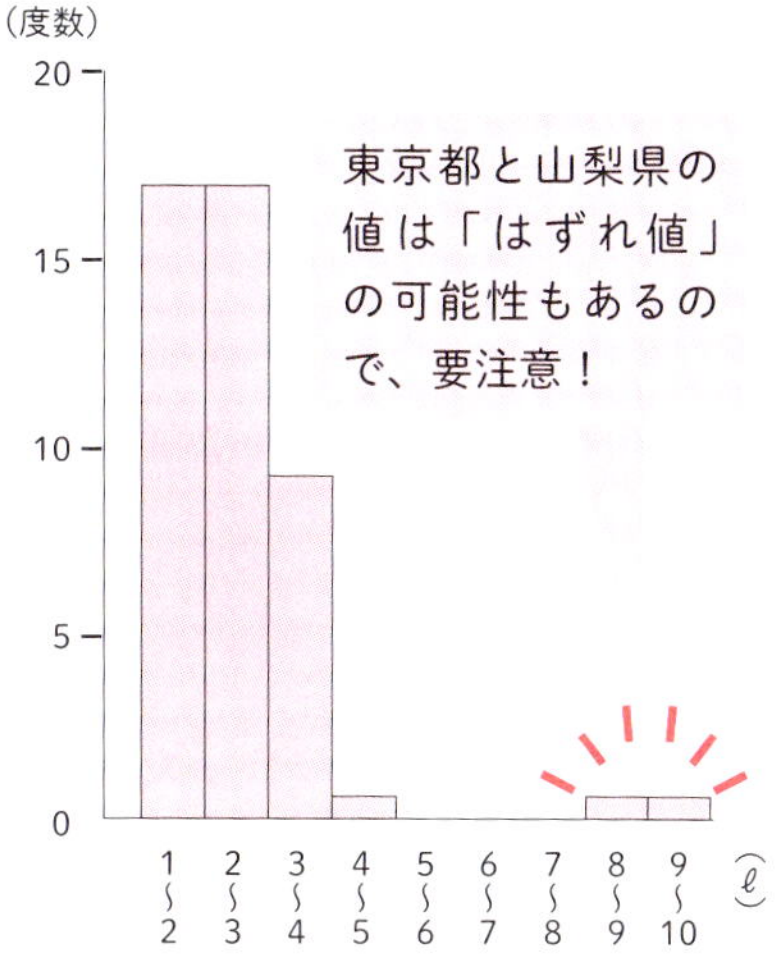

■データの値を「はずれ値」と判断するには

データの中の極端に大きな値を「**はずれ値**」と言います。「はずれ値」は、**データから「はずす」値ではなく、なぜその値が登場したのかを考慮する必要がある値です。**「ワインの1人当たりの消費量（80ページ）」からは東京や山梨が「はずれ値」のように感じますが、どう考えればいいのでしょうか？

そこで、その値の特徴をあぶり出すため、先に学んだヒストグラムを作ってみましょう。消費量1ℓを階級幅に46都道府県（元データに沖縄県は含まれていません）の値を整理して作ったのが、上の度数分布表とヒストグラムです。

ヒストグラムから見ても、東京都と山梨県は「はずれ値」と考えても良さそうです。しかし、データ分析の資料として共有するためには、「はずれ値」に対してもう少し数値的な根拠がほしいところです。何を根拠にして「はずれ値」とするのか。これから学ぶ「**箱ひげ図**」を通じて学んでいきましょう。

箱ひげ図は何を表すのか？

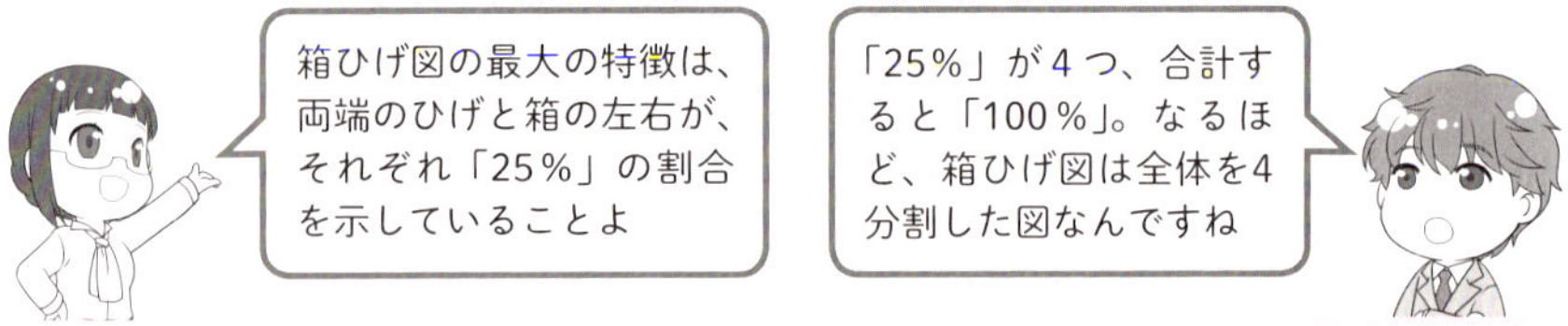

箱ひげ図の最大の特徴は、両端のひげと箱の左右が、それぞれ「25％」の割合を示していることよ
「25％」が4つ、合計すると「100％」。なるほど、箱ひげ図は全体を4分割した図なんですね

箱ひげ図が何を表す構造になっているのか。それを見てから、実際の書き方を学んでいきましょう。以下は、これまでに何度も登場してきた「A組の小テストの点数」を例に、箱ひげ図に関わる言葉をまとめました。

A組の小テストの点数	2、3、3、4、4、5、7、7、7、8

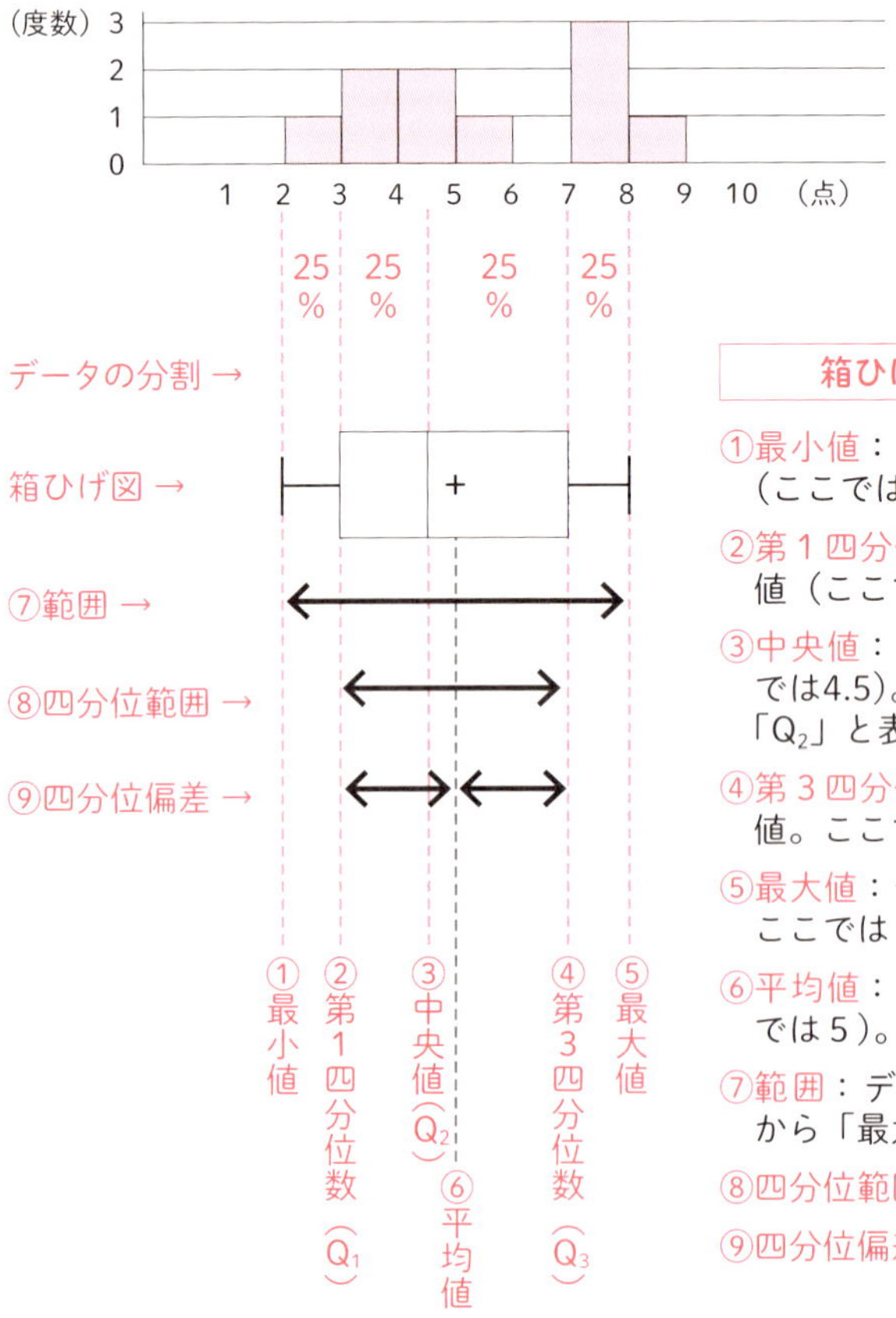

（度数）
3
2
1
0
1 2 3 4 5 6 7 8 9 10 （点）
25％
25％
25％
25％
データの分割 →
箱ひげ図 →
⑦範囲 →
⑧四分位範囲 →
⑨四分位偏差 →
①最小値
②第1四分位数（Q1）
③中央値（Q2）
⑥平均値
④第3四分位数（Q3）
⑤最大値

箱ひげ図の名称と表す数値

①最小値：データの中の一番小さな値（ここでは2）。

②第1四分位数：「下位データ」の中央値（ここでは3）。「Q_1」と表記する。

③中央値：データ全体の中央値（ここでは4.5）。「第2四分位数」でもある。「Q_2」と表記する。

④第3四分位数：「上位データ」の中央値。ここでは「7」。

⑤最大値：データの中の一番大きな値。ここでは8。

⑥平均値：データ全体の平均値（ここでは5）。「+」で示される。

⑦範囲：データが存在する「最小値」から「最大値」の幅。

⑧四分位範囲：「箱」の長さ。

⑨四分位偏差：四分位範囲を半分にした長さ。

箱ひげ図はデータの個数を4分割して分布を表す

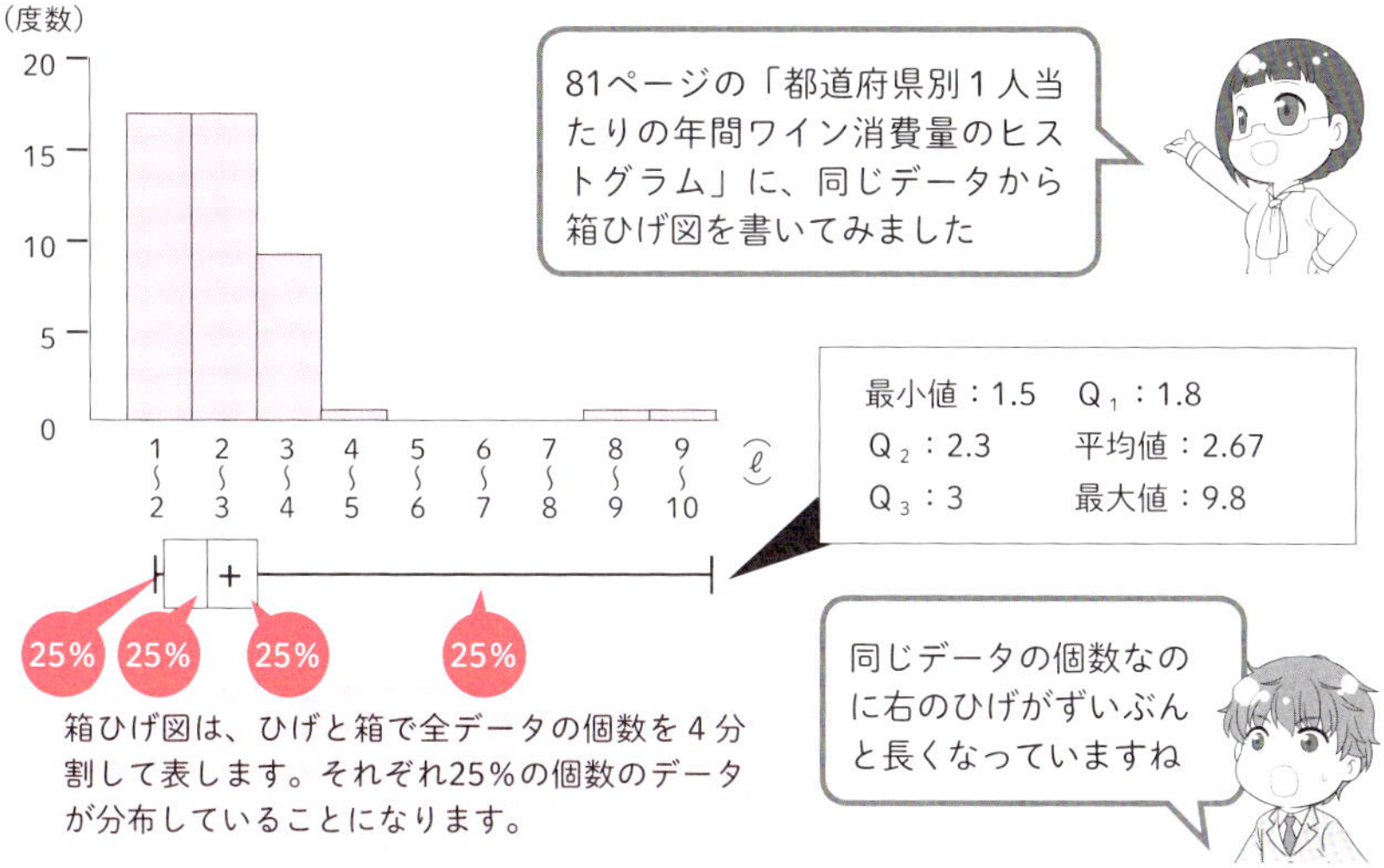
（度数）
20
15
10
5
0
1～2
2～3
3～4
4～5
5～6
6～7
7～8
8～9
9～10
(ℓ)
25％
25％
25％
25％
81ページの「都道府県別1人当たりの年間ワイン消費量のヒストグラム」に、同じデータから箱ひげ図を書いてみました
最小値：1.5 Q1：1.8
Q2：2.3 平均値：2.67
Q3：3 最大値：9.8
同じデータの個数なのに右のひげがずいぶんと長くなっていますね
箱ひげ図は、ひげと箱で全データの個数を4分割して表します。それぞれ25％の個数のデータが分布していることになります。

■箱ひげ図は「データの分布」を視覚的に表現する

箱ひげ図の名称の中で特に箱ひげ図の特性を表すのが、最小値・第1四分位数・中央値・第3四分位数・最大値の5つの言葉で「**五数要約**」と言います。

この5つの値を区切りにした4つの範囲の中に、全データが**25％ずつの個数**で分布していることを、箱とひげを使って表すのが箱ひげ図の役割です。

また、はずれ値の可能性がある極端に大きな値があっても、どこが中央付近のデータかをひと目で把握することができます。平均値と中央値の比較（28～29ページ）で、**中央値は「極端に大きな値があっても影響を受けにくい値」**と学びました。この「極端に大きな値」が、ここで出てきたはずれ値の可能性を持つ値のことです。Q_2は、データ全体の中央値。Q_1はQ_2より低い50％のデータの中央値。Q_3はQ_2より高い50％のデータの中央値です。つまり、**箱部分には、はずれ値の影響を受けにくい25～75％のデータが分布している**と言えるのです。

一言メモ 「Q」は四分位数を表す「quartile」の頭文字。「quarter：４分の１」や「quartet：四重奏」など、「４」にまつわる単語の頭文字は「Q」が多いです。

四分位範囲の求め方

四分位範囲＝箱ひげ図の箱は3つの中央値で決まる

箱ひげ図がデータの分布を視覚的に表す手法であるとわかったところで、各名称を詳しく説明します。「四分位」とは文字どおり「4つに分ける位置」。4分割する3つの区切りの、**1番目の値が第1四分位数（Q_1）。2番目が第2四分位数（中央値、Q_2）。そして3番目が第3四分位数（Q_3）です。**

「範囲」は、高い値と低い値の差、対象となるデータの最大値と最小値の幅です。単に「範囲」なら最大値と最小値の間の幅ですが、「四分位範囲」はQ_3とQ_1の間の幅です。「四分位偏差」は、四分位範囲の2分の1の幅です。

箱ひげ図を描くには、まず、これらの値を求めます。最小値、最大値はわかりますね。中央値の求め方は、29ページで学びました。では、四分位範囲を決めるQ_1、Q_3を求めてみましょう。

データ全体の中央値を求める

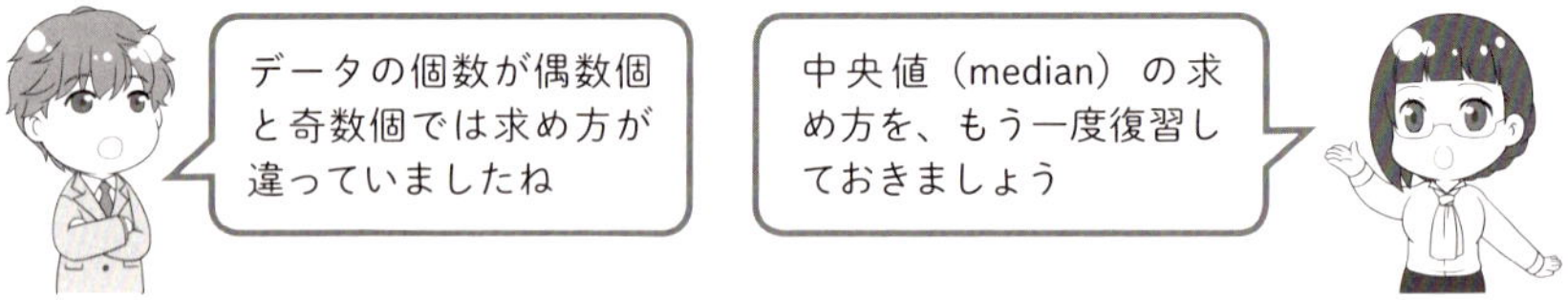

データの個数が偶数個と奇数個では求め方が違っていましたね
中央値（median）の求め方を、もう一度復習しておきましょう

①データ全体の中央値（Q_2）を求める。
②Q_2を区切りにデータ全体を値の高い「上位のデータ」と値の低い「下位のデータ」に分ける。
③それぞれの中央値を求める。「下位のデータ」の中央値がQ_1。「上位のデータ」の中央値がQ_3となる。

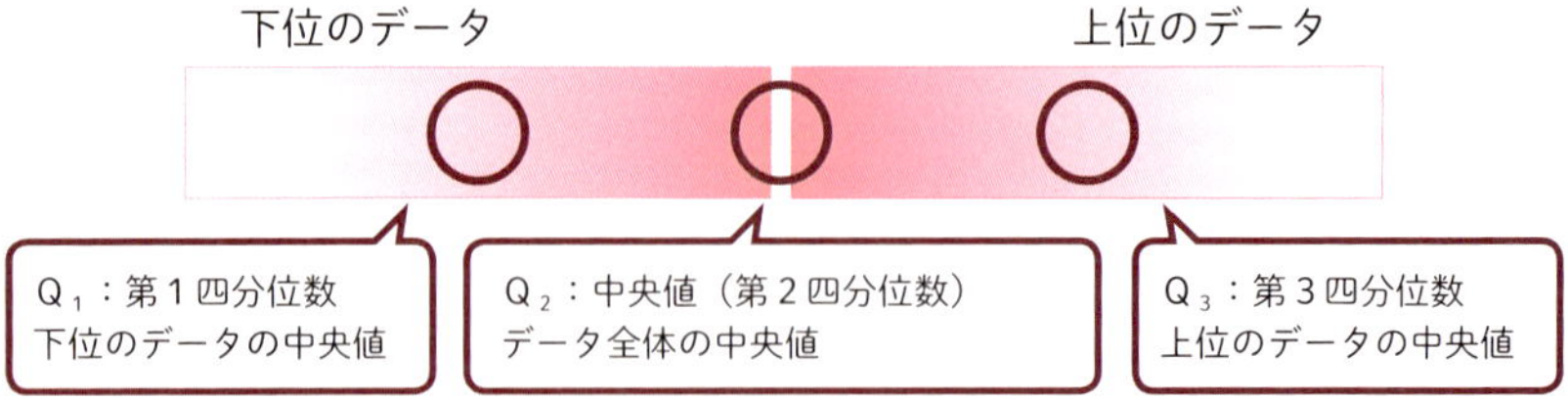

下位のデータ
上位のデータ
Q_1：第1四分位数
下位のデータの中央値
Q_2：中央値（第2四分位数）
データ全体の中央値
Q_3：第3四分位数
上位のデータの中央値

※四分位数の求め方は何通りかありますが、本書では、高等学校の「数学Ⅰ」の「データの分析」の中で紹介されている求め方を説明します。

偶数個のデータの中央値を求める

データの個数＝８個　3、4、4、5、6、6，7、9

偶数個のデータは、個数の真ん中で上位と下位のデータに分ける。
中央値は真ん中の２個の値の平均値を求める。

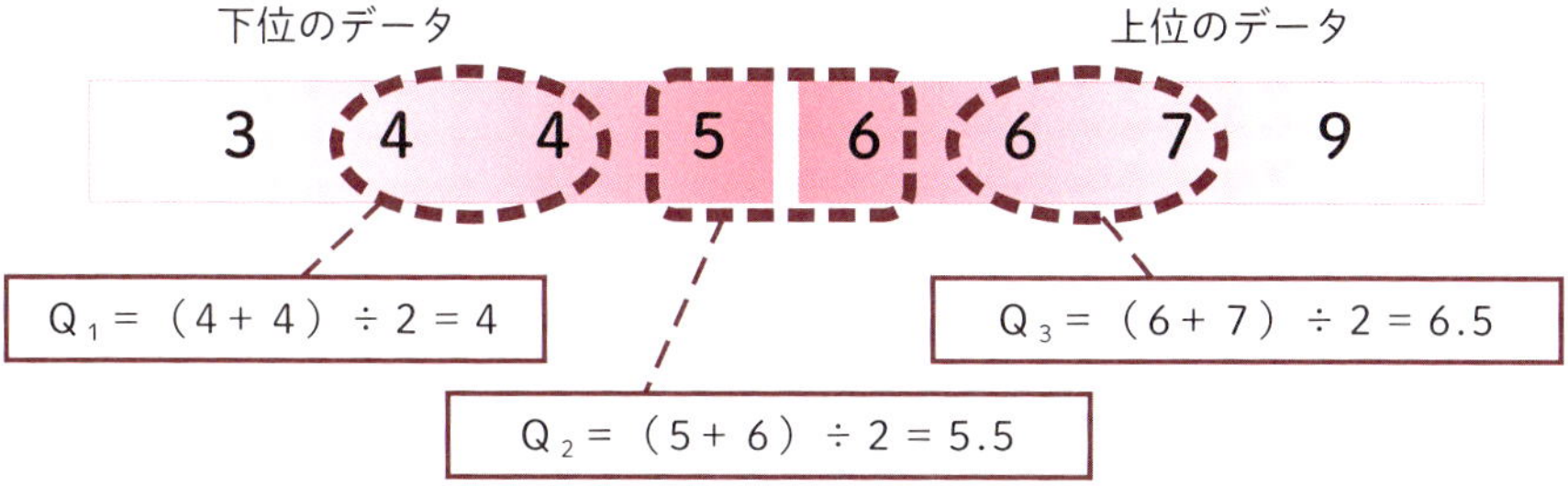
下位のデータ
上位のデータ
3　4　4　5　6　6　7　9
Q_1＝（4＋4）÷２＝4
Q_3＝（6＋7）÷２＝6.5
Q_2＝（5＋6）÷２＝5.5

奇数個のデータの中央値を求める

データの個数＝11個　1、2、2、3、4、4、5、7、8、9、10

奇数個のデータは、個数の真ん中の値を中央値とする。その値を除いて、上位と下位のデータに分ける。

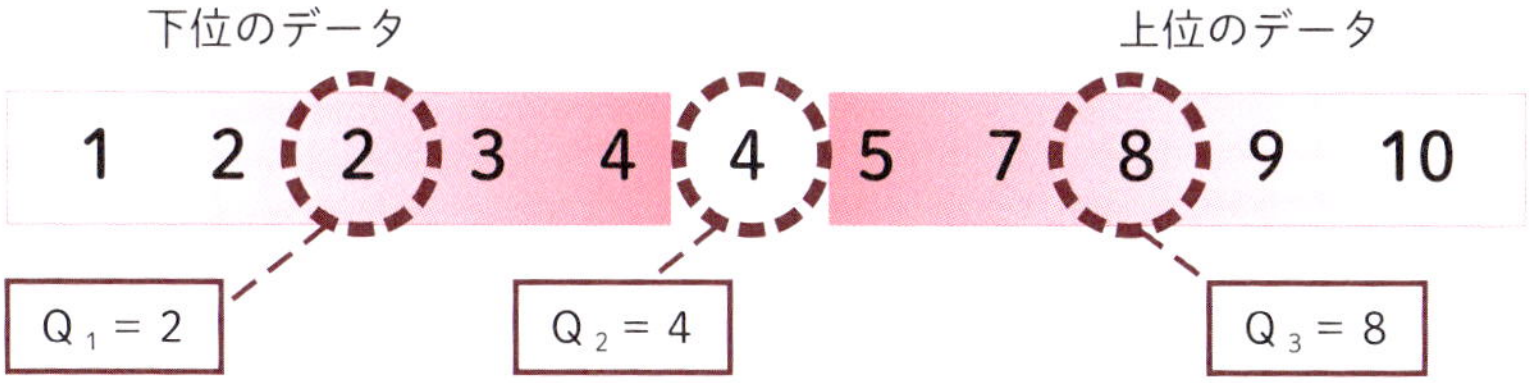
下位のデータ
上位のデータ
1　2　2　3　4　4　5　7　8　9　10
Q_1＝2
Q_2＝4
Q_3＝8

四分位範囲は英語の「interquartile range」から「ＩＱＲ」と表記されることもあるので、覚えておきましょう！

四分位範囲＝ＩＱＲ＝Q_3－Q_1

実際に統計分析の対象となるデータは、個数も多く、Excel などを用いて四分位範囲も求めることが一般的です。また、ここで例にした個数の少ないデータを４分割する意義は高くないかもしれません。しかし、統計学の考え方を理解することは重要です。特に箱ひげ図は、自分で描けるようになることが大切です。

一言メモ　箱ひげ図とともに登場した「範囲」「四分位範囲」「四分位偏差」も〝バラつき〟の指標、つまり「散布度」のひとつとして考えることができます。

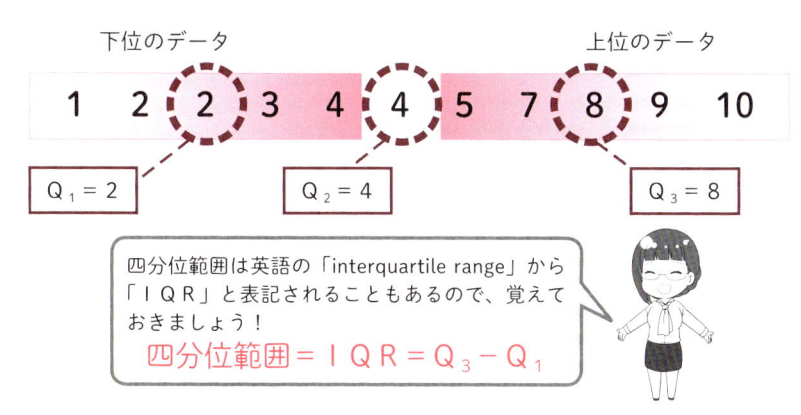

はずれ値の検討

箱ひげ図を用いてデータの値がはずれ値かどうかを考える

これまでの学びを整理しながら、実際に箱ひげ図を描いてみましょう。左の15個の値を使います。こうして数字が並んだだけでは、データがどのような特徴を持つかはわかりにくいですね。しかし、Q_1、Q_2、Q_3を求めるだけで、箱ひげ図が描け、データを読み解くことができるようになります。

テスト15人分の成績

15個の値を持つデータ				
9	20	21	22	27
29	30	36	38	42
43	48	65	88	97

数字だけだとイメージがつかめませんね。数値を視覚化することは、データを共有する上で、大切なことなんですね

五数要約(最小値・Q_1・Q_2・Q_3・最大値)を求める

9
20
21
22
27
29
30
36
38
42
43
48
65
88
97
0
10
20
30
40
50
60
70
80
90
100（点）

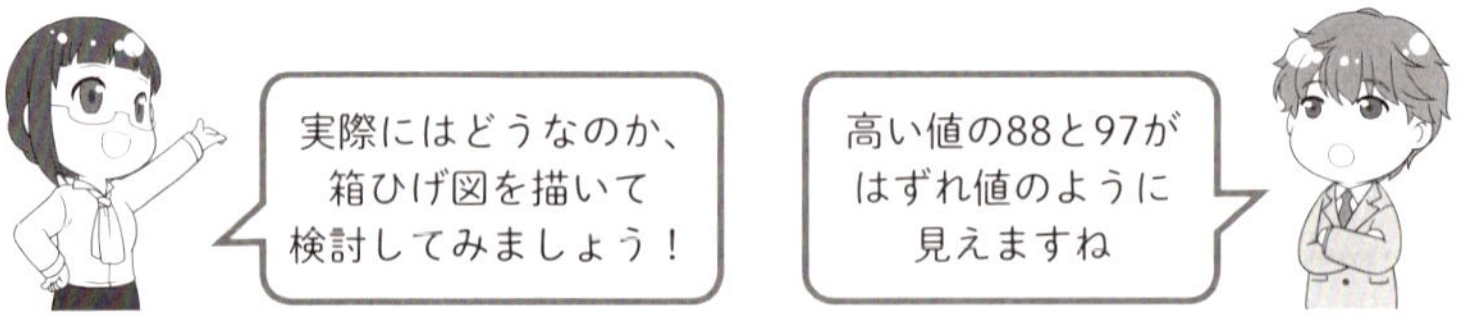
実際にはどうなのか、箱ひげ図を描いて検討してみましょう！
高い値の88と97がはずれ値のように見えますね

①Q_2（中央値、第２四分位数）を求める

→15個の奇数個のデータなので、中央値「36」

②Q_1（第１四分位数）を求める

→下位のデータ…9、20、21、22、27、29、30の奇数個（7個）の中央値「22」

③Q_3（第３四分位数）を求める

→上位のデータ…38、42、43、48、65、88、97の奇数個（7個）の中央値「48」

④平均値を求める　→　値の合計　615÷15＝41　を計算し「41」

⑤最小値は「９」、最大値は「97」

15個のデータの箱ひげ図を描く

①数直線を引き、目盛りと単位を入れる。
②数直線の上に箱ひげ図を描く。五数要約（最小値・Q_1・Q_2・Q_3・最大値）の値でひげと箱を描き、平均値を「＋」で示す。

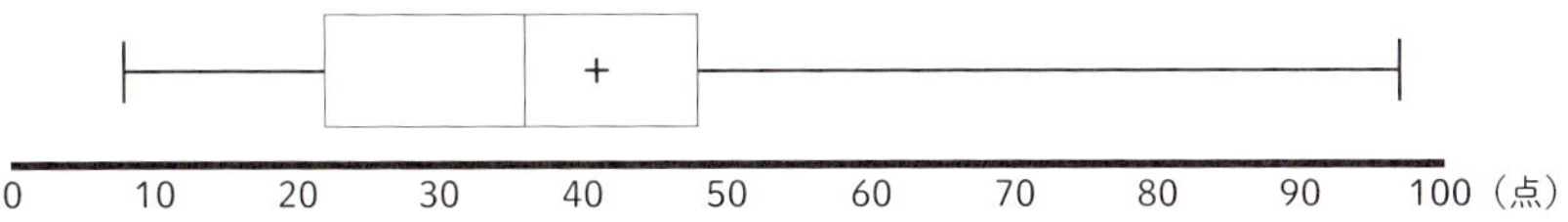
+
0 10 20 30 40 50 60 70 80 90 100（点）

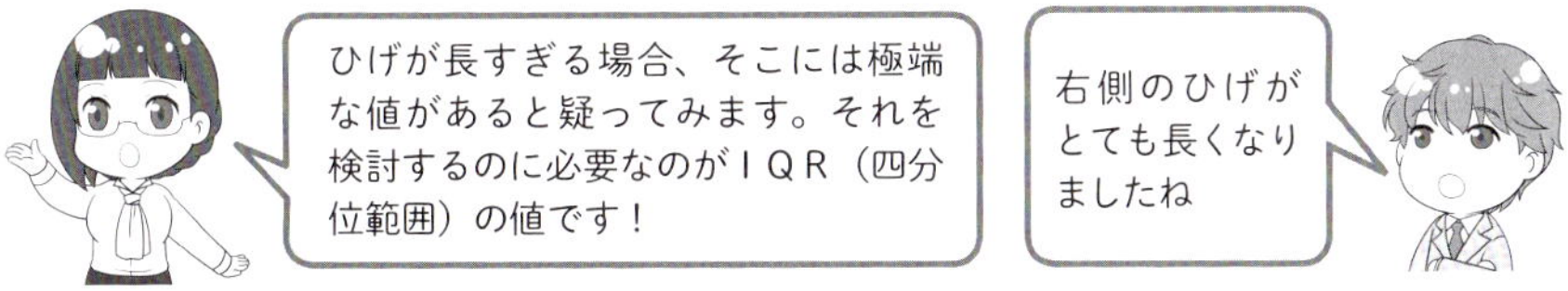
ひげが長すぎる場合、そこには極端な値があると疑ってみます。それを検討するのに必要なのがＩＱＲ（四分位範囲）の値です！
右側のひげがとても長くなりましたね

箱ひげ図の適切なひげの長さを求める

箱ひげ図のひげが長い場合、その中に「小さすぎる最小値がある」「大きすぎる最大値がある」と考えます。統計分析担当者の役目は、はずれ値と考えられる数値を見つけ、他者と共有することです。

ひげの長さの目安は、IQR（四分位範囲）の1.5倍までです。次のように計算して求めます。

$$IQR \times 1.5 = (Q_3 - Q_1) \times 1.5$$

IQRは極端に大きな値に影響を受けない特性を活かした使い方です。この「1.5」は一般的な目安です。必要に応じて「2」や「2.5」などにすることもあります。

③ひげの長さの上限を求める。
$IQR \times 1.5 = (Q_3 - Q_1) \times 1.5 = (48 - 22) \times 1.5 = 39$
ひげの右端の値を求めるにはQ_3に上の数値を足します。
48+39＝87　この「87」までに含まれる最大値「65」でひげを描き直します。

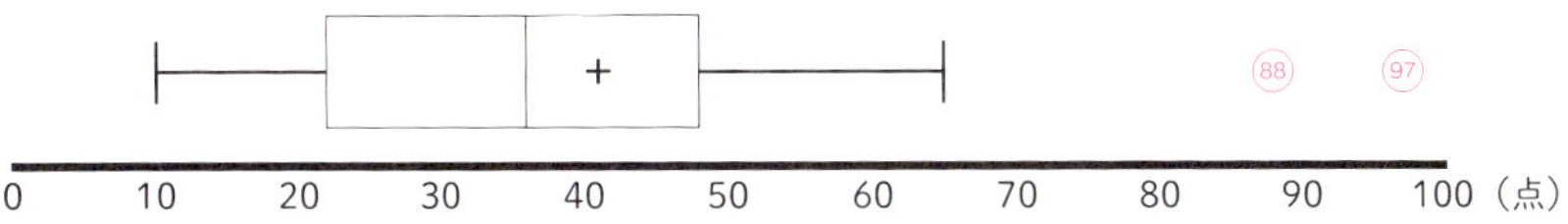
+
88
97
0 10 20 30 40 50 60 70 80 90 100（点）

ひげの右端「87」の外に、データの値「88」と「97」が出ました。この２つの値をひげの外に残して示し「特に優秀と言える」と見てデータを検討します。箱ひげ図の良さは、データを「はずさない」で資料に提示し、会議などで検討できる点です。

キーワード
データの視覚化

グラフの見せ方、活用の心得

どんなデータか、どう分析したのか、何がわかるかを共有する

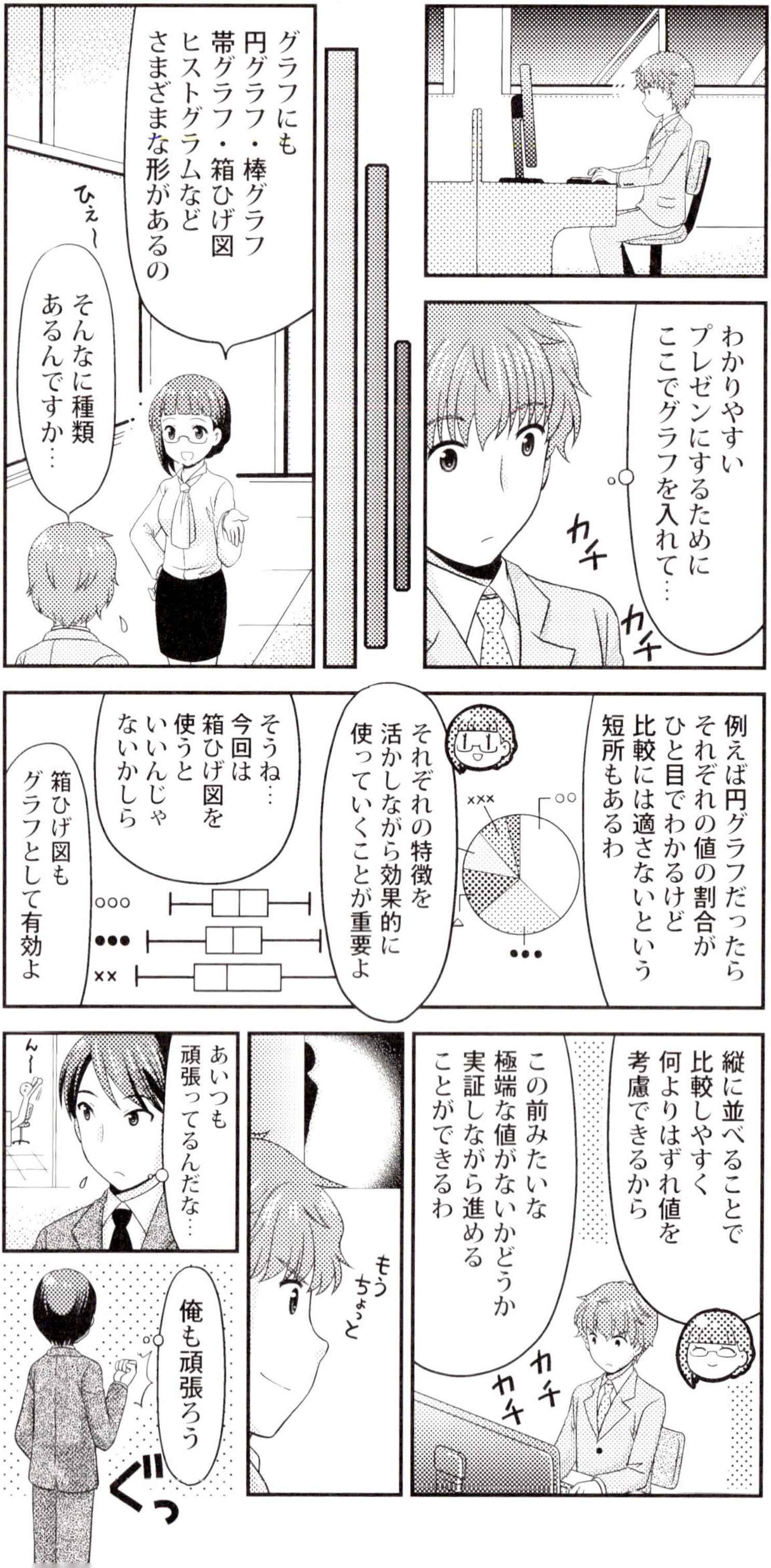
わかりやすいプレゼンにするためにここでグラフを入れて…
カチ
カチ
グラフにも円グラフ・棒グラフ帯グラフ・箱ひげ図ヒストグラムなどさまざまな形があるの
ひぇ〜
そんなに種類あるんですか…
例えば円グラフだったらそれぞれの値の割合がひと目でわかるけど比較には適さないという短所もあるわ
○○
×××
△
●●●
それぞれの特徴を活かしながら効果的に使っていくことが重要よ
そうね…今回は箱ひげ図を使うといいんじゃないかしら
○○○
●●●
××
箱ひげ図もグラフとして有効よ
縦に並べることで比較しやすく何よりはずれ値を考慮できるから
この前みたいな極端な値がないかどうか実証しながら進めることができるわ
カチ
カチ
もうちょっと
ん〜
あいつも頑張ってるんだな…
俺も頑張ろう
ぐっ

■グラフの「強み」を知って活用しよう

第1章の学びは統計学の基礎的なものですが、すでに標準偏差を学び、箱ひげ図を自分で描けるようになっています。学問としての統計学は難解ですが、手法、道具としての統計学は、基礎さえ押さえれば、すぐに使えるものだということが実感できたのではないでしょうか。第2章からは、さらにデータを解析する手法の学びへと進みますが、今の段階でもみなさんのプレゼンや資料作成に統計学は十分に活用できるので、ぜひ実践を重ねてください。

そのときに強い味方となってくれるのがグラフです。第1章でも、ヒストグラムや箱ひげ図を見てきました。数値を集める、そのデータを統計学的に整理する。そこで終わらずに、その**資料に適切なグラフを添えることで、データの性質や傾向、さらにはどんな着目でどう整理・分析したかまでを多くの人と共有できるようになります。**さまざまなグラフがありますが、それぞれの「強み」を知って活用しましょう。

見慣れたグラフにもそれぞれの「強み」がある

「割合を見せる」「他のデータと比較する」など、資料で何を伝えたいかを考えて、最適なグラフを選ぶよう心がけましょう。

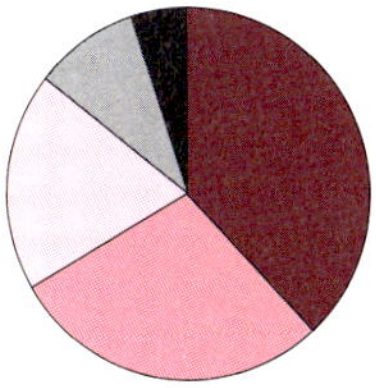

円グラフの特徴

構成比（割合）を扇の角度と面積で視覚的に把握できる。

資料に向いているグラフには、どんなものがあるかしら？

円グラフはよく見かけますね。アンケート結果など、割合がひと目でわかります。

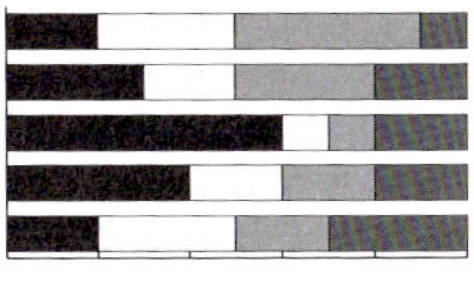

帯グラフの特徴

他のデータと並べて構成比の違いを比較することができる。

見慣れている分、わかりやすいわね。でも、他のデータとの比較には帯グラフが便利です。

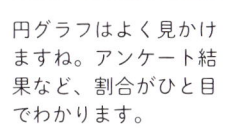

割合を示すグラフ

円グラフ、ヒストグラム、箱ひげ図は、形はまったく似ていませんが、データの割合を示している点で似た内容を表現しています。どのグラフを用いるかは、データや統計分析の何を伝えたいかを考慮して選ぶようにしましょう。

円グラフ

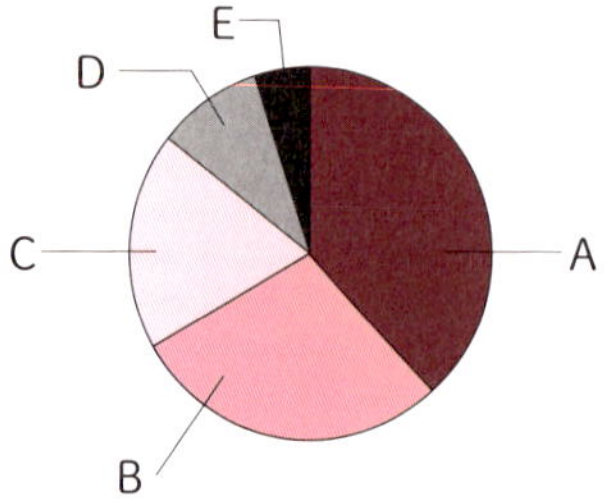

丸い図形の内側に、扇形でデータの内訳を表します。帯グラフなどに比べて比較には向きませんが、ひと回り小さい円グラフを内側に組み合わせ比較する「ドーナツグラフ」と呼ばれるものもあります。

ヒストグラム

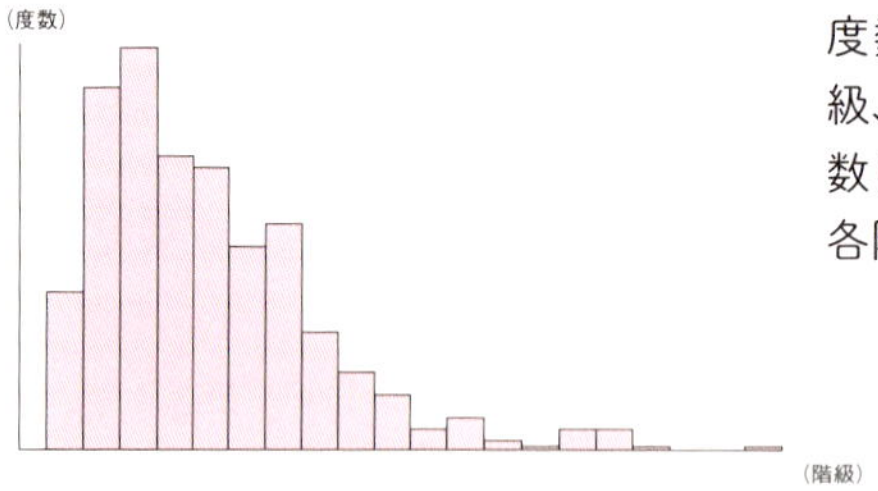

度数分布表を図に表したもので、横軸に階級、縦軸に度数を取ります。縦軸を相対度数にして「相対度数ヒストグラム」からは各階級の割合を知ることもできます。

箱ひげ図

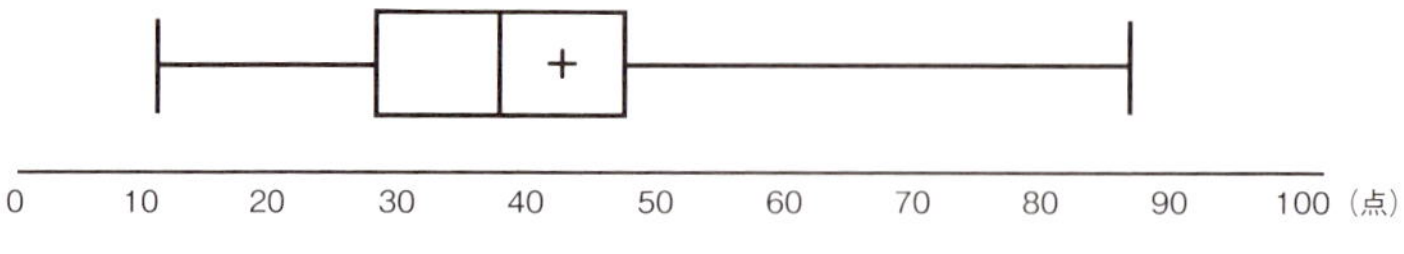

ヒストグラムと同様にデータの割合を〝4分割〟で表現したもので、ヒストグラムに比べて割合の比較に向いています（次ページ参照）。四分位範囲の箱が短いほど、25〜75%のデータが集中しているといったことも視覚的に理解できます。

異なるデータとの比較に強いグラフ

統計分析では、データの比較をすることでヒントや視点、選択肢など、さまざまな検討要素を提供することができます。比較に〝強い〟グラフには次のようなものがあります。

箱ひげ図

箱ひげ図はデータの〝バラつき〟が視覚的に判断でき、複数のデータの比較も可能です。「見方」を知らないと難しい表現のグラフとなるので、資料で使う場合は、資料利用者の理解度に応じた説明も必要です。縦に使うこともできます。

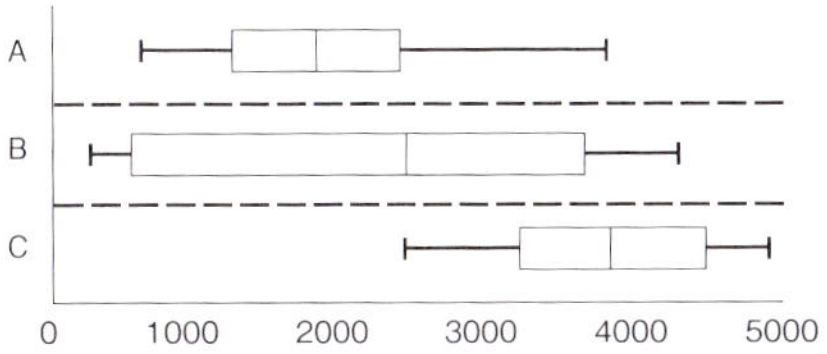

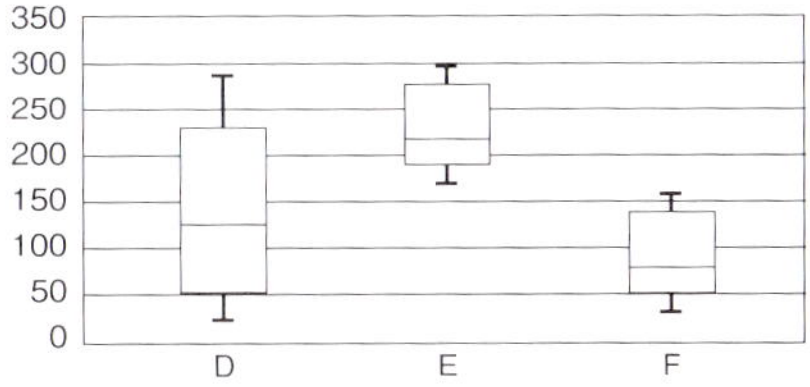

折れ線グラフ

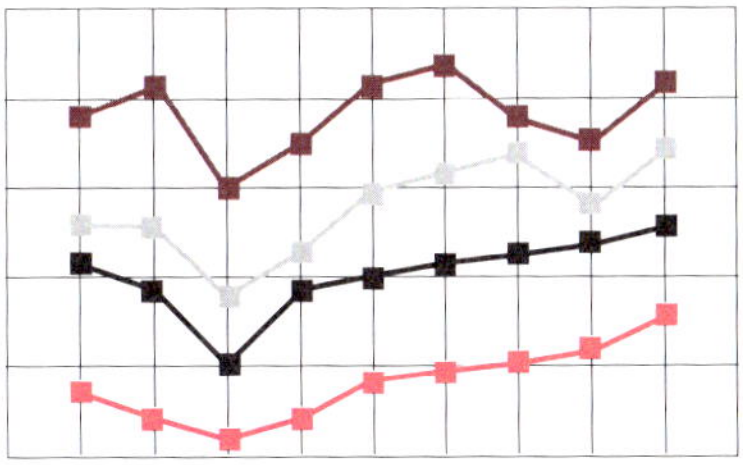

横軸に年や月などの時間、縦軸にデータ量をとり、時間経過に伴うデータの増減がわかります。複数のデータを同一グラフ上に重ねれば容易にデータ量の増減を比較することができます。線が重なることを前提に、色分けや実線・破線の区別などに注意が必要です。

帯グラフ

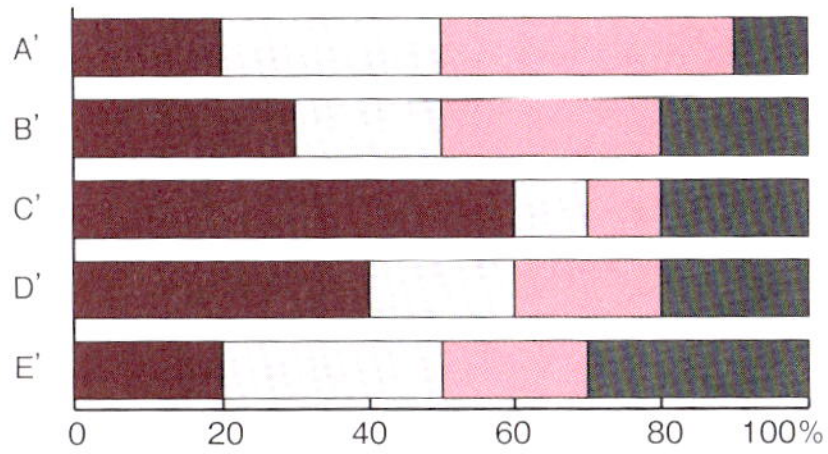

異なるデータ同士で帯内の構成比を比較することができます。他のグラフでは「多い順」に並べることもありますが、帯グラフでは項目の順番を変えてしまうと比較ができなくなるので、すべてのデータで順番を揃えます。

その他の統計に使われるグラフ

レーダーチャート

5教科の成績

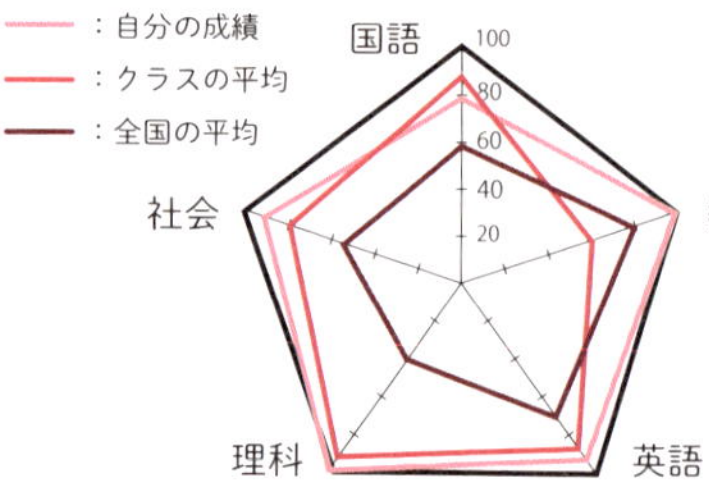

：自分の成績
：クラスの平均
：全国の平均
国語
100
80
60
40
20
数学
英語
理科
社会

複数の項目の値をまとめてひとつのグラフに表すことで、全体の傾向を把握できます。元のデータの情報が残り、かつ図で表現されているので、視覚的にも理解しやすいのが特徴です。

幹葉図

数学のテスト20人分の成績

49	54	58	64	65	66	68	69	71	73
74	75	78	79	80	80	85	86	86	93

幹（10の位）	葉（1の位）
4	9
5	4 8
6	4 5 6 8 9
7	1 3 4 5 8 9
8	0 0 5 6 6
9	3

「みきはず」と読みます。文字どおり、データの値を「幹」と「葉」で表したグラフです。ひとつひとつの数値が何であるかがわかり、ヒストグラムと似た表現のグラフです。左の例では10の位を「幹」、1の位を「葉」としてデータを整理しています。階級幅10のヒストグラムでは元のデータが何であるかはわかりませんが、幹葉図では元のデータが何であるかわかるのが特徴です。

行先	○○○○	
時間	平日	土曜・日祝日
6	48	48
7	15 27 45 52	15 27 45 52
8	15 18 32 45 47	15 18 32 45 47
9	07 15 27 45 53	07 15 27 45 53
10	12 15 31 45 51	12 15 31 45 51
11	12 15 28 45 52	12 15 28 45 52
12	15 17 42 45	15 17 42 45
13	03 15 27 45 52	03 15 20 45
14	15 17 38 45	15 17 38 45
15	01 15 26 45	01 15 26 45 52

身近な例では、電車やバスの時刻表も幹葉図の表現方法を使ったグラフです。「幹が時間」「葉が分」となっています

異なるグラフの組み合わせ

A県の気温と降水量

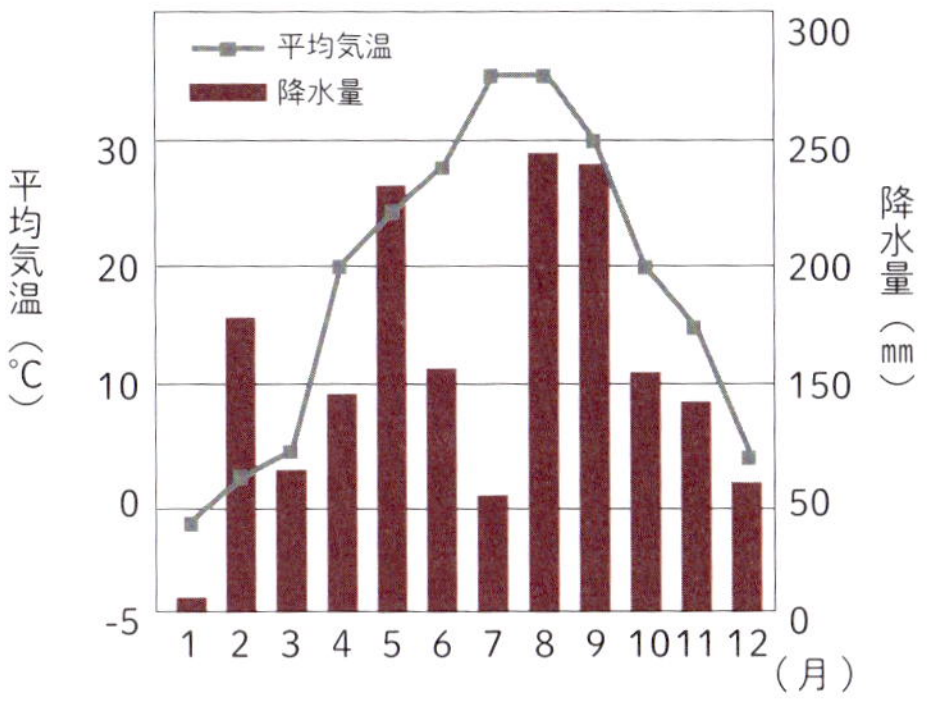
平均気温
降水量
300
250
200
150
100
50
0
30
20
10
0
-5
平均気温（℃）
降水量（㎜）
1 2 3 4 5 6 7 8 9 10 11 12
（月）

異なるデータをグラフ上で比較する際、縦軸の単位が揃わない場合があります。左の「気温」と「降水量」の場合、降水量の変化は0以上の大きさを表すため棒グラフで変化がつかめますが、気温は摂氏0度を下回る場合もあります。そこで降水量と気温は別の縦軸を設けます。気温には摂氏0度以下も表示できるようにし、折れ線グラフで表現することで、月ごとの変化を示しています。

グラフを〝見せる〟ときの注意点

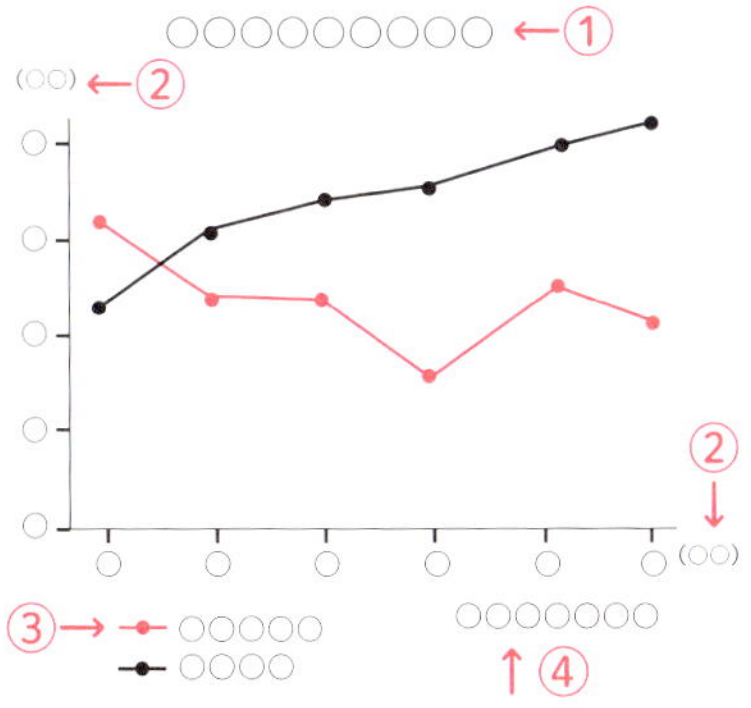
○○○○○○○○○ ←①
(○○) ←②
②↓
(○○)
③→ ○○○○○
○○○○
○○○○○○○
↑④

数多くグラフが入っていれば「いい資料」というわけではありません。なぜ必要か、何がわかるのか、その意図が明確に伝わる適切な資料の整理を心がけましょう。チェックすべきポイントを紹介します

①表題をつける：そもそも何のデータのグラフかがわからなければ資料になりません。当該案件の資料中に提示するからといって省略せず、グラフごとに明確な表題をつけます。

②単位をつける：増減や大小が見てわかればいいと思わず、データの単位を必ず記載します。

③凡例：いくつかの要素が混在するグラフであれば、その説明を記載します。

④出典：比較対象などの出典、引用元は必ず明記しましょう。

コラム

得られたデータは何を基準に分類するのか 統計学の「尺度」の話

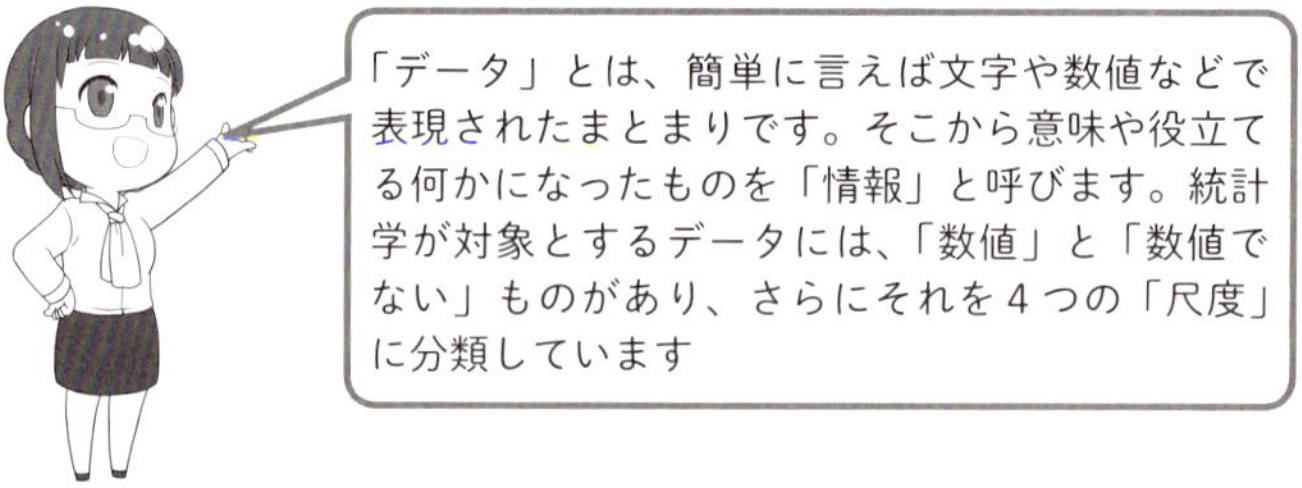
「データ」とは、簡単に言えば文字や数値などで表現されたまとまりです。そこから意味や役立てる何かになったものを「情報」と呼びます。統計学が対象とするデータには、「数値」と「数値でない」ものがあり、さらにそれを４つの「尺度」に分類しています

「データ」は2つの種類と4つの尺度で分類する

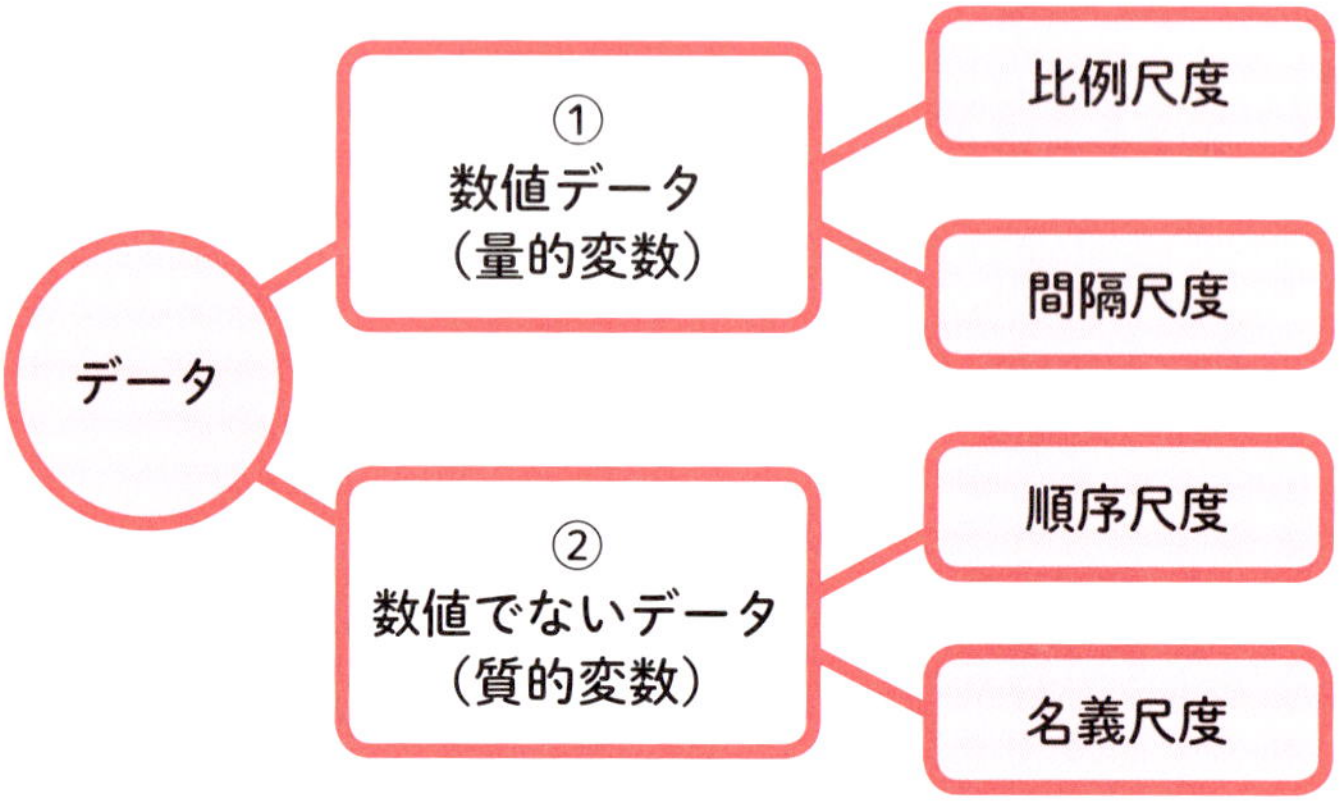
データ
①
数値データ
（量的変数）
②
数値でないデータ
（質的変数）
比例尺度
間隔尺度
順序尺度
名義尺度

①数値データ（量的変数・量的データ）

比例尺度　「比率尺度」「比例データ」とも言います。基本的に数値データの多くは比例尺度。足し算や引き算に加え、掛け算や割り算をして出した「比率」に意味があります。

間隔尺度　足し算や引き算は可能ですが、掛け算や割り算をして「何倍」と言うことができないデータ。気温は代表的な間隔尺度で、「20 度は10 度の２倍」とは言いません。

数値データのうち、比率（掛け算や割り算）で表すことに意味がないものは、間隔尺度になります。

②数値でないデータ（質的変数・質的データ・カテゴリーデータ）

順序尺度　数値ではないが「順序」には意味があるもの。
アンケートの質問「1：好き／2：どちらかと言えば好き／3：好きでも嫌いでもない／4：どちらかと言うと嫌い／5：嫌い」に対する答えや「地震の震度」など。

名義尺度　「順序」に意味がない。カテゴリーとしてくくるしかないもの。
試験の合格・不合格のように0か1の2種類に分かれるもの。
「都道府県」や「職業」など。

順序尺度か名義尺度かの判断は、曖昧なものです。受け取る人の主観、判断が左右します。「東西南北」は、ある人にとっては名義尺度でも、ある人にとっては方角に「順序」を見出せるのなら順序尺度にもなります。

もうひとつの尺度の分類方法――連続変数と離散変数

体重が「59kg」「60kg」とあっても、その間には「59.2kg」などの連続した値が存在します。一方で、読んだ本の冊数のデータは「1冊」「2冊」であり、その間を連続して結ぶデータはなく、〝とびとび〟に離れていると考えられます。

こうした違いで分類する尺度が「連続変数」と「離散変数」です。

連続変数　例：身長や体重のように本来は小数点以下に連続した値が存在している。

離散変数　例：1か月に読んだ本の数、「1冊」「2冊」「3冊」……。

例えば「100点満点のテスト点数」のデータも尺度に合った分類方法で整理します。

1点刻み：連続変数〝的〟と考え、度数分布表から最頻値を数えるのが望ましい。

10点刻み：離散変数〝的〟であり、最頻値は登場回数で考えるのが望ましい。

第２章を学ぶための第１章のまとめ

統計学の〝ことば〟を自分のものにしよう！

第２章では、複数のデータに注目し、その「関係性」について統計学の分析手法を学びます。急に難しくなる印象ですが、第１章で学んだ「平均値」「偏差」「分散」「標準偏差」が再登場します。これまでにも何度かお伝えしましたが、統計学を難しく感じさせている要因のひとつは、使われている言葉への馴染みの薄さです。第１章の学びを振り返りつつ、統計学の言葉の基礎をおさらいしておきましょう。

●３つの「m」の〝真ん中〟たち

統計学ではさまざまな〝真ん中〟に注目します。平均値、中央値、最頻値の特徴をしっかり理解しましょう。

みんな頭文字が「m」でしたね。そして「平均値」を「μ（ミュー）」で表しました。

●データは〝バラつき〟に注目する

第１章で一番モヤモヤが続いたのは〝バラつき〟という言葉じゃないかしら？

僕のそれまでの言葉の感覚だと「漠然と散ってしまっている」印象でした。だんだん、平均からの距離や、どこに多くあるかを割合で示すことを表現しているとわかり、だいぶ違和感は消えました。

●偏差、偏差平方和、分散、標準偏差は何度も要復習！

言葉の壁、という意味では「偏差」「標準偏差」の違いとか、分散という言葉もまだまだ馴染めてないかしら？

正規分布までたどり着いたお陰で、だいぶイメージが持てるようになってきました。

偏差や分散は第２章以降でも大切な言葉です。もう一度、復習しておいてください。

偏差＝（データ）－（平均値）

偏差平方和＝偏差の二乗の合計

分散＝（偏差平方和）÷（データ数）

標準偏差＝ $\sqrt{\text{分散}}$（分散は標準偏差の二乗）

標準得点＝ $\dfrac{\text{偏差}}{\text{標準偏差}}$

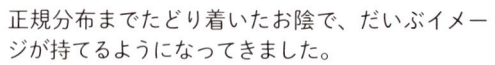

第2章

多変量解析の入り口

統計学は、社会の課題解決のために生まれてきた手法です。分析のために数学の力を借りている、そう考えてみてください。数値はあくまでも判断基準のひとつ。経験や直感を踏まえて判断することが大切です。

2種類のデータを散布図と相関で分析しよう

ケイタはこれまで和美に教えてもらったことを駆使して
無事プレゼンに成功した
ケイタ君、評判は上々よ！私の教えたことがしっかり身についているわね
ありがとうございます和美さんのおかげです！
お礼を言うのは早いわよ営業のフミノリ君も足を使った調査で…
好評価を得ていたもの…
ふふん
ぜぇぜぇ
さすがフミノリ…口だけの男じゃない…

今のケイタ君なら
より実践的に
データを扱う方法
「相関」の
分析について
教えられるわね！
お願いします！
フミノリには
負けてられない…？
って相関って
なんですか…？
今までは
例えば
「テストの点数」の
真ん中や
国語
75
数学
0
バラつきについて
考えてきたわ
今度はそれに対して
2種類のデータの
関係性…
テストの点数なら
「勉強時間と
テストの点数の関係」とか
40時間勉強して
20点上がった！
95
こんな
感じ？
こういった
複数のデータの
関係性のことを
「相関」
って言うの

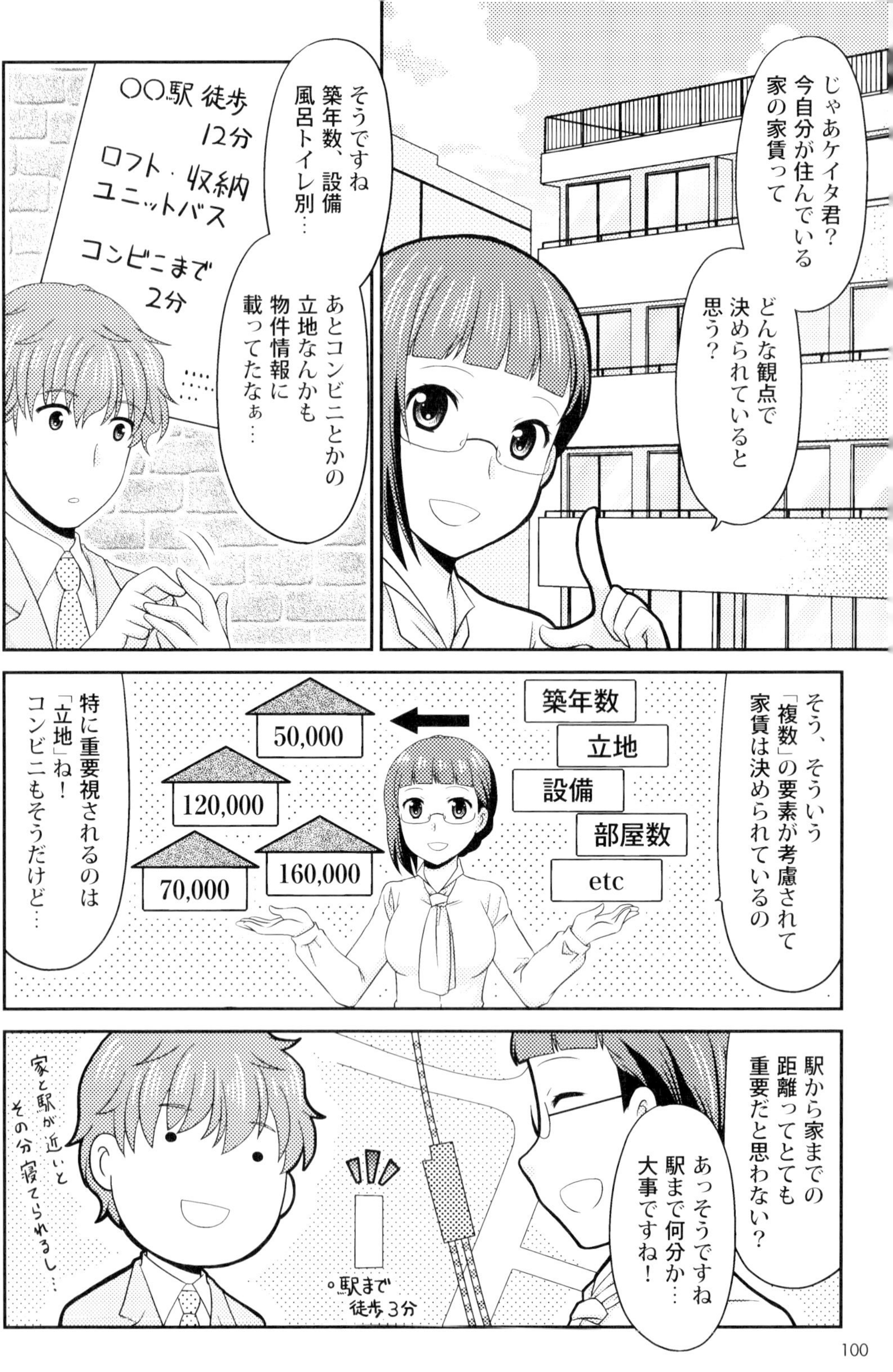

じゃあケイタ君？今自分が住んでいる家の家賃って
どんな観点で決められていると思う？
そうですね 築年数、設備 風呂トイレ別…
○○駅 徒歩 12分
ロフト・収納
ユニットバス
コンビニまで 2分
あとコンビニとかの立地なんかも物件情報に載ってたなぁ…
そう、そういう「複数」の要素が考慮されて家賃は決められているの
築年数
立地
設備
部屋数
etc
50,000
120,000
160,000
70,000
特に重要視されるのは「立地」ね！コンビニもそうだけど…
駅から家までの距離ってとても重要だと思わない？
あっそうですね 駅まで何分か…大事ですね！
○駅まで 徒歩3分
家と駅が近いとその分寝てられるし…

駅からの所要時間(徒歩)と賃料

所要時間(分)	3	5	6	7	7	8	10	12	15	17
賃料(万円)	12.2	11.3	11.5	9.8	10.4	9.5	8.8	8.7	8.2	7.6

※広さなどの他条件は同じ

所要時間(分)	3	5	6	7	7	8	10	12	15	17
賃料(万円)	12.2	11.3	11.5	9.8	10.4	9.5	8.8	8.7	8.2	7.6

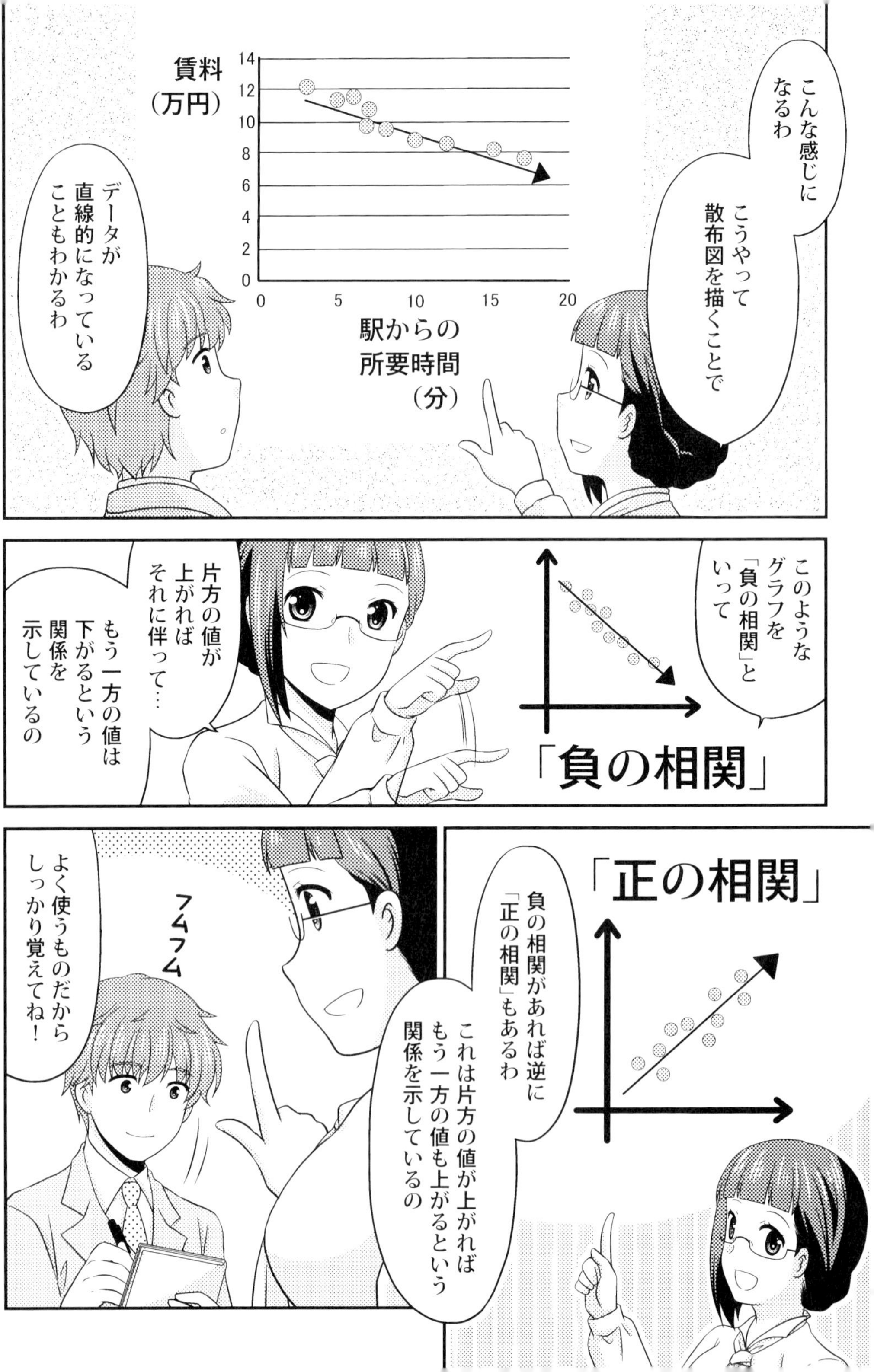

こんな感じになるわ
こうやって散布図を描くことで
賃料（万円）
0
2
4
6
8
10
12
14
0
5
10
15
20
駅からの所要時間（分）
データが直線的になっていることもわかるわ
このようなグラフを「負の相関」といって
「負の相関」
片方の値が上がればそれに伴って…もう一方の値は下がるという関係を示しているの
「正の相関」
負の相関があれば逆に「正の相関」もあるわ
これは片方の値が上がればもう一方の値も上がるという関係を示しているの
フムフム
よく使うものだからしっかり覚えてね！

ここからが重要よ
直線的な関係にあるか
その程度を表す指標として
「相関係数 r」があるの
r=0.9
強い正の相関
r=-0.9
強い負の相関
r=0.1
直線的な関係が
かなり強い！
直線的な関係は
ほぼない
相関係数の値は必ず
−1≦r≦1
になるの
値が±1に近いほど
直線的な関係が
強いと言えるわ
暑い夏には
アイスだよね～
相関っていうのは例えば
「気温とアイスの売上げの関係」とか
「年齢と記憶力の関係」とか…
?
一方の値が変化すると
もう一方の値も変化
するものって
実は身の周りに
たくさんあるの！
そんな
相関の分析を
一緒に見て
いきましょうか
ケイタ君！
はい！

キーワード
多変量解析

多変量解析への最初の1歩

2種類以上のデータの関係性を知る

第1章での学び

1種類のデータの見方

第1章では、「身長」のデータがどのように分布しているかなど、1種類のデータについて「真ん中（平均値などの代表値）」や「バラつき（標準偏差などの散布度）」の意味、「標準正規分布表」の活用法、「ヒストグラム」や「箱ひげ図」などの特徴や使い方について学んできました。

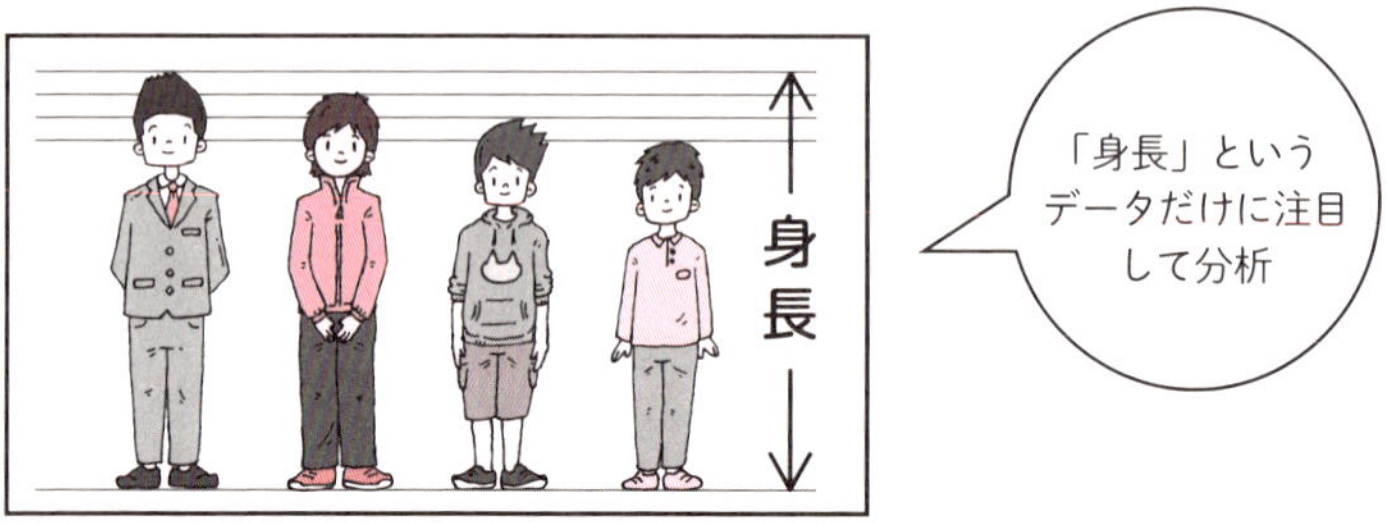
身長
「身長」というデータだけに注目して分析

第2章からの学び

2種類のデータの関係性

第2章では、「身長」と「体重」や、「身長」と「年齢」、「身長」と「性別」など、2種類のデータ間にどのような関係性があるのか、また、その指標や算出方法を学んでいきます。

外国人
体重
性別
年齢
身長
「身長」と「もうひとつ」のデータの関係を分析

第1章で学んだ「標準偏差」が再登場します。復習をしながら説明するので、内容を振り返りながら見ていきましょう

データにはさまざまな情報が含まれている

	名前	性別	年齢(歳)	身長(cm)	体重(kg)	血液型	出身地
1	A	男	40	170	70	B	千葉県
2	B	男	69	160	48	A	東京都
3	C	女	80	154	42	A	石川県
4	D	男	29	172	67	O	北海道
5	E	女	36	165	65	AB	神奈川県
6	F	女	33	158	51	A	沖縄県
7	G	女	54	160	55	O	新潟県
8	H	男	72	165	52	A	東京都
9	I	女	39	162	47	B	東京都
10	J	男	44	177	83	A	神奈川県

第1章ではデータの中の1種類の情報だけに注目していました

複数のデータ（多変量）に注目するといろいろな疑問が出てきます。身長と年齢に関係は？　性別や出身地は影響するの？　血液型が身長に影響することはある？　そんな多変量の関係を知るための基礎をこの章では学びます。

■多変量解析の入り口「相関」について学ぼう

第1章では、1種類のデータに注目して、真ん中（代表値）やバラつきを考えてきました。しかし、身の周りの事柄の多くは、複数のデータを持っています。

例えば、健康診断をすると身長だけでなく、体重や血液型などがわかります。プロフィールには、出身地、性別や年齢なども書きます。それらを調査することで、データ同士の傾向や関係性を見つけることができます。

分析の対象となるデータを「**変量**」と言います。さらに「身長」と「体重」のように、分析対象が異なる2種類以上のデータの場合は「**多変量**」と言います。

2種類以上のデータの関係性を分析していく手法を、統計学では「**多変量解析**」と言います。第2章からは、多変量解析の入り口として、2種類のデータの関係性について学んでいきます。

では、マンガでも登場した「駅からの所要時間と賃料の関係」を例に見ていきましょう。

キーワード
散布図と相関

「何かがありそうだ」の手がかりとなる
散布図で相関を〝見える化〟する

多変量解析ではまず「散布図」を作成する

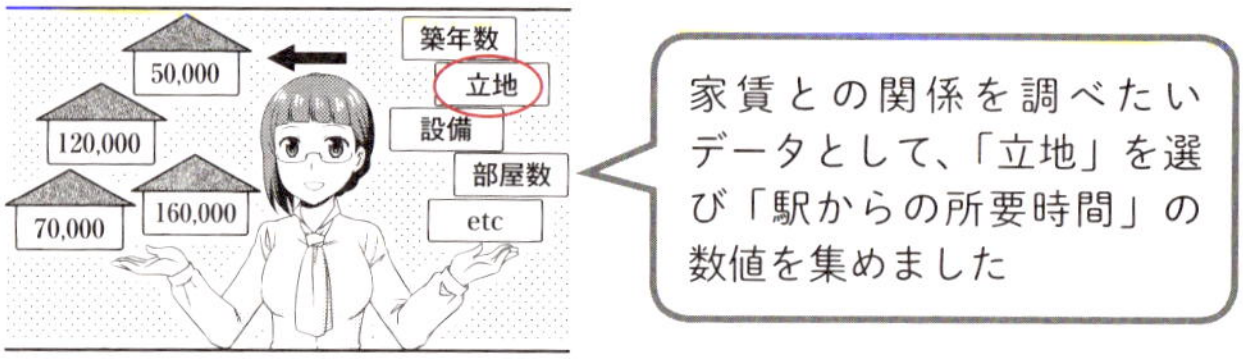

50,000
120,000
70,000
160,000
築年数
立地
設備
部屋数
etc
家賃との関係を調べたいデータとして、「立地」を選び「駅からの所要時間」の数値を集めました

駅からの所要時間と賃料

所要時間（分）	3	5	6	7	7	8	10	12	15	17
賃料（万円）	12.2	11.3	11.5	9.8	10.4	9.5	8.8	8.7	8.2	7.6

駅から離れるほど賃料は少しずつ下がりますね

上表の散布図

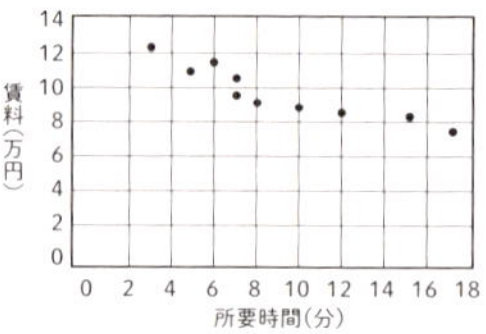

14
12
10
8
6
4
2
0
賃料（万円）
0 2 4 6 8 10 12 14 16 18
所要時間（分）

■2種類のデータの関係を見る散布図

賃貸物件の賃料を決めるひとつの要因として「駅からの所要時間（徒歩で何分かかるか）」が考えられます。実際に10件のデータを集め、数字だけを見比べると、駅に近いほど賃料が高い印象を受けます。

ここから実際にどのような関係があるのかを調べていきますが、新たに2つの言葉が登場します。「**相関**」と「**散布図**」です。

相関とは、2種類の変量の関係性を指す言葉です。また、散布図とは、2種類の変量を横軸と縦軸のグラフ上にプロット（点を打って示すこと）したものです。

今回の例では、散布図を見るとデータに「直線的な関係」があることが確認できます。「相関」と「直線的な関係」について詳しく見ていきましょう。

散布図から「相関がある（関係性がある）」ことがわかる

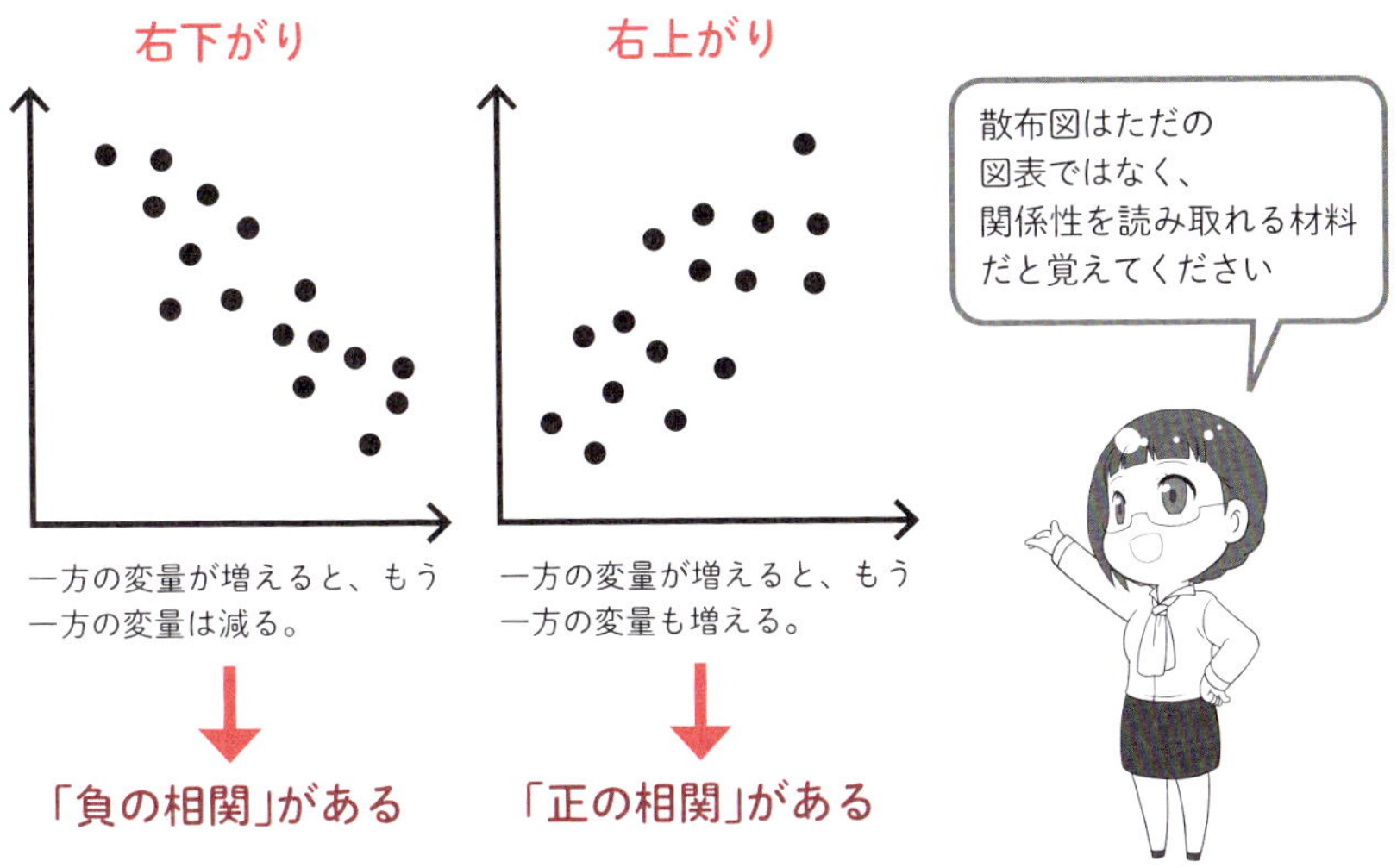
右下がり
右上がり
散布図はただの図表ではなく、関係性を読み取れる材料だと覚えてください
一方の変量が増えると、もう一方の変量は減る。
一方の変量が増えると、もう一方の変量も増える。
「負の相関」がある
「正の相関」がある

■散布図から2種類のデータの相関が見えてくる

前ページの「駅からの所要時間」と「賃料」の2種類の変量をプロットした散布図では、点の位置から「右下がり」の印象を受けます。これは「駅からの所要時間が増えれば（距離が遠くなれば）、賃料が低くなる」ことを表しています。つまり、x軸の「所要時間」が増えれば、y軸の「賃料」が減る「相関」を表しています。この散布図からは、2種類の変量には「**負の相関**がある」と言えます。

逆に2種類の変量が共に増える場合、散布図は「右上がり」となり、「**正の相関**がある」と言えます。

このように、**2種類の変量の間に、何らかの関係性を見出せるときに「相関がある」と言います。**特に「直線的な関係」があるときに「相関がある」と言うことが多く、「直線的な関係」に「近い」ほど、相関も「強い」と言えます。

この「直線的な関係」に近いかどうかの指標に、次のページで紹介する「**相関係数**」があります。

キーワード 相関係数

相関係数「r」とは

〝直線関係の強さの程度〟を数値で表してみよう

相関係数の値は「r」で表される

rがプラスの値

右上がりの直線関係→正の相関

rが1に近いほど直線的な関係に近くなり、強い正の相関となる。

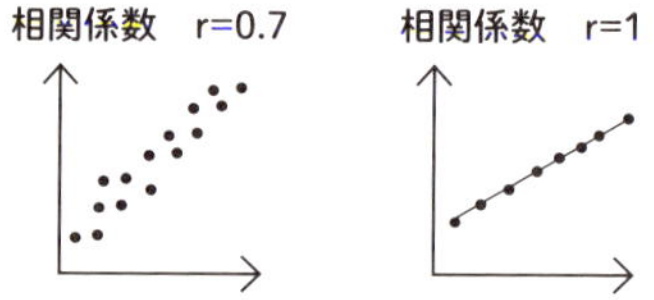

相関係数　r=0.7
相関係数　r=1

rがマイナスの値

右下がりの直線関係→負の相関

rが-1に近いほど直線的な関係に近くなり、強い負の相関となる。

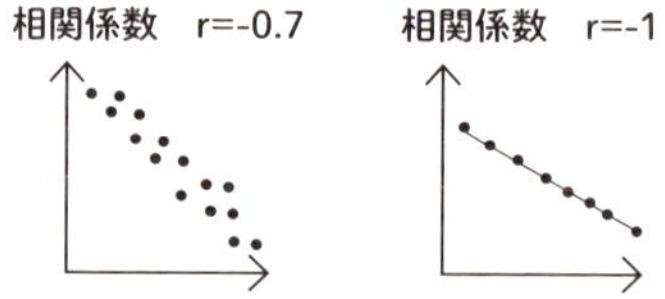

相関係数　r=-0.7
相関係数　r=-1

rが0に近い値

直線関係がない

rが0に近いほど、直線的な関係から遠ざかる。

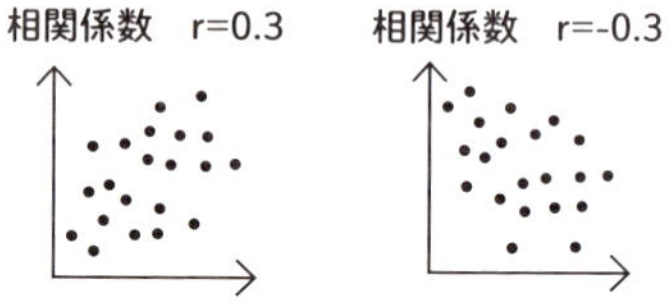

相関係数　r=0.3
相関係数　r=-0.3

■直線的な関係の指標となる相関係数r

直線関係を表す指標として「**相関係数r**」が用いられます。「r」の値は、相関関係の「正」「負」や「直線的な関係」に近いかどうかを示しています。

「r」の値がプラスだと正の相関、マイナスだと負の相関になります。また、「r」は必ず「-1」から「1」の間の値になり、**正の相関では「r」の値が「1」に近いほど、負の相関では「r」が「-1」に近いほど、「直線的な関係」に近いと言えます。**

ただし、相関係数「r」はあくまで「直線的な関係」があるかどうかを見る指標です。次ページの例のように**「r」の値が「0」に近くなり、散布図上のプロットが直線的な関係から遠ざかっていても、〝何らかの関係性（相関）〟**があることもあるのです。

一言メモ　相関係数は英語で「correlation coefficient」。頭文字は「c」ですが、数学で「c」は、「定数（constant）の意味で用いられることが多いため、「関係」を表す「relation」の頭文字「r」を用いたと推測されます。

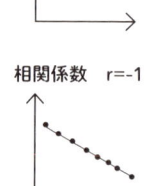

相関係数はココを押さえよう

①相関係数は「直接的な関係」に近いかを見る指標

左下の表は相関係数 r の値と相関の「強い」「弱い」の目安を示したものです。「0.0〜±0.3」が「ほとんど相関なし」となっていますが、これは「直線的な関係」についてであり、「関係性」が「ある」「ない」とする目安ではありません。例えば、右下の散布図は、相関係数が「0」近くの例ですが、「何らかの関係性（相関）」が読み取れます。つまり「相関はある」と言えるのです。

相関係数「 r 」の値と相関の〝強さ〟〝弱さ〟の目安

r	目安
0.0〜±0.3	ほとんど相関なし
±0.3 〜 ±0.7	弱い相関あり
±0.7 〜 ±1	強い相関あり

r ＝0に近い値の散布図の例

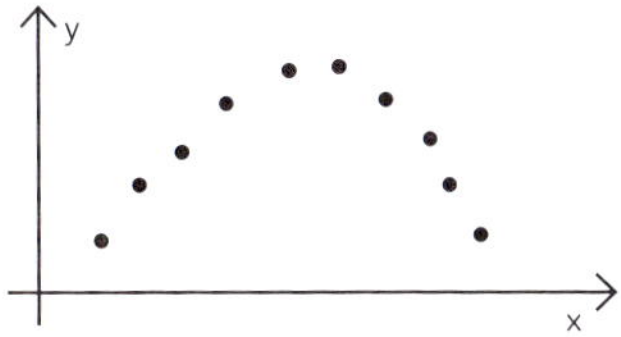

②散布図上の傾きの大小は相関係数に影響しない

下の２つの散布図は、「身長と体重」に関する同じデータを元にしています。縦軸の体重の単位を「kg」から「g」に変えたため、「直線的な関係」を見ると傾きに大小の違いがありますが、相関係数「 r 」の値は同じです。

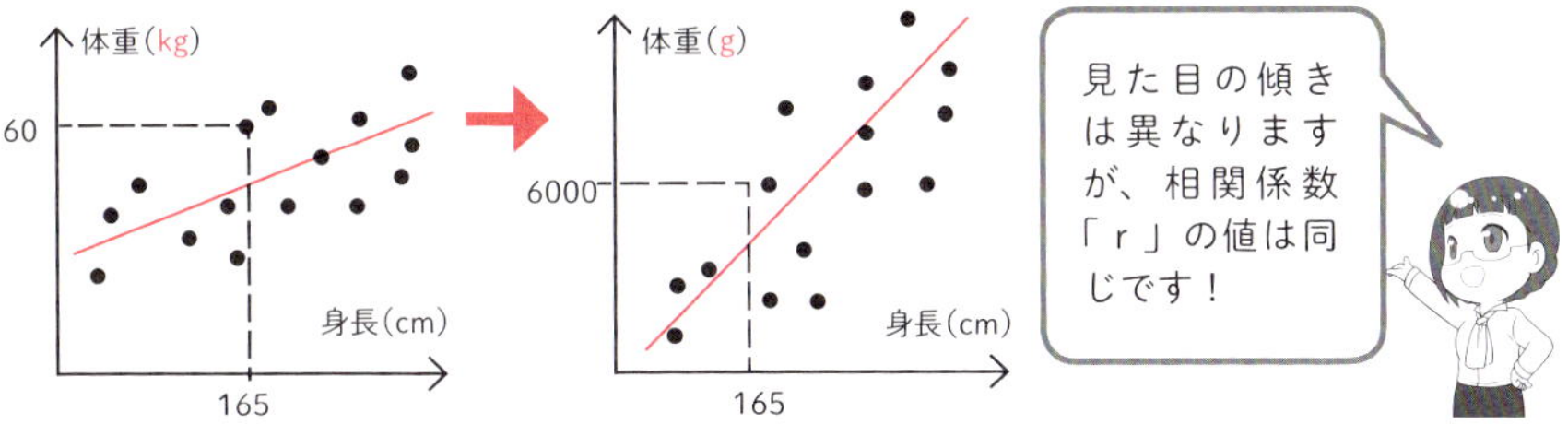

③完全相関（ r ＝ 1 、 r ＝ − 1 ）とは？

相関係数が、「 r ＝ 1 」または「 r ＝ − 1 」になるとき、これを「完全相関」と言います。例えば１個100円の品物を買ったとき、「品物の個数」と「合計金額」は「 r ＝ 1 」となります（傾きが正で比例していると言えます）。

また、11チームが総当たり戦で行う競技では右図のように「勝数」と「敗数」は直線状に並び、相関係数の値は「r ＝ − 1 」となります。

「勝数」と「敗数」の関係

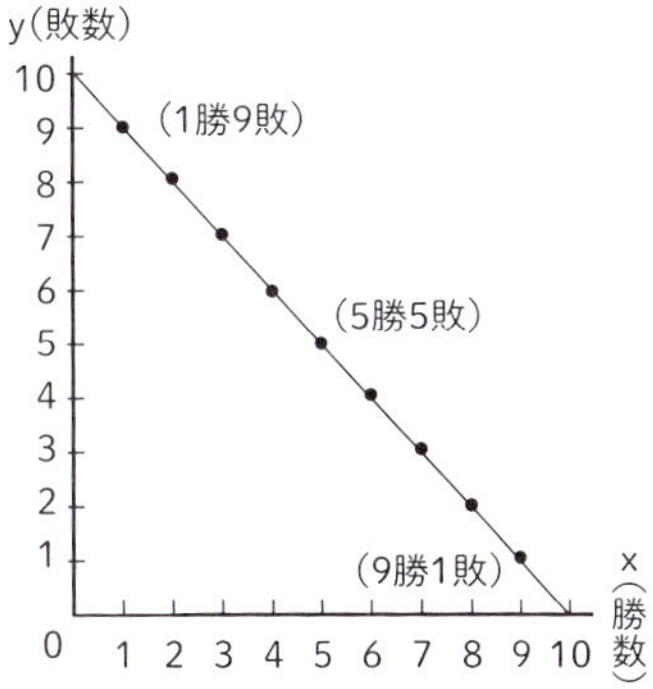

キーワード
相関係数の求め方

相関係数の求め方

1章で学んだ「標準偏差」と、新たに登場する「共分散」を使う

散布図でデータが直線的になるかどうかを示す指標が相関係数
次はその求め方を教えていくわね
相関係数の求め方がわかれば例えば「国語の点数と英語の点数」「気温とビールの売上げ」の関係など
どっちでも来い!!
I'm doing my best
いろはにほへと ちりぬるをわかよ たれそつねな
酒
ビールのみてーー
正の相関か 負の相関か また、その相関が どれくらい強いかが 数値で見れるの
相関係数の計算式がこれよ といっても 分母の「標準偏差」の求め方は前に教えたわよね
相関係数＝xとyの共分散／(xの標準偏差)×(yの標準偏差)
「平均値」「偏差」「分散」と求めて分散の平方根を求める…でしたっけ？
そうよ 分子の「共分散」も 偏差から 求めることが できるの
この共分散こそが相関係数の±を決める指標なの
xとyの共分散
xとyの偏差積和÷データ数
[それぞれの偏差をデータごとに掛け合わせて合計したもの]
それでは「駅からの所要時間と賃料」の相関係数を求めてみましょう
相関係数
x
y

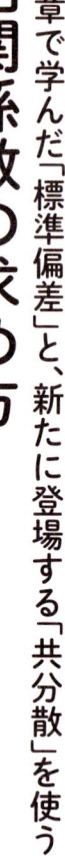

相関係数「r」を求める計算式

★ここからはこの計算式を学びます★

$$\text{相関係数r} = \frac{(\text{xとyの共分散})}{(\text{xの標準偏差}) \times (\text{yの標準偏差})}$$

「共分散」については114ページで解説します

第1章で学んだ「標準偏差」を思い出しましょう！

平均値	偏差	偏差平方和	分散	標準偏差
データの合計値÷データ数（→28ページ）	各データと平均値との差（→53ページ）	偏差の値を二乗した合計（→54ページ）	偏差平方和をデータ数で割った値（→54ページ）	分散の平方根を計算した値（→48ページ）

■相関係数「r」の求め方

ここまでの学びで「相関係数」が2種類のデータ（多変量）の「直線的な関係」の強さや弱さを示す値だということがわかりました。では、相関係数の値「r」はどのように求めるのでしょうか？

相関係数は、Excelを使えば一発で求めることができます。その方法は、第2章の最後で説明します。その前に、先に例にあげた「駅からの所要時間」と「賃料」のデータを使って、相関係数を求める計算をしてみましょう。

上に紹介したのが相関係数を求める計算式です。分母には「標準偏差」が使われています。分子の「**共分散**」**は相関係数を決める重要な役割を果たしています。**次のページから、第1章でも学んだ「標準偏差の求め方」を復習します。そして、「共分散の求め方」を解説していきます。上の式の分母と分子で何を扱っているのか、相関係数の値が何を表しているのかを理解していきましょう。

分母の（ｘの標準偏差）の計算方法

駅からの所要時間と賃料

所要時間(分)	3	5	6	7	7	8	10	12	15	17
賃料(万円)	12.2	11.3	11.5	9.8	10.4	9.5	8.8	8.7	8.2	7.6

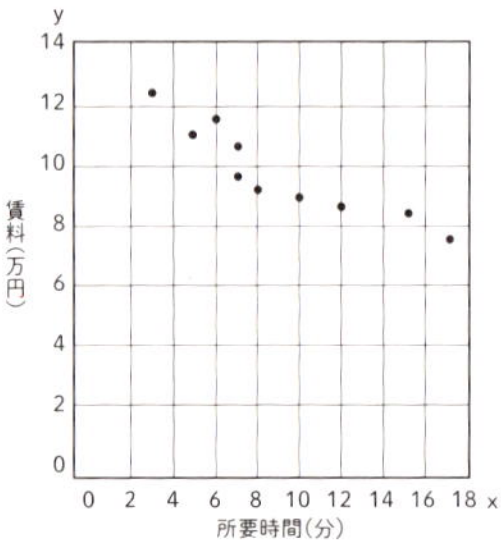

y
14
12
10
8
6
4
2
0
賃料(万円)
0 2 4 6 8 10 12 16 18 x
所要時間(分)

所要時間(分)　→　x軸
賃料(万円)　→　y軸

所要時間をｘ軸、賃料をｙ軸にした散布図を見ると、直線に近いためｒ＝-1に近い相関係数が出るのでは、と読み取れます。計算して確かめてみましょう！

$$相関係数r = \frac{(x\text{と}y\text{の共分散})}{(x\text{の標準偏差})\times(y\text{の標準偏差})}$$

①ｘの平均値（データの合計値÷データ数）
3＋5＋6＋7＋7＋8＋10＋12＋15＋17＝90（分）　90÷10＝9（分）

②ｘの偏差（各データと平均値「9」との差）

所要時間(分)	3	5	6	7	7	8	10	12	15	17
偏差(平均値:9)	−6	−4	−3	−2	−2	−1	1	3	6	8

③ｘの偏差平方和(偏差の二乗の合計)
$(-6)^2+(-4)^2+(-3)^2+(-2)^2+\cdots\cdots+8^2$
$=36+16+9+4+\cdots\cdots+64$　←二乗することですべての値の符号をプラスにしている。

$=180$(分^2)　←二乗した値なので単位も「分の二乗」になっている。

④ｘの分散(偏差平方和÷データ数)
$180\div10=18$(分^2)

⑤ｘの標準偏差(分散の平方根を求める)
$\sqrt{18}\fallingdotseq4.24$(分)

ｘの標準偏差 ≒ 4.24

よし！
ｙの標準偏差
も計算して
みよう！

※≒(ニアリーイコール)……意味：ほとんど＝(nearly)、イコール(＝)に近い

分母の（yの標準偏差）の計算方法

$$\text{相関係数r} = \frac{（x\text{と}y\text{の共分散}）}{（x\text{の標準偏差}）\times（y\text{の標準偏差}）}$$

①yの平均値　12.2＋11.3＋……＋7.6＝98（万円）　98÷10＝9.8（万円）

②yの偏差（各データと平均値「9.8」との差）

賃料（万円）	12.2	11.3	11.5	9.8	10.4	9.5	8.8	8.7	8.2	7.6
偏差（平均値:9.8）	2.4	1.5	1.7	0	0.6	−0.3	−1	−1.1	−1.6	−2.2

③yの偏差平方和　$2.4^2 + 1.5^2 + 1.7^2 + \cdots + (-2.2)^2 = 20.96$（万円²）

④yの分散　20.96÷10＝2.096（万円²）

⑤yの標準偏差　$\sqrt{2.096} \fallingdotseq 1.45$（万円）

yの標準偏差 ≒ 1.45

計算式の分母にxとyの標準偏差の値を入れてみよう

$$\text{相関係数 r} = \frac{（x\text{と}y\text{の共分散}）}{4.24 \times 1.45}$$

xとyの標準偏差の次は、分子の計算です。「共分散」は標準偏差の応用でもあるので、ここまでの内容をもう一度確認しましょう

■分散の計算式で登場した偏差平方和を復習

第1章では、〝バラつき〟の指標を考えるスタートで「**偏差**（データと平均値の差）」を学びました。そして「分散」を求める計算では、「**偏差平方和**（偏差の二乗の合計）」を用いました。「偏差平方和」を、統計学では「変動」とも言います。さらに、相関係数を求める計算式の分母では、48ページで学んだ「**標準偏差**」が登場します。

共分散の計算に登場する「偏差積和」とは？

$$\text{相関係数r} = \frac{\text{（xとyの共分散）}}{\text{（xの標準偏差）}\times\text{（yの標準偏差）}}$$

共分散とは xとyの偏差をそれぞれ掛け算し、合計してデータ数で割った値です

所要時間(x)の偏差と賃料(y)の偏差

所要時間(x)の偏差	-6	-4	-3	-2	-2	-1	1	3	6	8
賃料(y)の偏差	2.4	1.5	1.7	0	0.6	-0.3	-1	-1.1	-1.6	-2.2

計算式の分母では、標準偏差を求める計算で「偏差平方和」を使いました。計算式の分子では、共分散を求める計算で「偏差積和」を使います。「偏差積」とは、xの偏差とyの偏差を掛け算したものです。

偏差平方和 偏差の値を二乗（平方）し合計した値。

偏差積和 xの偏差とyの偏差をそれぞれ掛け算（積）し合計した値。

共分散は相関係数の命

共分散が相関係数の「正」「負」を決める

計算式の分母では、xとyそれぞれの標準偏差を計算する際に、偏差を二乗（平方）しました。これにより分母の値は必ず「正」になります。しかし、相関係数「r」は、相関が「正」か「負」かを決める値です。つまり、計算結果の「正」「負」を決めるのは、計算式の分子にある「**共分散**」なのです。そのため「共分散は、相関係数の命」とも言えます。

共分散を求める計算では、「**偏差積和**」が登場します。偏差積和は、「xの偏差」と「yの偏差」をそれぞれ掛け算し、合計したものです。

共分散

xとy、2種類の変量の関係を表す指標

↓

xの偏差とyの偏差を掛けて合計した値をデータ数で割ったもの

↓

相関係数rの「正」「負」を決めている

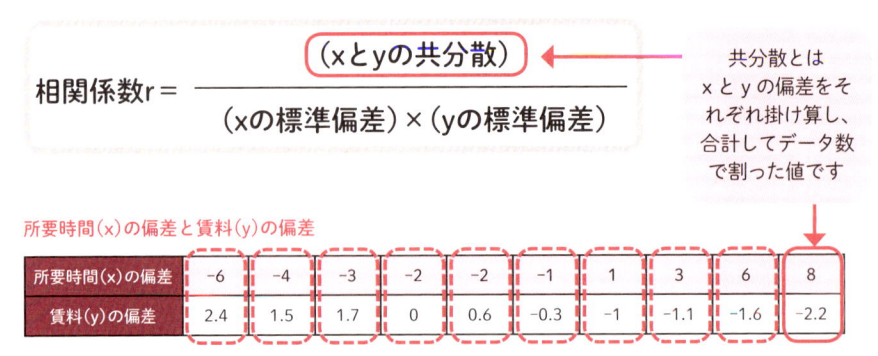

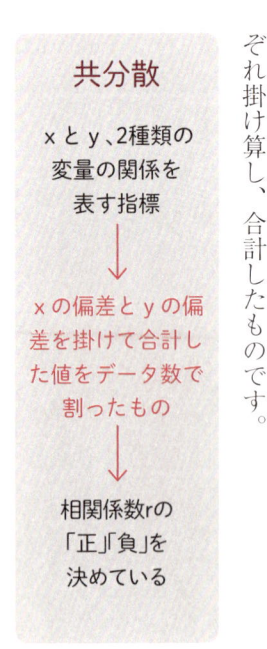

分子の(x と y の共分散)の計算方法

(x と y の共分散)=(x と y の偏差積和)÷データ数

①x とyの偏差同士を掛ける(偏差積を求める)

x(所要時間)の偏差	-6	-4	-3	-2	-2	-1	1	3	6	8
y(賃料)の偏差	2.4	1.5	1.7	0	0.6	-0.3	-1	-1.1	-1.6	-2.2

x と y の偏差の1個目ずつ、2個目ずつ、3個目ずつ……、を掛け算する。
1個目の計算は(−6)×2.4、2個目の計算は(−4)×1.5となる。

②x とyの偏差の積を合計する(偏差積和を求める)

x(所要時間)の偏差	-6	-4	-3	-2	-2	-1	1	3	6	8
y(賃料)の偏差	2.4	1.5	1.7	0	0.6	-0.3	-1	-1.1	-1.6	-2.2
x と y の偏差積	-14.4	-6	-5.1	0	-1.2	0.3	-1	-3.3	-9.6	-17.6

(−6)×2.4+(−4)×1.5+(−3)×1.7+……+8×(−2.2)=−57.9←偏差積和

③(x とyの共分散)を計算する=(x と y の偏差積和)÷データ数
−57.9÷10=−5.79

x と y の共分散 = −5.79

x とyの相関係数の計算方法

$$\text{相関係数}r = \frac{(x\text{と}y\text{の共分散})}{(x\text{の標準偏差})\times(y\text{の標準偏差})}$$

$$\text{相関係数}\ r = \frac{-5.79}{4.24\times1.45} \fallingdotseq -0.942$$

このことから「駅からの所要時間」と「賃料」には、「強い負の相関がある」ということが判断できる。

キーワード
散布図と共分散

散布図と共分散の関係性

なぜ共分散が相関係数の「正」「負」を決める〝命〟なのか

$$\text{相関係数}r = \frac{-5.79}{4.24 \times 1.45} \fallingdotseq -0.942$$

相関係数にとっての共分散の重要性がわかったかしら？

共分散が相関係数の「正」「負」を決めているのはわかりました。でも、そもそも共分散が「負」だと散布図上で「右下がり」になるのはなぜなんだろう？

それはとてもいい質問よ。ここでは、まず偏差が散布図上でどう表されるかを見て、共分散と散布図の関係を探っていきましょう

■散布図上での偏差積の位置関係

相関係数を求める計算を詳しく見ることで、「r」の値の「正」または「負」を決めるのは、共分散であることがわかりました。ここまでの学びを整理すると、まず、2つの変量を散布図上で表すことで、「右下がり」で「直線的な関係」がありそうだと気づきました。そして、相関係数を求めることで、2つの変量には「強い負の相関がある」ことを確かめました。

では、**そもそもなぜ散布図上で「右下がり」となる変量の共分散が「負」であるのか？**　共分散の仕組みを理解するために、もう一度、散布図に立ち戻って考えてみましょう。散布図と共分散の関係を見ていくために、「xとyの偏差」が散布図上でどのように表されるのかを次のページから見ていきます。

2種類の変量の偏差を使って散布図を見る～その1～

まず、相関係数で使ったデータ（2種類の変量）を見てみましょう

駅からの所要時間と賃料

所要時間(分)	3	5	6	7	7	8	10	12	15	17	平均：9
賃料(万円)	12.2	11.3	11.5	9.8	10.4	9.5	8.8	8.7	8.2	7.6	平均：9.8

パッと見た印象で「負の相関がありそう」と感じますし、計算の結果も正しかったですね。

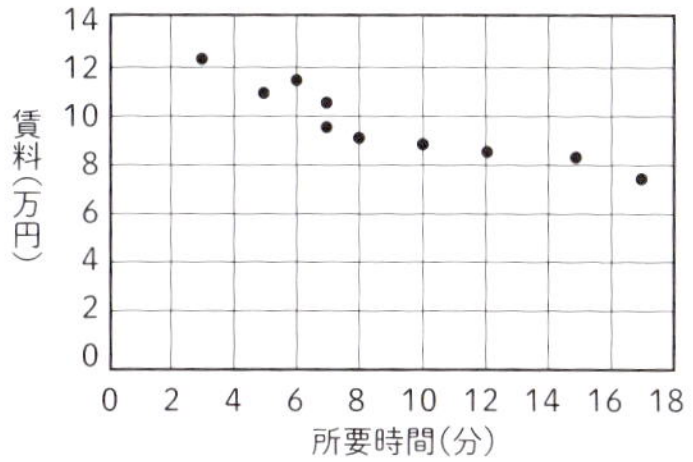

そうね。ではなぜ、「負の相関がありそう」と思ったのか説明できる？

グラフの左上から右下にかけて点があるということは、x軸の値が大きくなるにしたがってy軸の値は小さくなっている。つまり右下がりの直線が引けそうだと思ったからです。これは、相関係数の計算を学んだから説明できるんですけど……。

実際に相関係数の計算式で使った値は偏差だったわね。偏差は平均との差を表します。この偏差を使って散布図を見てみましょう。

ここで今まで「平均」と言っていた値に記号を使います。変量xの平均なら「$\bar{x}$」と表記し「エックスバー」と読むの。変量yの平均は「$\bar{y}$（ワイバー）」と読みます。

グラフの上に$\bar{x}=9$、$\bar{y}=9.8$をプロットし、そこを中心とするタテヨコの線を設ける。ここまではいい？

このxとyの平均である（9,9.8）は、今回の10個のデータの値としては存在していないんですよね？

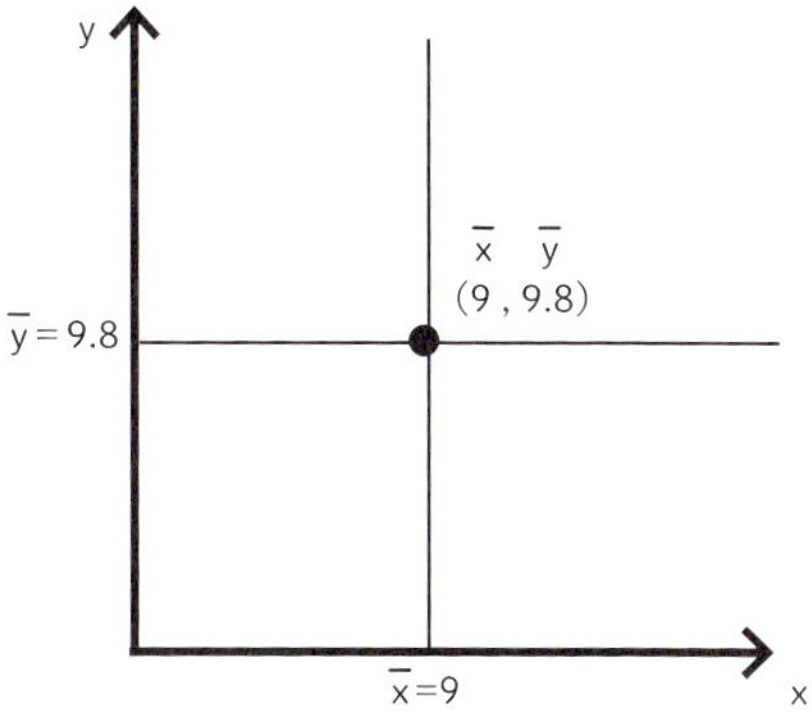

そう。計算上求めた平均で、偏差を使ってそれぞれの値がこの平均に対してどこにあるかを見てみましょう。

2種類の変量の偏差を使って散布図を見る〜その2〜

このxとyの偏差（データから平均を引いた値）は、相関係数の計算でも使いましたね。ここからは偏差を使います

所要時間（分）	3	5	6	7	7	8	10	12	15	17
賃料（万円）	12.2	11.3	11.5	9.8	10.4	9.5	8.8	8.7	8.2	7.6
	①	②	③	④	⑤	⑥	⑦	⑧	⑨	⑩
x（所要時間）の偏差	−6	−4	−3	−2	−2	−1	1	3	6	8
y（賃料）の偏差	2.4	1.5	1.7	0	0.6	−0.3	−1	−1.1	−1.6	−2.2

共分散の学びでは、２種類の変量の偏差をそれぞれ対応させて計算しましたね。上の①から⑩番目の偏差の値をあらためて見て、何か気づくことはないかしら？

xの偏差はマイナスからプラス、yの偏差はプラスからマイナスの値になっていますが、偏差積は⑥番目（−1,−0.3）を除いて、すべてマイナスになりますね。

そうです！　では、前のページで平均（9, 9.8）をプロットした散布図上に、①番目の元データ（3, 12.2）をプロットする場合、平均から見てどの位置になるかしら？

所要時間「3」は平均「9」から「−6」。賃料「12.2」は平均「9.8」から「＋2.4」の位置……。そうか！　平均から偏差分だけ進めば元データの位置になるんだ！

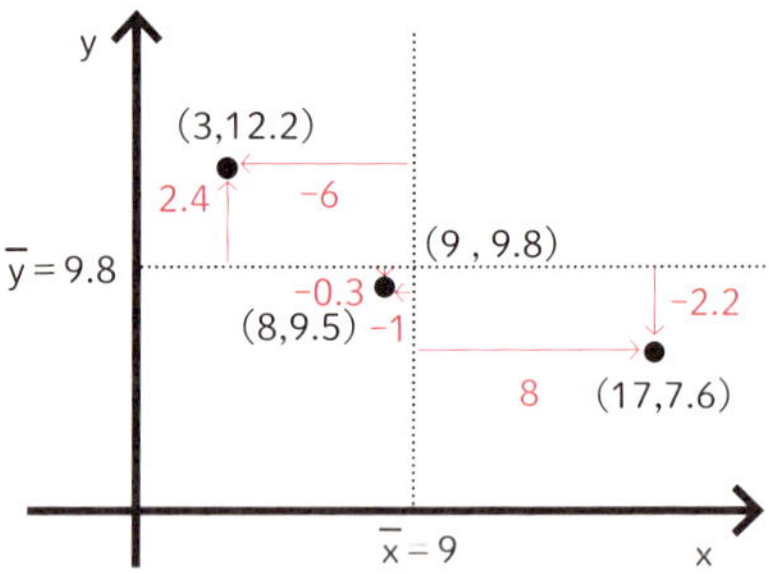

そのとおり！ では⑥番目のデータ（8,9.5）はどうかしら？

所要時間「8」は平均「9」から「−1」。賃料「9.5」は平均「9.8」から「−0.3」の位置。確かに偏差に対応していますね！

偏差は、「データ − 平均」で求めたけど、「偏差は平均からの差を表す」とも言えるわね。残りのデータもプロットしてみましょう。

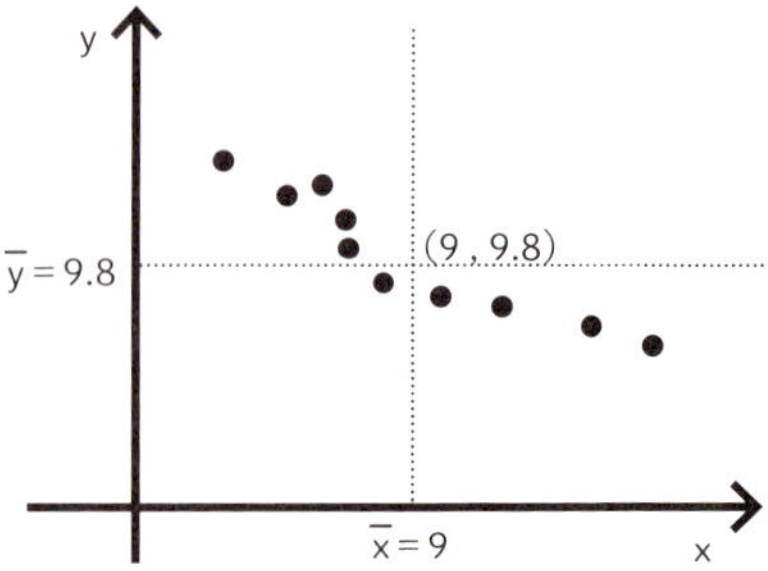

元データの散布図と同じになりましたね！

2種類の変量の偏差を使って散布図を見る～その3～

散布図上にはxとyの平均の線を境に4つのブロックができたけど、偏差の値はどのように対応しているかしら？

	①	②	③	④	⑤	⑥	⑦	⑧	⑨	⑩
x（所要時間）の偏差	−6	−4	−3	−2	−2	−1	1	3	6	8
y（賃料）の偏差	2.4	1.5	1.7	0	0.6	−0.3	−1	−1.1	−1.6	-2.2

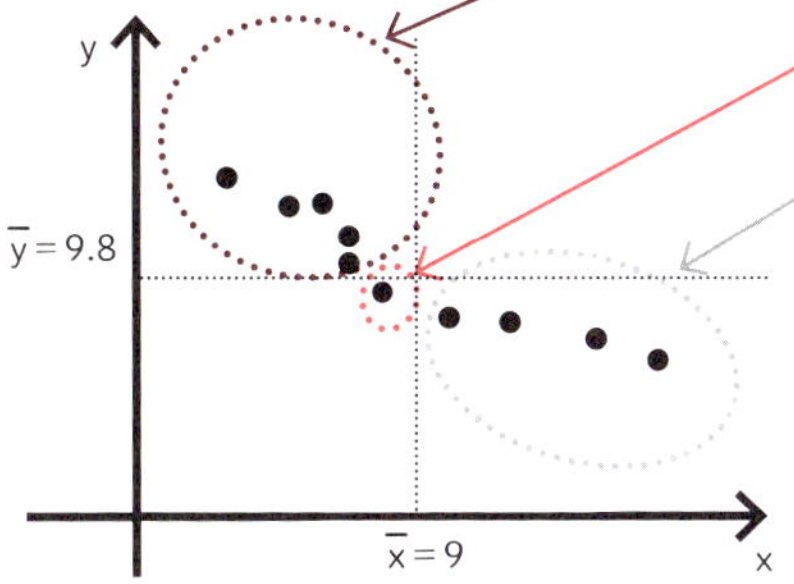

①から⑤番目の5個が平均を基準にした左上に。⑥番目が左下に。後の⑦～⑩番目が右下にありますね

左上と右下の偏差は「正」「負」の異符号で偏差積は「負」。右上と左下の偏差は同符号で、偏差積は「正」となるわ。

そうか！　散布図で右下がりとなる時は左上と右下にデータが多くなるから……。

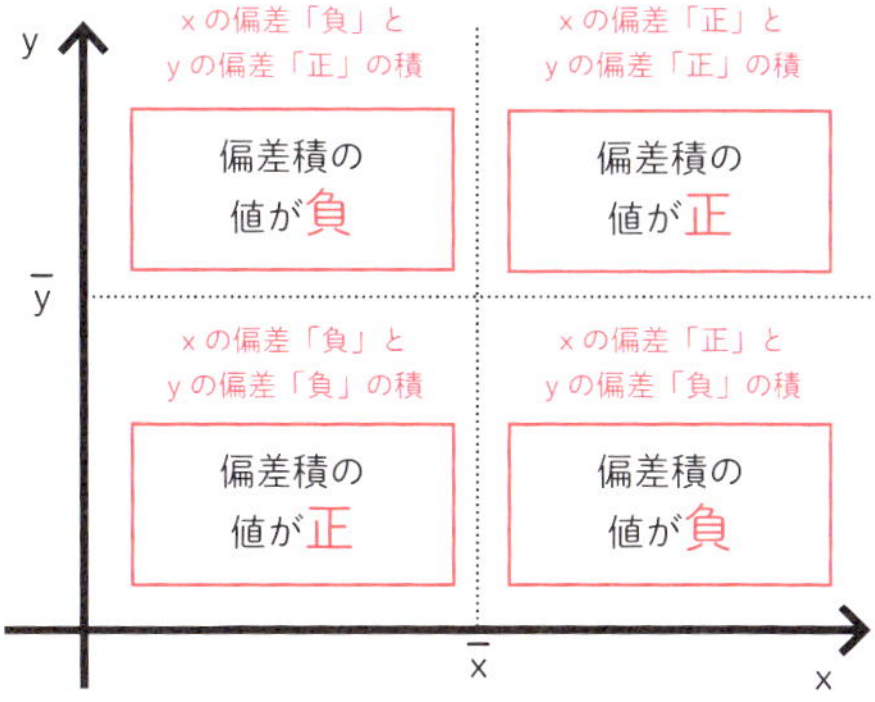

そのとおり！　つまり「右下がり」とは偏差積が負になるデータが多いということ。6番目のデータのように偏差積が正のものもあるけど、偏差積を合計（偏差積和）すると相殺されて負になるの。偏差積和が「－」だと共分散も「－」。つまり、相関係数も「－」になることがわかりましたね！

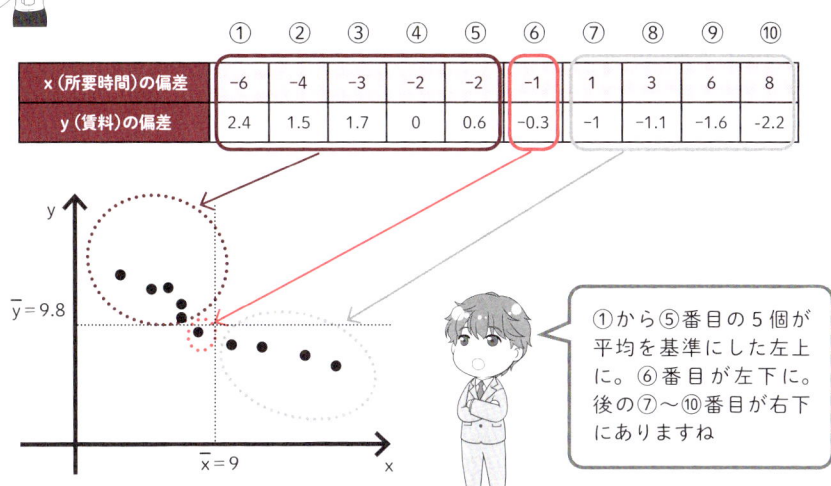

キーワード

はずれ値

はずれ値が相関を変える？
相関係数とはずれ値

見てください和美さん！今までの学習を踏まえてデータ分析してみました！
正の相関!!
…あー…ケイタ君 散布図をよく見ずに分析しちゃったわね
相関係数の値だけで判断するのは大きな間違いよ
データの中に高い数値があると平均値が押し上げられてしまうことを思い出して
例えばさっきの図 はずれ値を除外すれば平均はこの位置だから負の相関になるわね
平均 (x̄, ȳ)
負の相関!!
ところが はずれ値を 考慮すると…
はずれ値
平均 (x̄, ȳ)
平均が 引っ張られて 正の相関に…
でもはずれ値を考慮すると平均が引っ張られて正の相関になってしまうの
あぁ…
はずれ値を検討するには以前に勉強した箱ひげ図が有効よ
相関係数を算出する前に散布図をしっかり見ましょうね！
箱ひげ図
うぅ…
ガンバレ！
はい…。
くくく
あの調子じゃケイタは俺のライバルにはなりえないぜ…！

■はずれ値が含まれていると相関係数が変わる

第1章で学んだ「はずれ値」と平均の関係を思い出してみましょう。平均値は、極端に大きな値（はずれ値）の影響を受けやすいことを学びました。そして、119ページでは、散布図上での平均値とデータの位置関係で、相関係数の「正」「負」が決まることを学びました。つまり、**相関係数も「はずれ値」の影響を受けるのです。**その理由を見てみましょう。

左上の散布図は、x軸を「商品aの売上げ」、y軸を「商品bの売上げ」としてデータをプロットしたものです。平均値との関係は、見た目では、右上（xの偏差が正、yの偏差が正。つまり偏差積は正）と左下（xの偏差が負、yの偏差が負。つまり偏差積は正）にデータが集まっているように見え、計算上も相関係数rは正の値となります。その相関からは、「aが売れるとbも売れる」と考えられます。

しかし、左下の散布図のように、値Aを「はずれ値」として除外すると相関係数rは負の値となり、「aが売れるとbは売れない」と考えられます。

はずれ値に騙される？

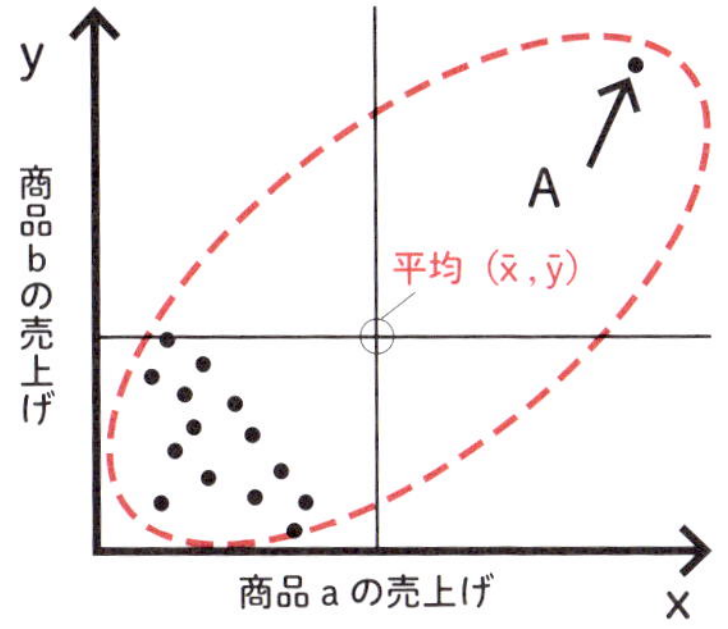

散布図のxもyも高い数値にプロットされた値Aがあると、パッと見た感じでは、右上がりの「正の相関」が成立していそうですね

でも、値Aをはずれ値として除外すると、他の値からは右下がりの「負の相関」が成立することがわかります！

はずれ値を除外すると負の相関が出現！

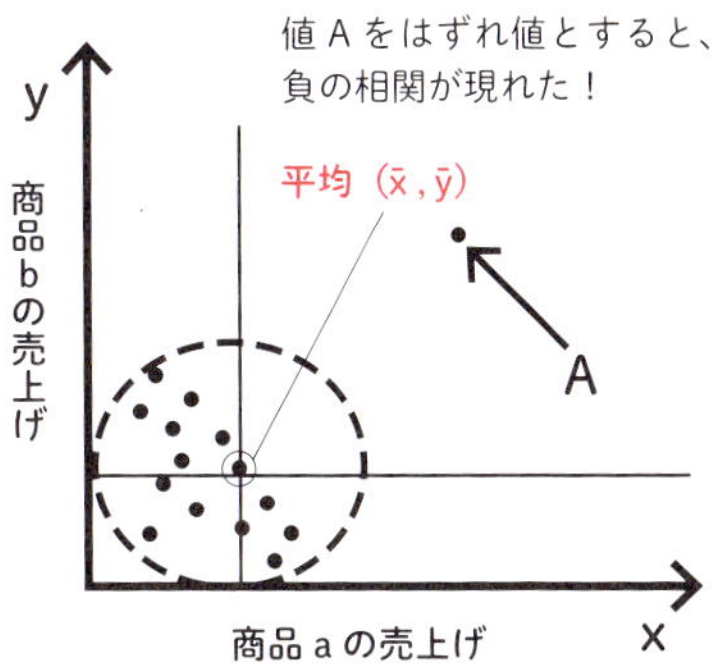

箱ひげ図を使ってはずれ値を求める

散布図上で極端に離れた位置にプロットされた値が、はずれ値かどうかを考えるために、１章で学んだ「箱ひげ図」を目安に使う方法があります（87ページ参照）。

箱ひげ図の復習

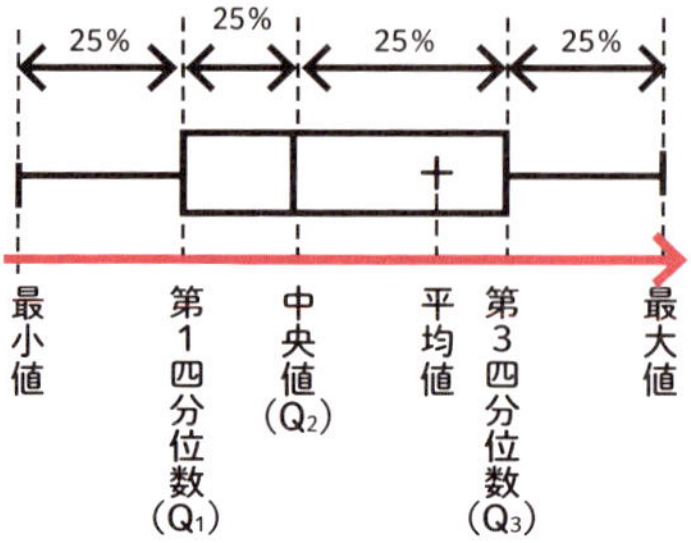

25%
25%
25%
25%
最小値
第１四分位数（Q_1）
中央値（Q_2）
平均値
第３四分位数（Q_3）
最大値

第1四分位数（Q_1）
中央値より小さいデータの中央値

平均値
データ全体の平均値

中央値（Q_2）
データ全体の中央値

第3四分位数（Q_3）
中央値より大きいデータの中央値

大きな値＝はずれ値とは限らない

y
x

大きな値によって平均値が影響を受け、相関係数も変わるかもしれません。

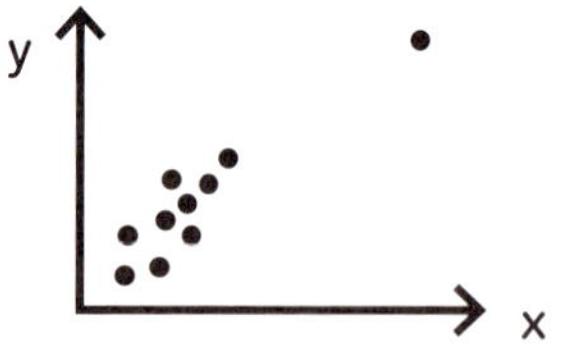

y
x

しかし、たまたま大きな値の１点を拾っただけかもしれず、この場合、相関係数に影響はありません。

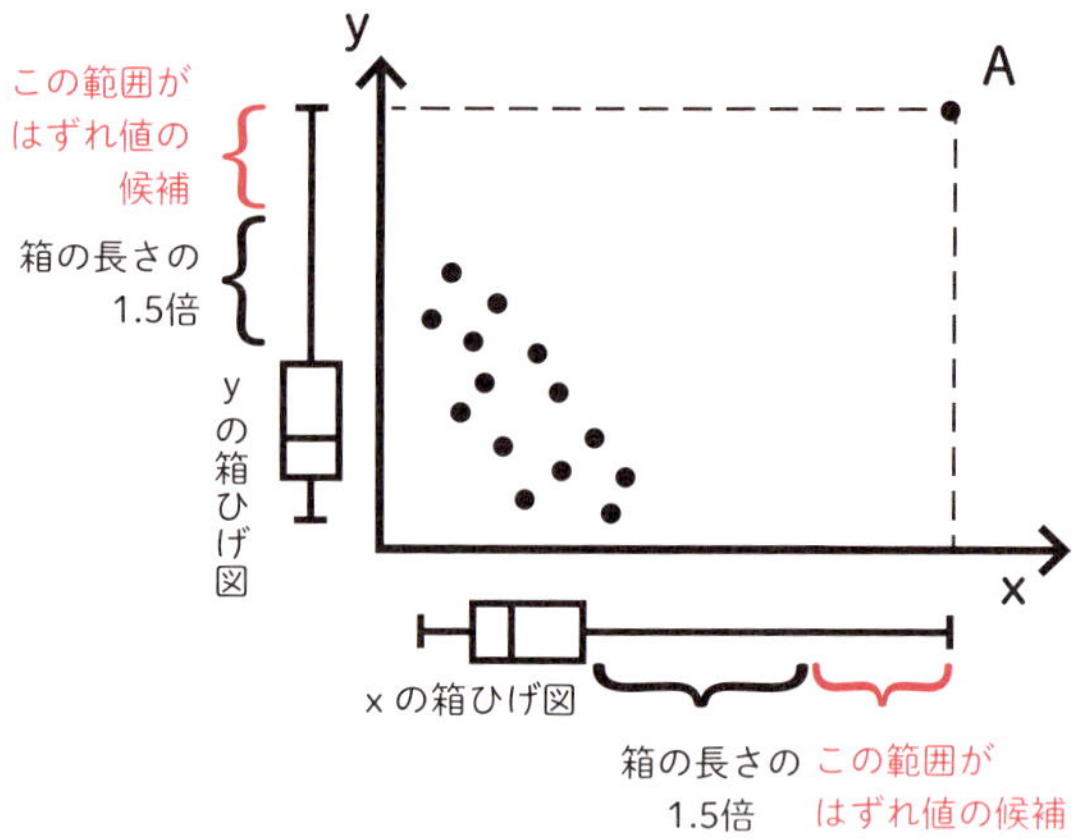

この範囲がはずれ値の候補
箱の長さの1.5倍
yの箱ひげ図
y
A
x
xの箱ひげ図
箱の長さの1.5倍
この範囲がはずれ値の候補

箱の長さ（$Q_3 - Q_1$ = IQR）の1.5倍の値で、Q_3からのひげの長さを求めると、はずれ値を検討する目安になるんでしたね

箱ひげ図の「ひげが長くなる」は、「はずれ値に注意が必要」というメッセージとして受け止め、それだけで判断することはできません。

そう。実際に散布図のプロットと箱ひげ図を並べて見ると値Aは、はずれ値の可能性が考えられるわね。でも、左のようなことにも注意が必要よ

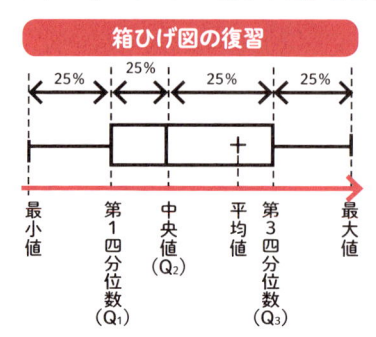

■2つの変量以外のデータで「層別」に見る

ここまでの学びで、計算して相関係数を求めるだけで相関の「正」「負」を決めること、箱ひげ図のひげの長さだけで極端に大きな値を「はずれ値」と決めることには注意が必要なことがわかりました。もうひとつ、データを見る上で大切な「層別」について説明します。

左下は、複数の都市で集めたデータから、「商品aの売上げ（x軸）」と「商品bの売上げ（y軸）」をプロットした散布図です。全体は右上がりで「aが売れるとbも売れる」「aとbの売上げは正の相関にある」と言えそうです。このデータを「大都市・中都市・小都市」に分けたものが右下の散布図です。すると「aが売れるほどbは売れにくい」「aとbの売上げは負の相関にある」と見て取れます。このようにxとy以外のデータを用いて値を分けることを「層別」と言います。**散布図を見誤らないためには、xとy以外にもデータを揃えることが必要です。**

データの条件が不揃いだと傾向を見誤る

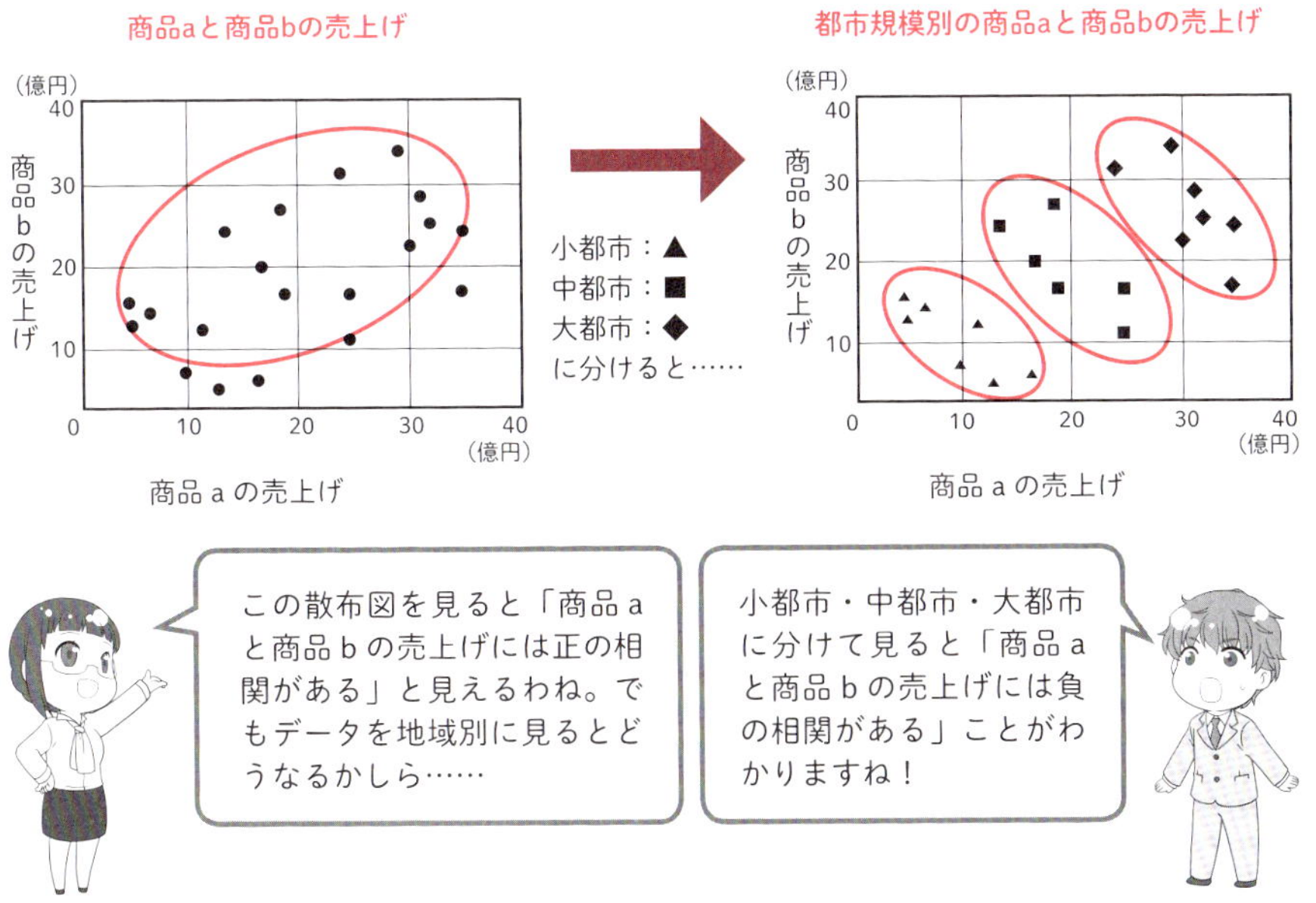
商品aと商品bの売上げ
（億円）
商品bの売上げ
商品aの売上げ
（億円）
0
10
20
30
40
都市規模別の商品aと商品bの売上げ
小都市：▲
中都市：■
大都市：◆
に分けると……
この散布図を見ると「商品aと商品bの売上げには正の相関がある」と見えるわね。でもデータを地域別に見るとどうなるかしら……
小都市・中都市・大都市に分けて見ると「商品aと商品bの売上げには負の相関がある」ことがわかりますね！

「見せかけの相関」にだまされないように注意しよう

相関の「正」「負」を逆に判断するだけでなく、「相関がある」「相関がない」を見誤る「見せかけの相関」にも注意が必要です。次の例は、「相関がある」と見えるのに、層別することで「相関がない」と考えられるデータの散布図です。

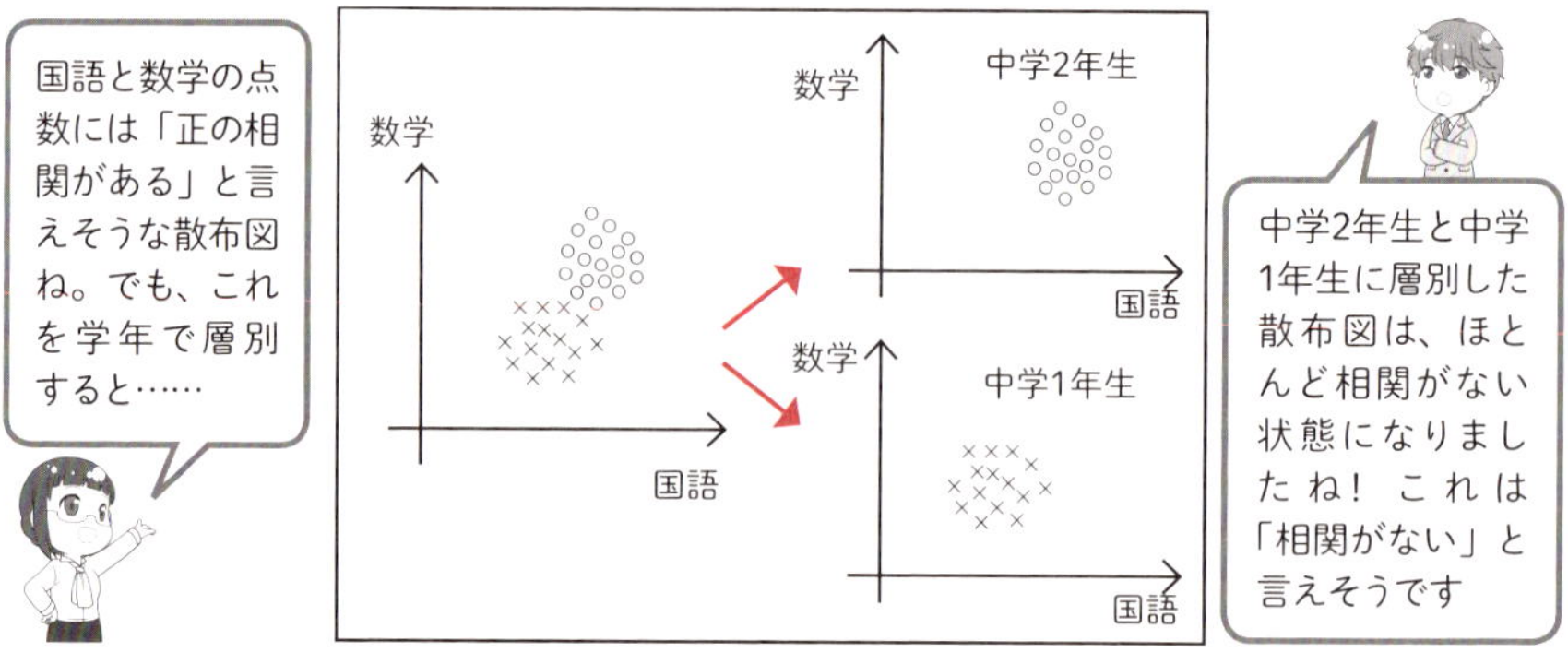

国語と数学の点数には「正の相関がある」と言えそうな散布図ね。でも、これを学年で層別すると……
数学
国語
数学
中学2年生
国語
数学
中学1年生
国語
中学2年生と中学1年生に層別した散布図は、ほとんど相関がない状態になりましたね！ これは「相関がない」と言えそうです

次の例は、「相関がない」と見えるのに層別すると「相関がある」と考えられるデータです。このように、**データを集める立場でも、集められたデータを分析する立場でも、層別を理解し、意識した上でデータと向き合うことが大切です。**

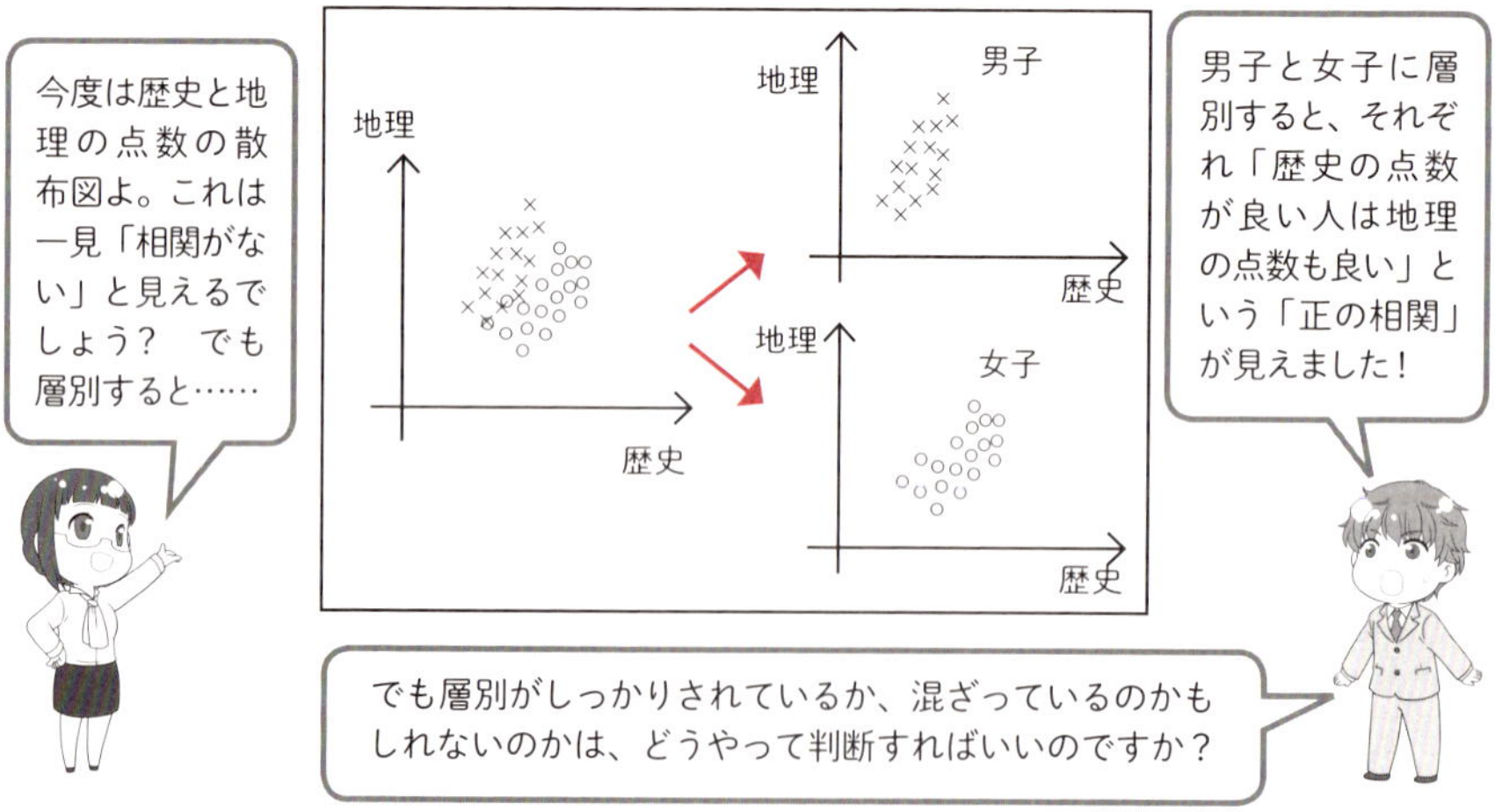

今度は歴史と地理の点数の散布図よ。これは一見「相関がない」と見えるでしょう？ でも層別すると……
地理
歴史
地理
男子
歴史
地理
女子
歴史
男子と女子に層別すると、それぞれ「歴史の点数が良い人は地理の点数も良い」という「正の相関」が見えました！
でも層別がしっかりされているか、混ざっているのかもしれないのかは、どうやって判断すればいいのですか？

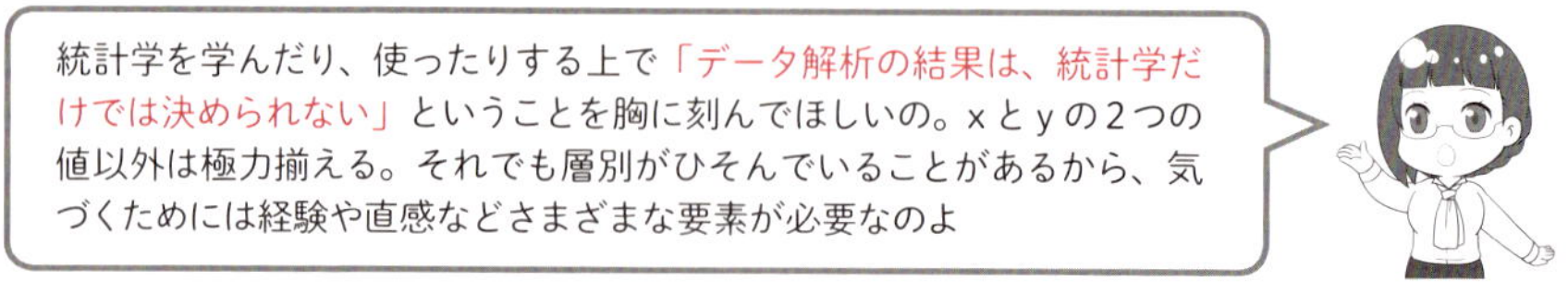

統計学を学んだり、使ったりする上で「データ解析の結果は、統計学だけでは決められない」ということを胸に刻んでほしいの。xとyの2つの値以外は極力揃える。それでも層別がひそんでいることがあるから、気づくためには経験や直感などさまざまな要素が必要なのよ

はずれ値は"はずれ"ではない？

はずれ値をはずしたり無視したりせずデータのひとつとして注目する

相関係数を求めるときは、計算だけではなく、必ず散布図を描きましょう。そして、その散布図をよく検討し、はずれ値が隠れていないか、見せかけの相関になっていないかに注意します。つまり、統計学を活用するためには、数学的な計算や数値上の判断だけでなく、さまざまな要素が必要となるのです。

現状を把握する、会議の資料とする、計画の裏づけとする……。その際に統計分析に求められるのは「答え」ではなく、客観的な分析です。議論の土台となり、検討を深める材料となるものです。

「はずれ値をはずさない」でデータの注意すべき値として残すのは、その**はずれ値の周囲には、まだ見えない別の層別があるかもしれない**からです。現状の視点とは異なる客層、市場ニーズ、そうしたものの一部がはずれ値となって拾われた可能性もあるのです。

データを分析するときの心得

- **相関係数を求めるときは必ず散布図を作る**
  - → 計算で値を求めるだけでなく、視覚的にデータの特徴を見る
- **データの中にはずれ値が含まれているかもしれない**
  - → 箱ひげ図で極端に異なる値がないかを確かめる
- **データが混ざって見せかけの相関になっているかもしれない**
  - → xとy以外のデータも揃えて層別を行う

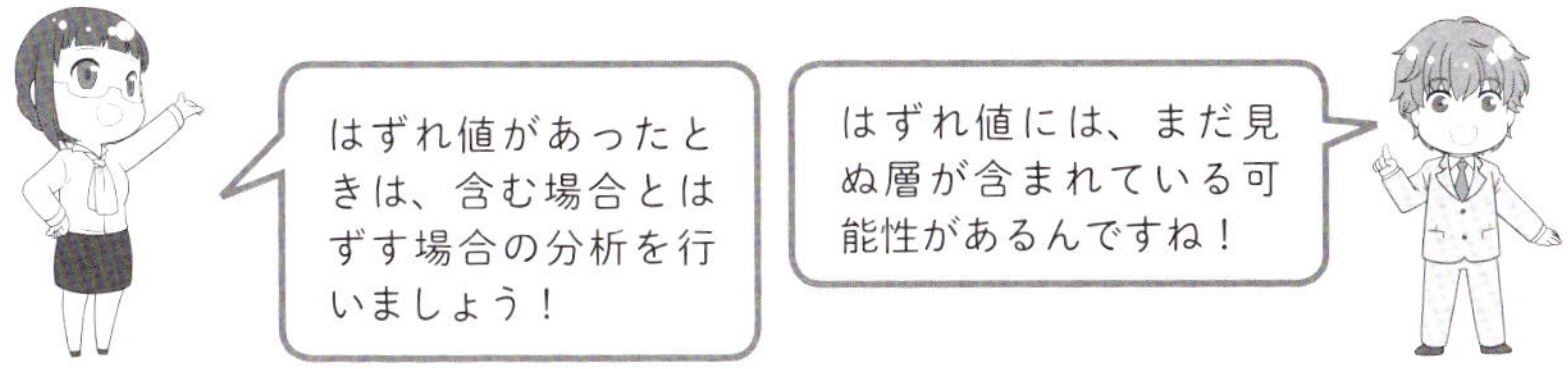
はずれ値があったときは、含む場合とはずす場合の分析を行いましょう！
はずれ値には、まだ見ぬ層が含まれている可能性があるんですね！

“ニセモノ”の相関に注意！

なるほど！ 相関がわかると
効果のある要因がわかるんですね？
カタカタ
…あー…ケイタ君 張り切ってるところ悪いんだけど
相関があっても要因を特定できるわけではないのよ
へ!? どういうことです 和美さん!?
例えば市町村ごとのポストの数と交通事故数の関係を示すとこのようなグラフになったの
交通事故数
ポストの数
正の相関を示しているわね
さて、ポストの数が多いと交通事故数も多くなるけど これはなぜかしら？
？
？
な、何で？ ポストの赤が運転を狂わせるとか？ それとも何者かの陰謀…？

冷静に考えると
ポストの数が
多いからって
交通事故も多いって
おかしいと思わない
ケイタ君？
じゃあポストの数を
減らせば交通事故も
減るってことになるわ
あ
そうですよね…
変ですよね…
つまり相関が
あったとしても
原因
結果
因果関係が
あるわけではないの
人
郵便局
ポストの
配置
交通事故の発生には
多くの要因が
あるでしょう
どのような
因果関係があるかを
検証しなければ
ならないわ
自動車
普及率
車種
交通量
運転
この場合
ポストと交通事故…
どっちにも関わって
いるだろうと
想定できる「モノ」は
えーっと…
何だと思う？
ケイタ君？

えーっと…ポストも車も…人ありき…
そうかどっちも人間が関わっている！
そう！ 人…この場合は「人口」が
この相関に関わっていることが想定できるの
偏相関係数
この見立てが正しいか確認するには「偏相関係数」が有効よ後で詳しく説明するわね
まず「ポストの数と交通事故数」…「ポストの数と人口」…
相関係数
?
相関係数
?
相関係数
?
「交通事故数と人口」でそれぞれ相関係数を算出するの
カタ
カタ
カタ

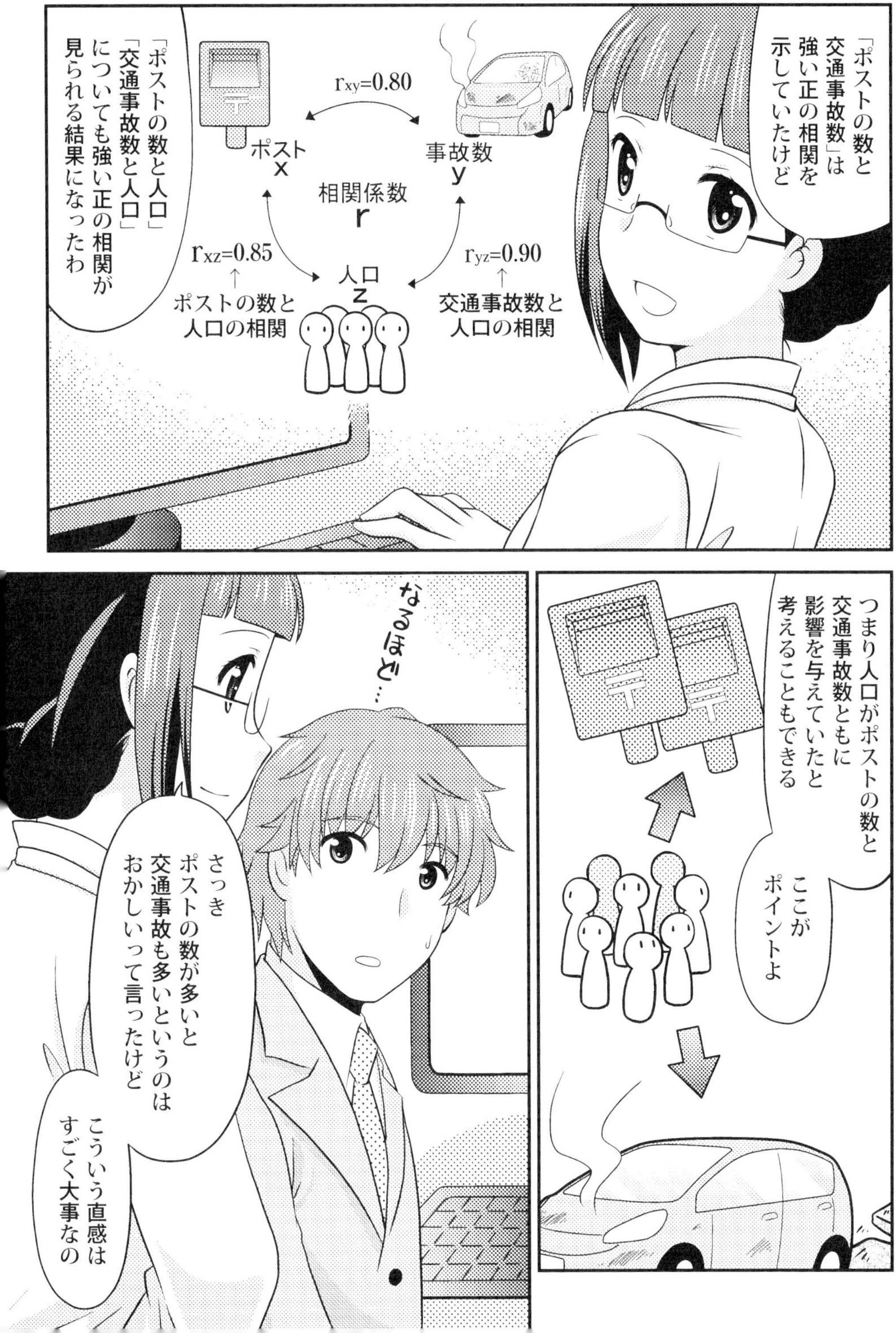
「ポストの数と交通事故数」は強い正の相関を示していたけど
$r_{xy}=0.80$
事故数
y
ポスト
x
相関係数
r
$r_{yz}=0.90$
↑
交通事故数と人口の相関
$r_{xz}=0.85$
↑
ポストの数と人口の相関
人口
z
「ポストの数と人口」「交通事故数と人口」についても強い正の相関が見られる結果になったわ
つまり人口がポストの数と交通事故数ともに影響を与えていたと考えることもできる
ここがポイントよ
なるほど…
さっきポストの数が多いと交通事故も多いというのはおかしいって言ったけど
こういう直感はすごく大事なの

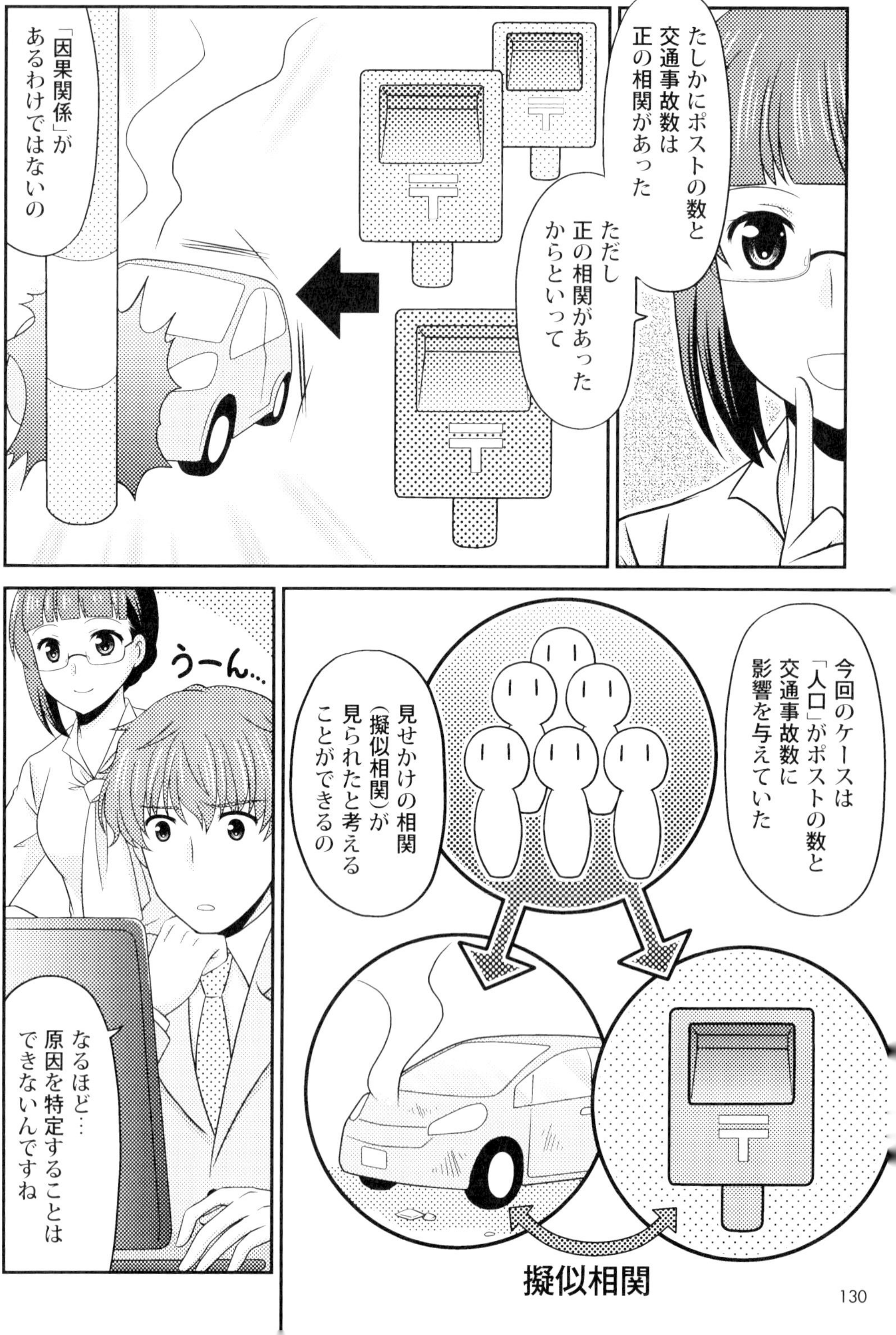

たしかにポストの数と交通事故数は正の相関があった
ただし正の相関があったからといって
「因果関係」があるわけではないの
今回のケースは「人口」がポストの数と交通事故数に影響を与えていた
見せかけの相関（擬似相関）が見られたと考えることができるの
擬似相関
うーん…
なるほど…原因を特定することはできないんですね

たしかに統計学は生活において有用な学問よ
でもその使い方には気をつけて
相関があったからといって因果関係があるわけではない
そして見せかけの相関(擬似相関)に気づけるかどうかは現場の知識やリテラシーが必要になってくるの
y
x
あくまで統計は判断材料のひとつにすぎないということを忘れないでね
現場の知識か…
そういう意味では統計学は魔法の道具とは言えないのかもしれない…
でも慣れればとても便利な道具になるわ!
ぐっ
はい! 頑張って習得してみせます!

「相関がある」から「因果関係がある」とは限らない
「相関がある」とは？

因果関係のない見せかけの相関

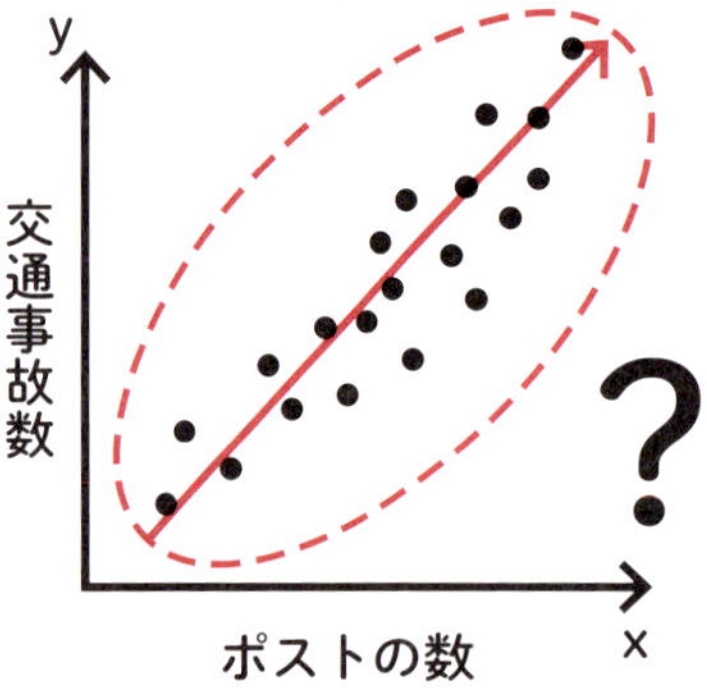
y
交通事故数
?
ポストの数
x

ポストの数と交通事故数が正の相関だからと言って、そこに「因果関係」があると“決めつけ”てはダメ！

２つのデータに相関があるからといって必ずしも因果関係があるとは限らない！

■あらゆる要素を考慮して本質をとらえる

散布図上で因果関係があるように見える、見せかけの相関のことを「**擬似相関**」とも言います。

上の図は「ポストの数（x）と交通事故数（y）」の散布図です。正の相関を示していますが、「ポストの数が多いほど交通事故数が多い」という関係は、「因果関係」ではありません。因果関係とは、「原因と結果」に関係があると言える事柄を指します。「ポストが多い」（原因）から「交通事故が多い」（結果）という因果関係が成立しないことは、常識的に判断できますが、**相関係数の値だけを追ってしまうと擬似相関を見過ごしかねません。**

即断せずに、複数の視点から因果関係を検討して、対象データの本質をとらえましょう。

両方のデータに相関がある〝もうひとつのデータ〟を考える

2つのデータ（変量）に「見せかけの相関」が疑われるとき、両方のデータに相関があるもうひとつのデータを考えます。**データを集める際にはできるだけ多くのデータを揃え、データを検討する際にも注意を払う。その上で「何」が「何」に影響を与えているのかを考える**のが、擬似相関を見過ごさないための心得です。

【例1】ポストの数が増えると交通事故が増える？

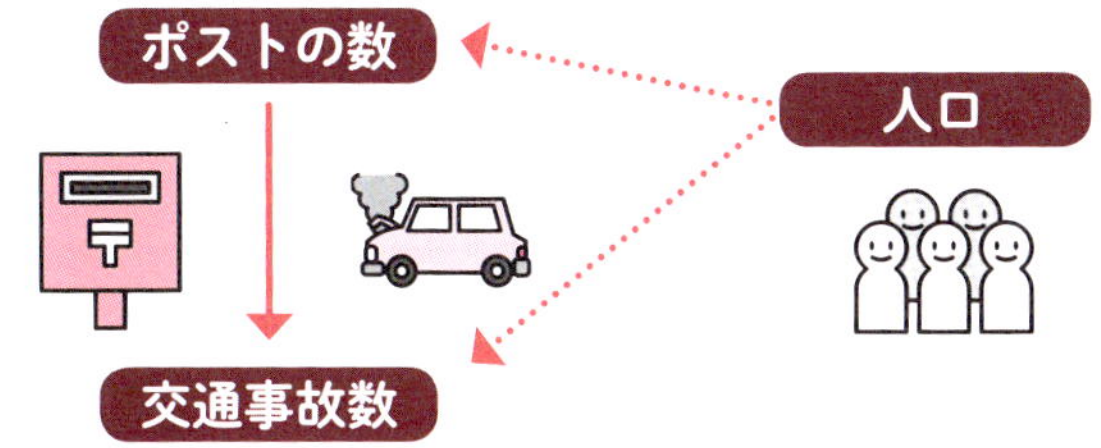
ポストの数
人口
交通事故数

因果関係がなくても、数値だけを見て「相関」を示すことはできてしまうの。これを「見せかけの相関」、または「擬似相関」と言うの

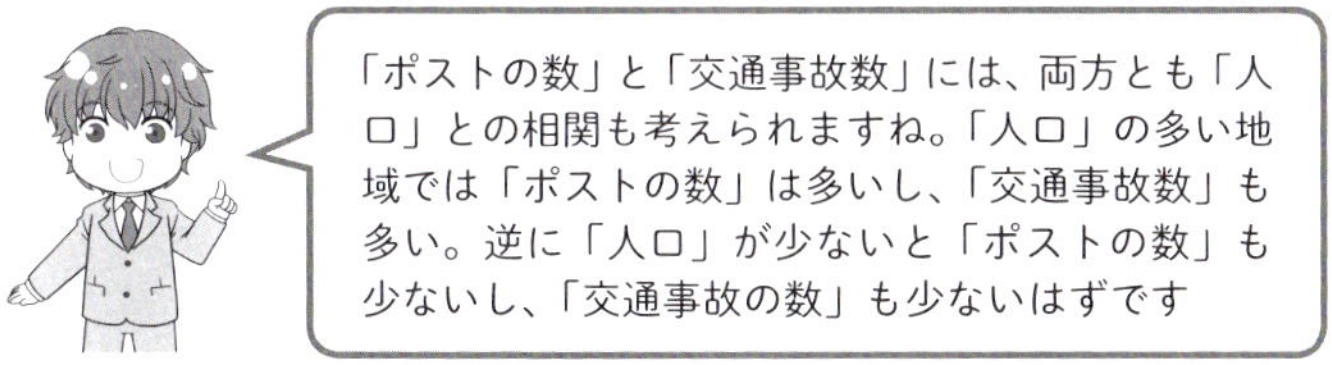
「ポストの数」と「交通事故数」には、両方とも「人口」との相関も考えられますね。「人口」の多い地域では「ポストの数」は多いし、「交通事故数」も多い。逆に「人口」が少ないと「ポストの数」も少ないし、「交通事故の数」も少ないはずです

【例2】夏にビールが売れるとアイスクリームも売れる？

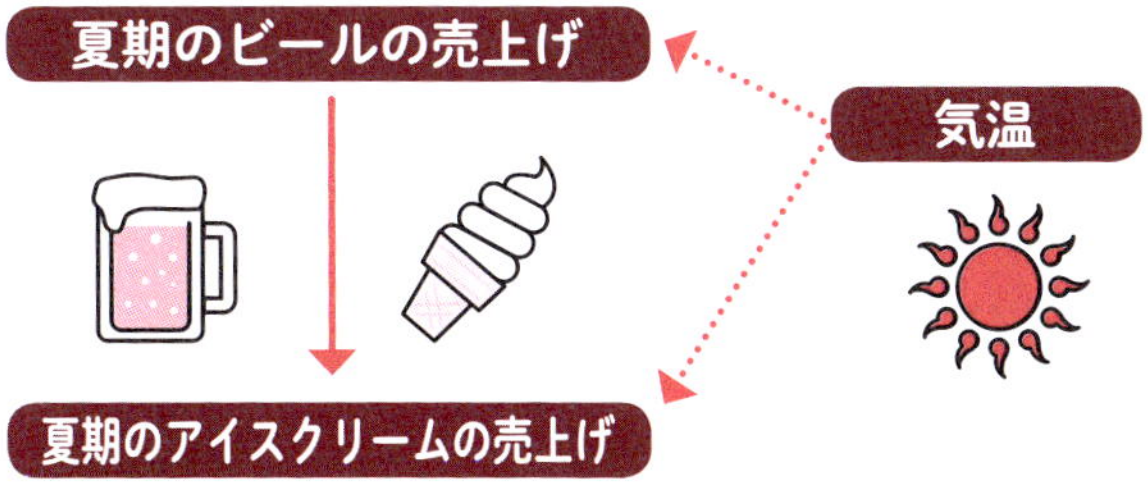
夏期のビールの売上げ
気温
夏期のアイスクリームの売上げ

「売上げ」は擬似相関を見過ごしがちなデータですね。もしかしたら気温だけでなく「不快指数」も要因かも……

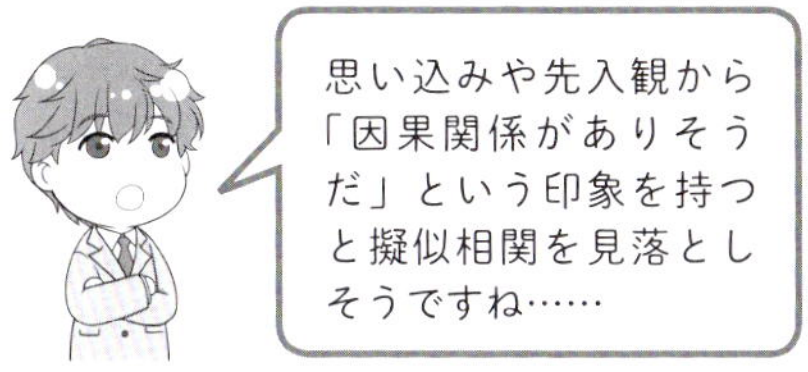
思い込みや先入観から「因果関係がありそうだ」という印象を持つと擬似相関を見落としそうですね……

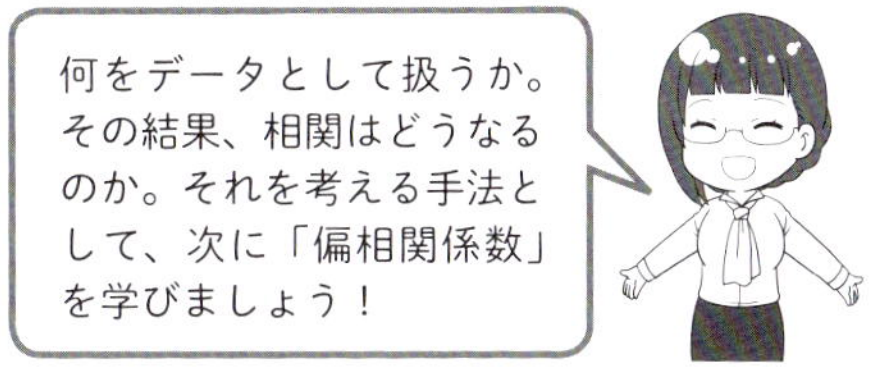
何をデータとして扱うか。その結果、相関はどうなるのか。それを考える手法として、次に「偏相関係数」を学びましょう！

キーワード
偏相関係数

2つのデータに影響を与えているものはあるのか？　ないのか？

擬似相関を探る「偏相関係数」

■影響を取り除いたときの相関係数r

統計学の手法を用いれば、２つのデータの相関について知ることはできますが、相関があっても因果関係があるのかどうかはわかりません。そこで、２つのデータの相関が「擬似相関ではないか」と考えた場合、ｘとｙに影響を与えている３つ目の要素が存在するという仮説を立てます。この３つ目の要素を「**制御変数**」と呼びます。例えば、ｘ（ポストの数）とｙ（交通事故数）の両方に影響を与えている要素として、ｚ（人口）を制御変数として想定すると、それぞれの相関は下図のようになります。

「ｘとｙの相関」が擬似相関であるとした場合、「ｘとｚの相関」と「ｙとｚの相関」の数値が「ｘとｙの相関」に大きく影響していると考えられます。そこで、「ｚの影響を取り除いたｘとｙの相関」を求めます。この値を「**偏相関係数**」と言い、偏相関係数を使って制御変数を取り除いた関係を見ることを「**偏相関分析**」と言います。

x・y・zの関係を整理する

ポストの数（x）と交通事故数（y）の相関に人口（z）の影響はあるのか？　ないのか？

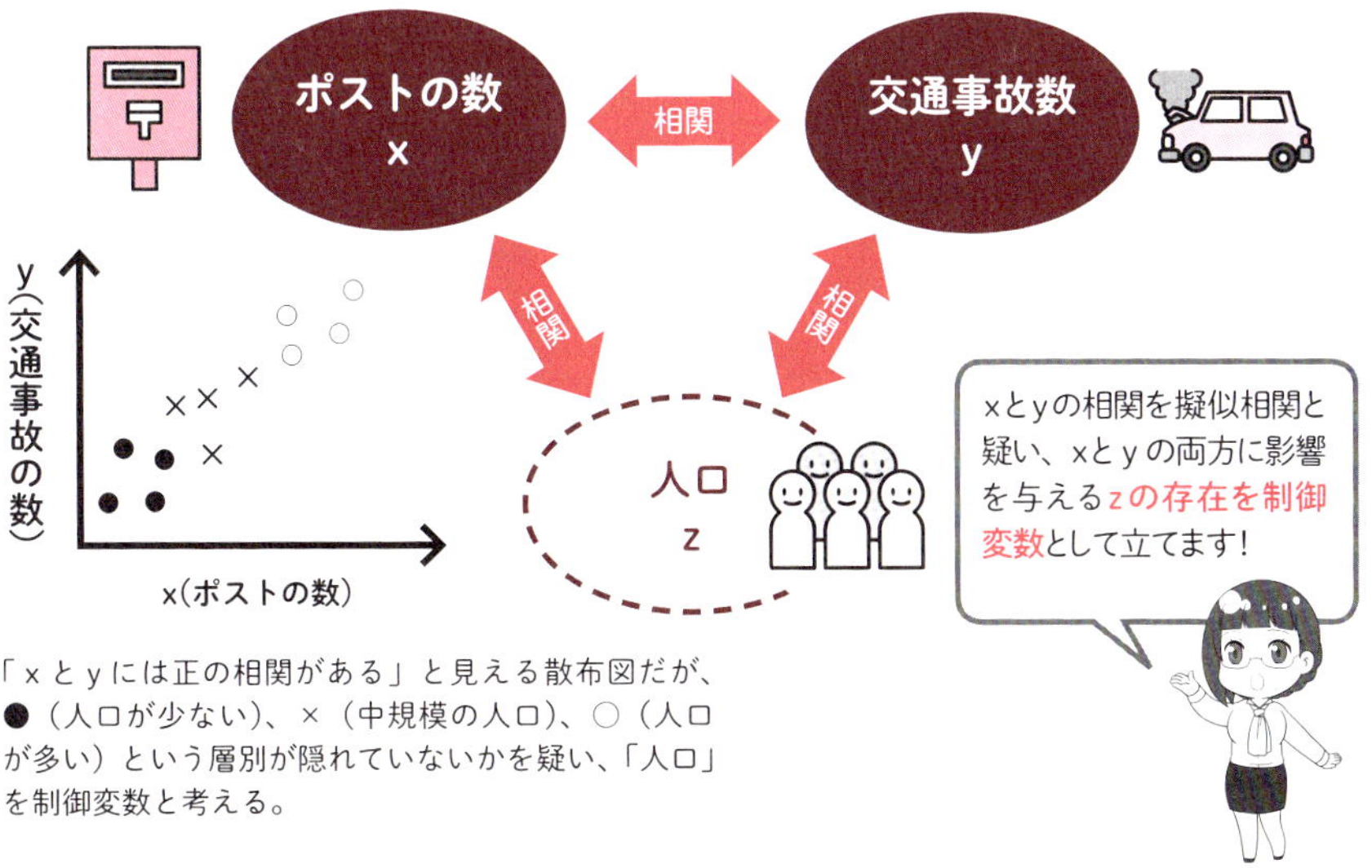

「ｘとｙには正の相関がある」と見える散布図だが、●（人口が少ない）、×（中規模の人口）、○（人口が多い）という層別が隠れていないかを疑い、「人口」を制御変数と考える。

偏相関係数を求める

偏相関係数　データ(z)の影響を取り除いた上での2種類のデータ(xとy)の関係性の強さを測る値。

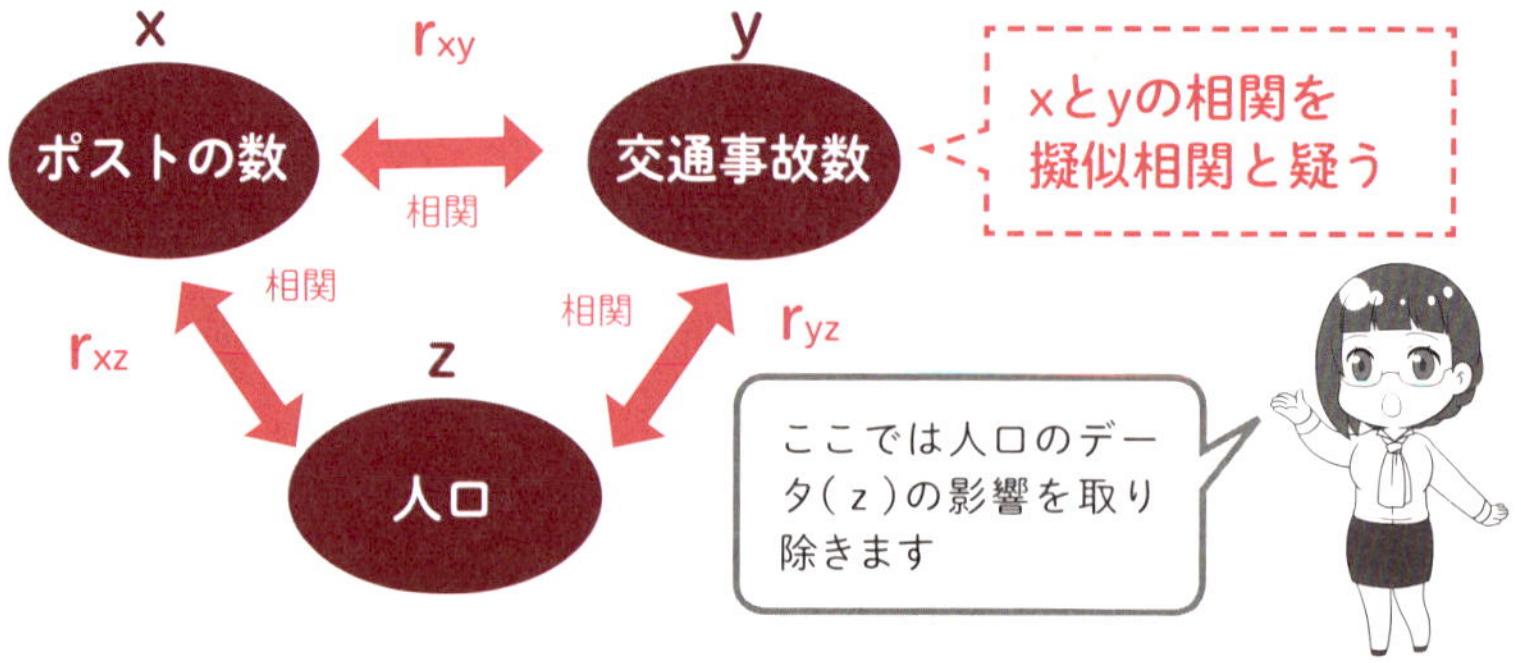

x
y
z
ポストの数
交通事故数
人口
r_{xy}
r_{xz}
r_{yz}
相関
相関
相関
xとyの相関を擬似相関と疑う
ここでは人口のデータ(z)の影響を取り除きます

xとyの相関係数　=　r_{xy}　←この数値から
xとzの相関係数　=　r_{xz}
yとzの相関係数　=　r_{yz}　←この影響を取り除く

制御変数　2つのデータの相関を「擬似相関」ではないかと疑い、2つのデータそれぞれに影響を与えている要素として仮説を立てた変量。

zを制御変数としたxとyの偏相関係数を求める式

$$\frac{(\text{xとyの相関係数}) - (\text{xとzの相関係数}) \times (\text{yとzの相関係数})}{\sqrt{1 - (\text{xとzの相関係数})^2} \times \sqrt{1 - (\text{yとzの相関係数})^2}}$$

↓

$$\frac{r_{xy} - (r_{xz} \times r_{yz})}{\sqrt{1 - r_{xz}^2} \times \sqrt{1 - r_{yz}^2}}$$

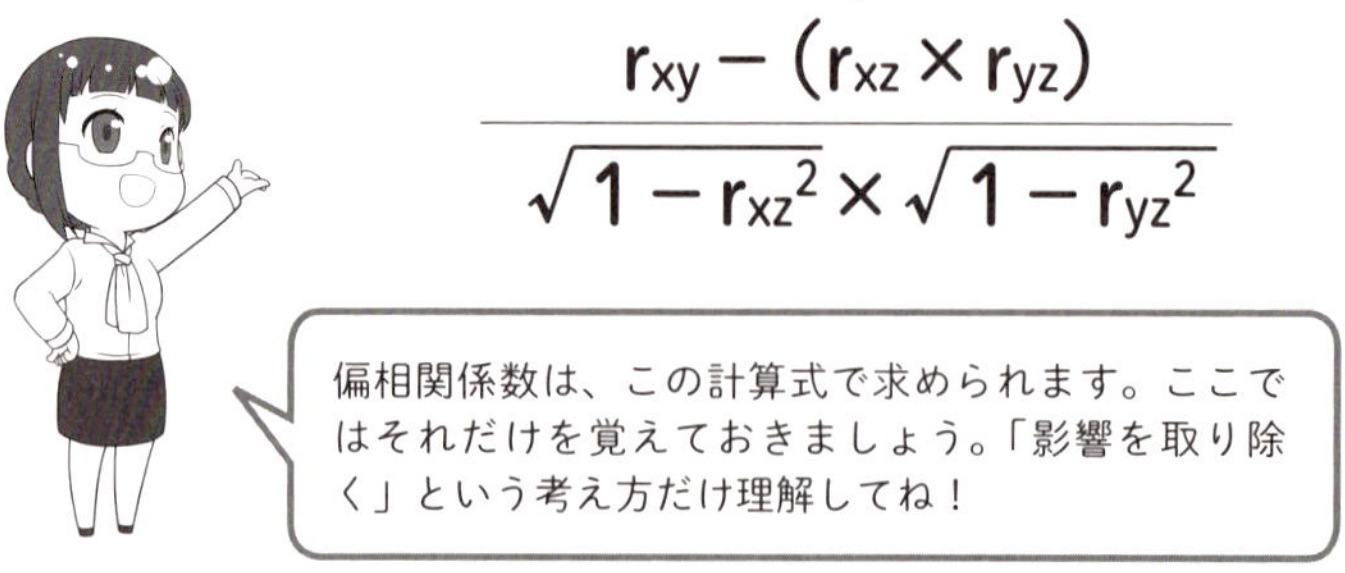

偏相関係数は、この計算式で求められます。ここではそれだけを覚えておきましょう。「影響を取り除く」という考え方だけ理解してね！

偏相関係数を求めよう！

次の数値を使って、偏相関係数を求めてみましょう。

- ポストの数（x）と交通事故数（y）の相関係数＝ r_{xy} ＝0.80
- ポストの数（x）と人口（z）の相関係数＝ r_{xz} ＝0.85
- 交通事故数（y）と人口（z）の相関係数＝ r_{yz} ＝0.90

$$\frac{r_{xy}-(r_{xz}\times r_{yz})}{\sqrt{1-r_{xz}^2}\times\sqrt{1-r_{yz}^2}} = \frac{0.80-(0.85\times 0.90)}{\sqrt{1-0.85^2}\times\sqrt{1-0.90^2}}$$

$$= \frac{0.035}{0.23} \fallingdotseq 0.15$$

■偏相関係数の値から何が言えるのか？

人口の影響を取り除いた上でのポストの数と交通事故数の相関は、偏相関係数で「0.15」となることがわかりました。では、この偏相関係数の値から、どのようなことが言えるのでしょうか？

相関係数は「+1」あるいは「-1」に近いほど「直線的な関係が強い」、また「0」に近いほど「直線的な関係が弱い」と言えます。

偏相関係数は「0.15」だったので「ポストの数と交通事故数」は、人口の影響を取り除けば「直線的な関係が弱い」と判断できます。一方で、それぞれの値には「人口」が強く影響していると考えられるのです。つまり、**「ポストの数と交通事故数」を擬似相関と疑い、「人口」の影響という仮説を立て、偏相関係数を求めることでそれを確かめたのがここでの学びです。**

最後に、「制御変数」の考え方を学びます。今回の例では「人口」を制御変数と考えましたが、制御変数の候補は、必ずしもひとつだけとは限りません。

キーワード
制御変数

データをもっと深く理解するために

「制御変数」の候補をいくつも考えよう

偏相関係数を求めよう！

夏にビールが売れるとアイスクリームも「売れる」
その要因は？

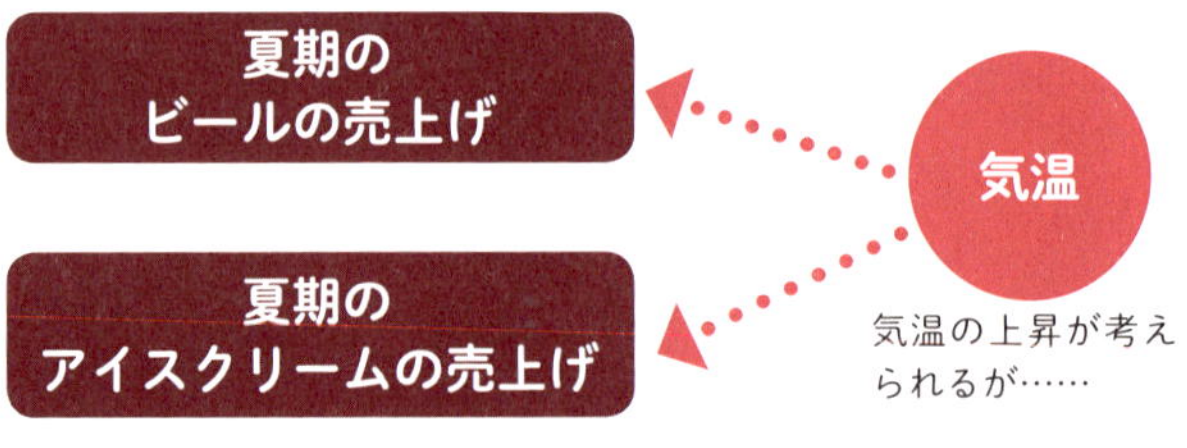

他の要因も制御変数として考えられる！

- 不快指数
- 休日数
- 降水量
- 人口

■「制御している」と仮定して検証する要因

相関係数から「本当に因果関係があるかはわからない」のと同様に、制御変数も「本当に制御しているか、していないか」はわかりません。偏相関係数の値も、あくまで材料のひとつであり、最終的に判断するのは分析者の主観に委ねられます。

また、133ページで例にあげた「夏期のビールの売上げ」「夏期のアイスクリームの売上げ」の関係では、「気温」を制御変数と仮定することができそうです。しかし、要因はそれだけでしょうか。「不快指数」「降水量」といった他の気象要因や、「休日数」「人口」などの要因も制御変数として考えられそうです。制御変数をひとつにしぼらずに、さまざまな要因を仮定し、検証することが大事なのです。

相関係数の注意点をまとめてみよう！

相関係数を求めるときは必ず散布図も確認！

必ず散布図を作ること。そして相関の正負という計算結果だけでなく、データの中身を常に考えないといけませんね。

はずれ値からヒントが得られることもある！

はずれ値に注目することで、層別する視点が見つかるかもしれない。広くデータを見る視点が必要ですね。

見せかけの相関（擬似相関）に注意！

擬似相関が疑われるときは、制御変数について仮説を立て、偏相関係数を求めて検証する必要があるんですね。

集めるデータ、分析対象とするデータはたくさんあった方がいい！

層別を検討するためにデータは集める段階から複数の変量を対象にする。制御変数として使えるデータも複数あった方が、さまざまな検証ができ、データを深く理解できますね！

経験や直感も大切な〝道具〟！

統計データを見る上で、数字を広い視野でとらえ多様な視点で見られるよう、直感やそれを可能にする豊かな業務経験なども大切なんですね！

相関係数の式を記号から読み解く

例えば標準偏差は
標準偏差＝
$\sqrt{\frac{1}{n}\sum_{i=1}^{n}\left(x_i-\overline{x}\right)^2}$
この公式で表すことができるし

そして共分散は…
共分散＝
$\frac{1}{n}\sum_{i=1}^{n}\left(x_i-\overline{x}\right)\left(y_i-\overline{y}\right)$
この公式で表せるのよ

ねえ、ケイタ君このシグマ…覚えてる？高校数学で登場したと思うんだけど
Σ
シグマ
このシグマを中心に数式を読み解いていきましょう！
あわわ…
…あの記号が出て急激に数学が嫌いになった覚えが…大丈夫かな…

キーワード
数式で表す

「記号」を用いて数式を表してみよう

統計学の数式を読み解く

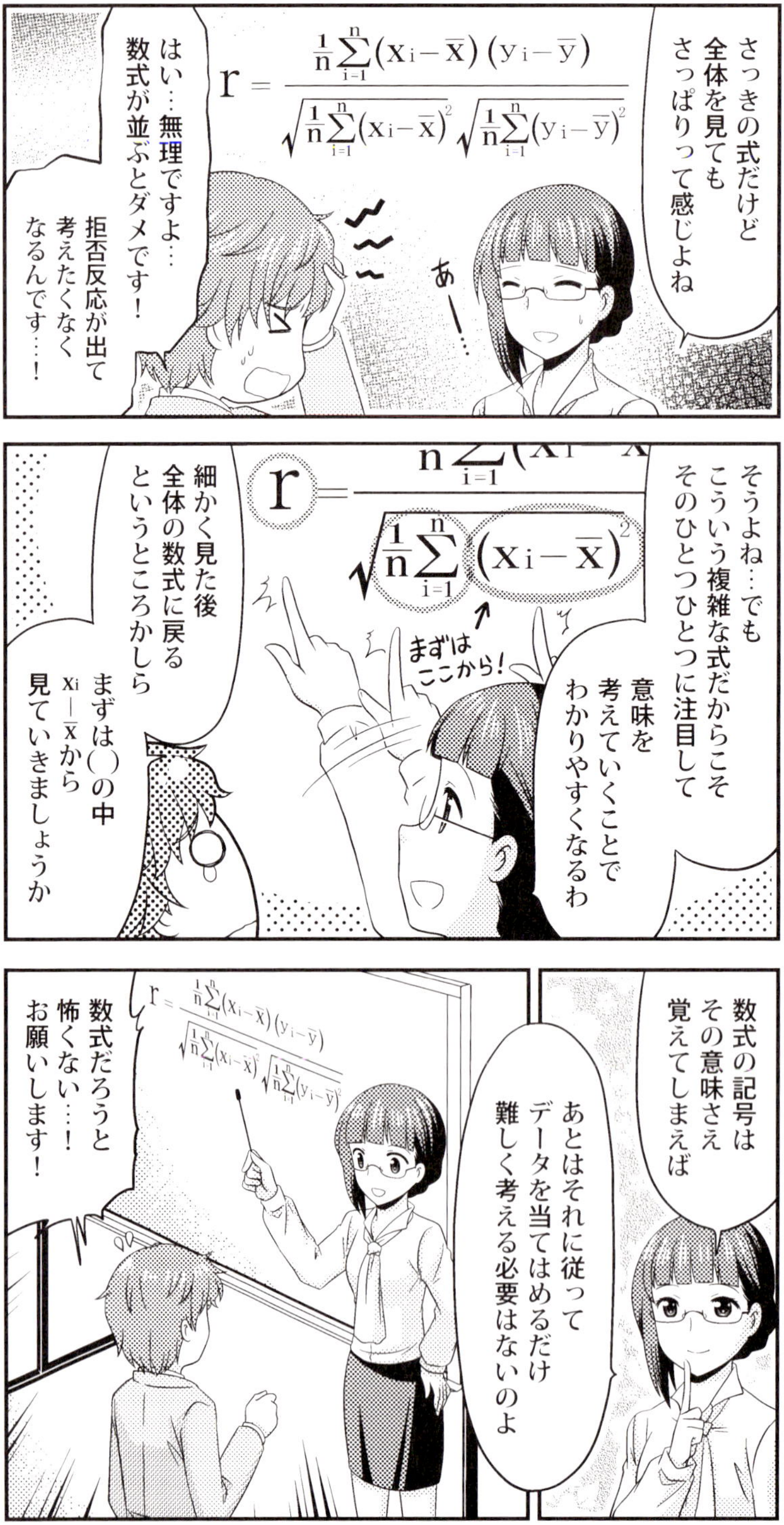

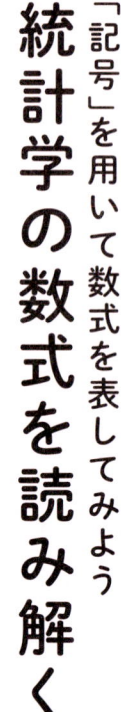

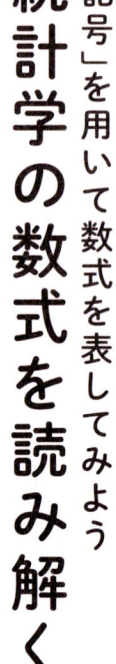

相関係数の計算式を「読み解く」

本書では、ここまで標準偏差や共分散、相関係数をできるだけ数学記号を用いずに説明してきました。統計学＝数式＝記号というイメージが、「難しい」「覚えられない」「専門的」という壁を作ってしまい、学びの第1歩をなかなか踏み出せない人が多いからです。しかし、ここまでの学びで2歩も3歩も統計学の世界に踏み込むことができています。これまでを振り返りながら、「統計学の数式」について学びましょう。

数式は「すでに学んだこと」を記号で表したものです。そして数学記号は「すでに学んだこと」を便利に説明するツールです。左の相関係数rの計算式を見てください。「相関係数」は2つのデータから計算されるので、常に「〝何〟と〝何〟の相関係数」と表現されます。2つのデータは、x軸とy軸上の値なので記号はxとyが入ります。共分散も同様に「xとyの共分散」となります。一方、標準偏差は「〝何〟の」とひとつのデータの分析ですから「xの標準偏差」「yの標準偏差」と表します。

相関係数の計算式の復習

次のデータから「xとyの相関係数」を求めてみましょう。

DATA		
ID	x	y
1	x_1	y_1
2	x_2	y_2
3	x_3	y_3
4	x_4	y_4
⋮	⋮	⋮
n	x_n	y_n

xが「身長」、yが「体重」なら「身長と体重の相関係数」となるわね
「n」はデータの個数を表すときに使う記号よ

相関係数（r）

↓

$$\frac{(x\text{と}y\text{の共分散})}{(x\text{の標準偏差})\times(y\text{の標準偏差})}$$

↓

$$r=\frac{\frac{1}{n}\sum_{i=1}^{n}(x_i-\bar{x})(y_i-\bar{y})}{\sqrt{\frac{1}{n}\sum_{i=1}^{n}(x_i-\bar{x})^2}\ \sqrt{\frac{1}{n}\sum_{i=1}^{n}(y_i-\bar{y})^2}}$$

相関係数の計算式はこうでしたね。記号を使うと複雑な式に見えますね……

数式は「複雑」なのではなく、何をどうやって計算するかの説明が書かれているの。ここでは「覚える」ものとは考えずに「読み解く」ものとして学んでいきましょう！

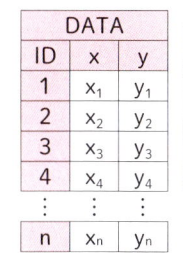

「Σ（シグマ）」に慣れよう！

ここで初登場する記号が「**Σ（シグマ）**」です。ギリシャ文字の「Σ」はアルファベットの「S」に相当します。「S」は「Summation（加算）」の頭文字、つまり**「Σ」は「足し算をしなさい」という意味に**なります。

「$\bar{x}$」は「エックスバー」と読んで「xの平均値」でしたね

相関係数（r）
↓
（xとyの共分散）
―――――――――――――
（xの標準偏差）×（yの標準偏差）

$$r=\frac{\frac{1}{n}\sum_{i=1}^{n}(x_i-\bar{x})(y_i-\bar{y})}{\sqrt{\frac{1}{n}\sum_{i=1}^{n}(x_i-\bar{x})^2}\ \sqrt{\frac{1}{n}\sum_{i=1}^{n}(y_i-\bar{y})^2}}$$

「$\frac{1}{n}\Sigma$」はΣで足したものをデータ数（n）で割りなさいということよ

$\bar{x}$（エックスバー）…xの平均値
n…データの数
x_i…i番目のxの値

$\bar{y}$（ワイバー）…yの平均値
n分の1…データ数で割る
y_i…i番目のyの値

上下に書かれている記号もパッと見ではわかりません

$$\sum_{i=1}^{n}$$

一番難しく感じるのは、やはりΣの記号かしら？

「Σ」の下にある「i」は数式の「x_i」や「y_i」の「i」。「Σ」の上にある「n」はデータの個数。この記号はデータの「1番目から、n番目（データの個数分）まで順番に値を当てはめて計算したものを足し算して合計しなさい」という意味を表しています。

$$\sum_{i=1}^{n}(x_i-\bar{x})^2$$

じゃあ、この数式はどう読んだらいいかしら

xの値からxの平均値を引いた値を二乗する計算を1番目からn番目まで行い、その合計を求めなさい……。あれ、記号の式が読めますね！

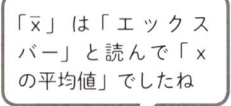

標準偏差の数式を読み解く

x の標準偏差

$$\sqrt{\frac{1}{n}\sum_{i=1}^{n}(x_i-\bar{x})^2}$$

では、分母の「x の標準偏差」を求める数式を読んでみましょう。112ページを見ながらでもいいわよ！

$$\sqrt{\frac{1}{n}\sum_{i=1}^{n}(x_i-\boxed{\bar{x}})^2}$$

①「x の平均値を求める」……x_1から x_nの合計をデータ数「n」で割ったもの。

$$\sqrt{\frac{1}{n}\sum_{i=1}^{n}(\boxed{x_i-\bar{x}})^2}$$

②「x_iの偏差を求める」……x_iから「x の平均値」を引いたもの。

$$\sqrt{\frac{1}{n}\sum_{i=1}^{n}\boxed{(x_i-\bar{x})^2}}$$

③「x_iの偏差平方を求める」……二乗することですべての値をプラスにする。

$$\sqrt{\frac{1}{n}\boxed{\sum_{i=1}^{n}(x_i-\bar{x})^2}}$$

④「x の偏差平方和を求める」……x_1から x_nの偏差平方を「足し算（Σ）」した合計。

$$\sqrt{\boxed{\frac{1}{n}\sum_{i=1}^{n}(x_i-\bar{x})^2}}$$

⑤「x の分散を求める」……x の偏差平方和をデータ数「n」で割ったもの。

$$\boxed{\sqrt{\frac{1}{n}\sum_{i=1}^{n}(x_i-\bar{x})^2}}$$

⑥「x の標準偏差を求める」……標準偏差は分散の平方根なので、√をつける。

最初に見た時はめまいがしたのに、「読み解く」と知っていることばかりですね！

それだけ統計学の基本についてしっかり理解ができているからよ。
同じように「y の標準偏差」の数式も読み解いてみましょう！

y の標準偏差

$$\sqrt{\frac{1}{n}\sum_{i=1}^{n}(y_i-\bar{y})^2}$$

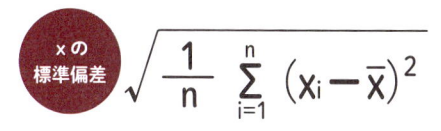

共分散の数式を読み解く

xとyの共分散

$$\frac{1}{n}\sum_{i=1}^{n}(x_i-\bar{x})(y_i-\bar{y})$$

同じように分子の「xとyの共分散」も読み解いてみましょう！

$$\frac{1}{n}\sum_{i=1}^{n}(x_i-\boxed{\bar{x}})(y_i-\boxed{\bar{y}})$$

①「xの平均値を求める」……x_1からx_nの合計をデータ数「n」で割ったもの。「yの平均値」も同様に求める。

$$\frac{1}{n}\sum_{i=1}^{n}\boxed{(x_i-\bar{x})}\boxed{(y_i-\bar{y})}$$

②「x_iの偏差を求める」……x_iから「xの平均値」を引いたもの。「y_iの偏差」も同様に求める。

$$\frac{1}{n}\sum_{i=1}^{n}\boxed{(x_i-\bar{x})(y_i-\bar{y})}$$

③「x_iとy_iの偏差積を求める」……同じ「i」のxとyの偏差を掛ける。

$$\frac{1}{n}\boxed{\sum_{i=1}^{n}(x_i-\bar{x})(y_i-\bar{y})}$$

④「xとyの偏差積和を求める」……x_1からx_n、y_1からy_nの偏差積和を「足し算（Σ）」した合計。

$$\boxed{\frac{1}{n}\sum_{i=1}^{n}(x_i-\bar{x})(y_i-\bar{y})}$$

⑤「xとyの共分散を求める」……xとyの偏差積和をデータ数「n」で割ったもの。

難しい式ではなく、むしろ「ていねいな説明」に思えてきました！

相関係数（r）
↓

$$\frac{(x\text{と}y\text{の共分散})}{(x\text{の標準偏差})\times(y\text{の標準偏差})}$$

$$r=\frac{\frac{1}{n}\sum_{i=1}^{n}(x_i-\bar{x})(y_i-\bar{y})}{\sqrt{\frac{1}{n}\sum_{i=1}^{n}(x_i-\bar{x})^2}\sqrt{\frac{1}{n}\sum_{i=1}^{n}(y_i-\bar{y})^2}}$$

あらためて相関係数の数式を見てみましょう。印象は変わったかしら？

数式を全部書き出すと……

xとyの共分散

n＝10の場合

$$\frac{1}{n}\sum_{i=1}^{n}(x_i-\bar{x})(y_i-\bar{y}) = \{(x_1-\bar{x})(y_1-\bar{y}) + (x_2-\bar{x})(y_2-\bar{y})$$

$$+(x_3-\bar{x})(y_3-\bar{y}) + (x_4-\bar{x})(y_4-\bar{y})$$

$$+(x_5-\bar{x})(y_5-\bar{y}) + (x_6-\bar{x})(y_6-\bar{y})$$

$$+(x_7-\bar{x})(y_7-\bar{y}) + (x_8-\bar{x})(y_8-\bar{y})$$

$$+(x_9-\bar{x})(y_9-\bar{y}) + (x_{10}-\bar{x})(y_{10}-\bar{y})\}$$

$$\div 10$$

＝xとyの共分散

n個分の計算内容は膨大なくり返し。値をどのような計算に当てはめたかを示すのに、数式はとても便利なの！

■統計の数式は「覚える」のではなく「使う」

本書で学ぶ統計学の分析手法は、基本的なもので身近なデータ分析でよく使われているものばかりです。そして、それらは数式で表され、数値を当てはめれば知りたい値を求めることができます。

数式の背景にある統計学はとても難しい内容です。また、数式の中身の四則計算をデータの個数だけ書き出すと上記のように膨大な長さになります。しかし、「Σ」の表記により、簡潔にわかりやすく説明ができます。そのため**数式は、誰もが統計学の手法を扱えるようにした便利なツール**と考え、暗記して覚えるものとはせず、**必要に応じて数値を当てはめ、何を求めたのかを他の人に説明したり、共有したりするもの**と考えてもいいでしょう。

実はここまで学んだ相関係数は、Excelを使うと簡単に求めることができるの。次はその方法を学んでいきましょう！

Excel関数で相関係数を求める

相関係数の数式は
ひとつひとつに
注目すれば
あせる必要なんて
ないのよ
ケイタ君！
大丈夫…
和美さんが言うなら
大丈夫…！
そしてケイタ君
この相関は
エクセルでも
応用することが
できるのよ
エクセルだと
データ上の数式が
データを導き出すけど
それぞれの数式が
どんな意味を
示しているのか…
理解しておくと
さらにエクセルも
使いこなせるようになるわ

エクセルは社会人の必須技能…使いこなしてみせます！
そのとおりよ！わからないことがあったら言ってね
数日後――昼休憩
よっしゃ！ちょっとずつだけど…
数式の意味もわかってきたぞーー！
データ分析部の渋谷部長頭いいしキレイっすよねぇ！
データ分析部みたいな地味な部署にいるのもったいないっすよ！
…そんなことは俺たち営業部の古株はわかってるよ

渋谷はかつて
われら営業部の花形
だったんだよ…
それが突然
データ分析部を
立ち上げて…
彼女にも考えが
あったとは思うが
営業部としては残念だよ…
志願してまで
データ分析部を…
和美さんどうして…
休憩終わりました
和美さん
あの…
お伺いしたいことが…
席外してるのかな…
ってあれ…？
このメモ…
和美さんの字だ…
スッ…
$\sum_{r=1}^{365}(1.01)^r$
これが、私の信念。

数式だよなこれ…これが私の信念…？和美さんの思い…
$\sum_{r=1}^{365}(1.01)^r$
これが、私の信念。
今は全然わからないけど…和美さんに教わっていけば
この式を解けるようになるはずだ…
そうすれば和美さんの「信念」が解読できる…！
お疲れ様ケイタ君、何か用事？
いっいえなんでも…あ！見てほしいものが！
和美さんがデータ分析部に異動した理由…
自力で解読してみせるぜ！
エクセルでグラフを作ったので！
へぇー！見せてみて!!
ぐっ
リフレッシュ人事大成功じゃ！

キーワード
Excelを使う

数式の意味を理解したら計算はExcelで行う
Excel関数と計算手順

■Σの計算をExcelで処理する

相関係数を求めるためには、「x」と「y」をデータの個数分計算しなければなりません。データ量が多くなると、手計算では困難になります。その計算をExcelで処理する方法を紹介します。

標準偏差や共分散、相関係数を即座に求める方法を知れば、便利さの実感と同時にこれまで学んできたことが復習できるでしょう。「**Excel関数**」の使い方を理解するために、相関係数の計算式の手順を追ってみます（143～147ページを参照）。

練習には、10個のデータを使います。まず、ワークシート上部にデータの名前（ラベル）をつけ、縦の列に値を入力します（横に見るときは「行」と言います）。単位も必ず記入してください。

相関係数を求める2つのデータ（変量）をExcelに入力する

駅からの所要時間と賃料

データの番号	1	2	3	4	5	6	7	8	9	10
所要時間（分）	3	5	6	7	7	8	10	12	15	17
賃料（万円）	12.2	11.3	11.5	9.8	10.4	9.5	8.8	8.7	8.2	7.6

	A	B	C
1	データ番号	所要時間（分）	
2	1	3	
3	2	5	
4	3	6	
5	4	7	
6	5	7	
7	6	8	
8	7	10	
9	8	12	
10	9	15	
11	10	17	
12	合計		

ラベル

行

列

ここからは実際にExcelを使って相関係数を求めます。まずは「x（所要時間）」の計算です。ラベルに「データ番号」と「所要時間（分）」を入力して準備しておきましょう

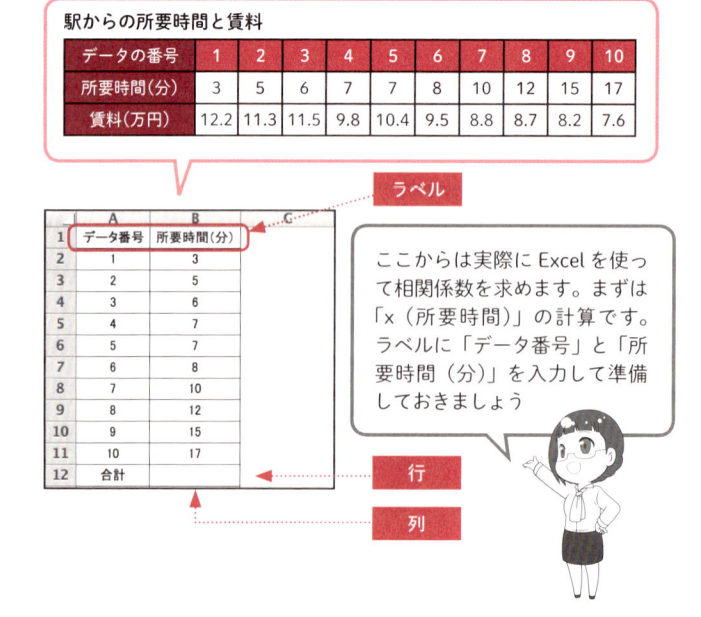

Excel関数を使って「合計」と「平均」を計算する

**「所要時間」のラベルとデータを入力し終えたら、
数式の基本手順を覚え、合計と平均の値から算出してみましょう。**

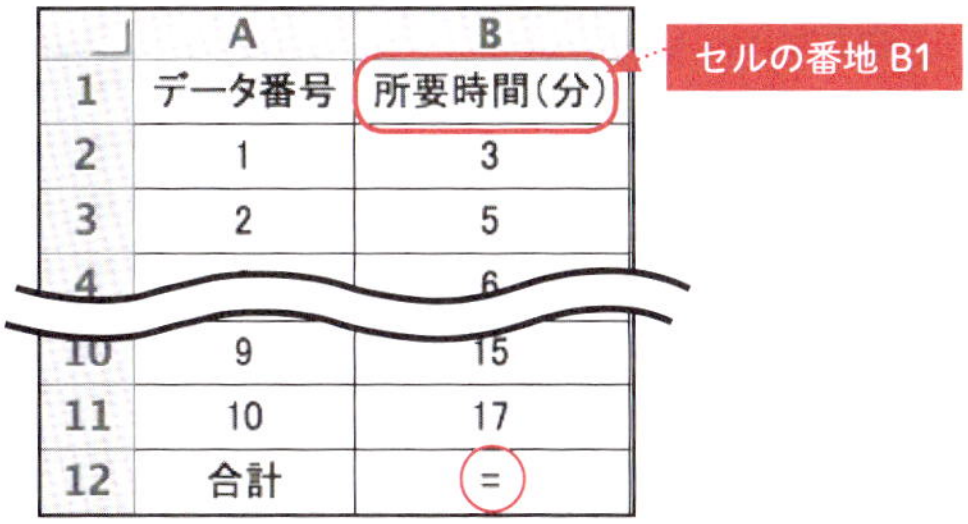

	A	B
1	データ番号	所要時間(分)
2	1	3
3	2	5
4		6
10	9	15
11	10	17
12	合計	=

①計算を指示する

Excel 関数を用いた数式の入力では、必ず先頭に「=」を入れます。「=」は「数式を入力します」の意味です。入力は半角英数で行います。指定のセルに「=」、次に関数と番地を入力することで計算の答えを求めます。

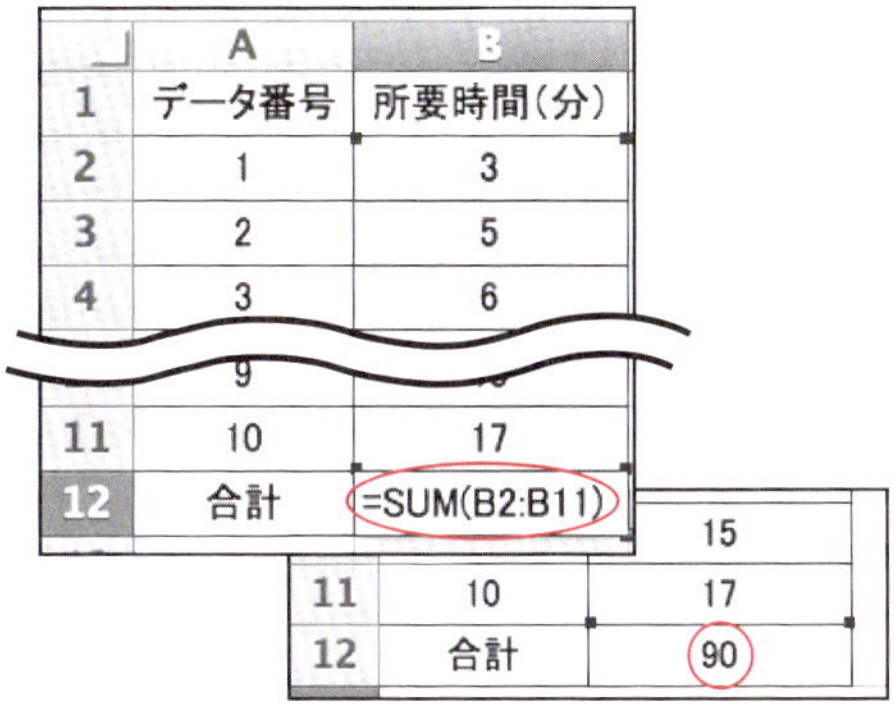

	A	B
1	データ番号	所要時間(分)
2	1	3
3	2	5
4	3	6
	9	
11	10	17
12	合計	=SUM(B2:B11)

		15
11	10	17
12	合計	90

②「合計」を求める

「B12」のセルに「=」を入力した後、足し算を指示する「SUM」を入力します。「SUM」は英語の「Summation（加算）」の略で「Σ」と同じ「足し算をする＝合計する」という意味です。合計したい対象の番地は「所要時間」の 1 番目～10番目なので「(B2:B11)」と入力。これで実行（【ENTER】キー）を押すと、合計数「90」が表示されます。

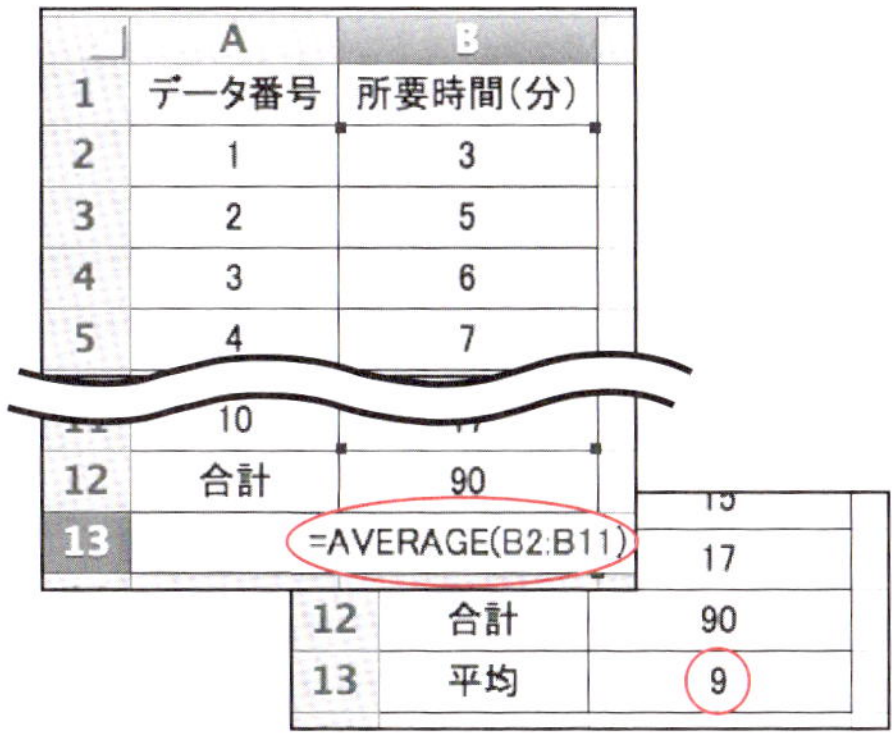

	A	B
1	データ番号	所要時間(分)
2	1	3
3	2	5
4	3	6
5	4	7
	10	
12	合計	90
13		=AVERAGE(B2:B11)

		17
12	合計	90
13	平均	9

③「平均」を求める

「平均」は割り算を指示する「/」を使い、「=SUM(B2:B11)/10」と入力しても良いですが、ここでは Excel 関数の「AVERAGE」を使ってみましょう。「A13」に「平均」のラベルを作り、B13に「=AVERAGE(B2：B11)」と入力。実行を押すと、平均値「9」が表示されます。

一言メモ　average は「代表値」を指す言葉ですが、Excel 関数では「平均値」を指します。

Excel関数を使って「標準偏差」を求める

「所要時間」の合計と平均を計算したら、次は標準偏差を計算します。「C1」に「所要時間の偏差(分)」のラベルを作りましょう。

①所要時間の「偏差」を求める

	A	B	C
1	データ番号	所要時間(分)	所要時間の偏差(分)
2	1	3	=B2-B13
3	2	5	
4	3	6	
5	4		
6	5		
7	6		
8	7		

	A	B	C
1	データ番号	所要時間(分)	所要時間の偏差(分)
2	1	3	−6
3	2	5	
4	3	6	

▼

	A	B	C
1	データ番号	所要時間(分)	所要時間の偏差(分)
2	1	3	−6
3	2	5	−4
4	3	6	−3
5	4	7	−2
6	5	7	−2
7	6	8	−1
8	7	10	1
9	8	12	3
10	9	15	6
11	10	17	8

「C2」に「=B2-B13」と入力し、データ番号1の偏差を求めます。次に「C2」のセルを選択した状態で、右下の「■」をクリックしたまま選択範囲を「C11」まで伸ばし(オートフィルオプション)、残りの偏差を求めます。

「$」で固定した値を使う

偏差は「データ−平均」で求めるので、「C2」には「=B2−B13」と入力しても算出することはできます。しかし、それをコピー&ペースト、もしくは上記のようなオートフィルオプションを使うと「=B3− B14」「=B4− B15」「=B5− B16」……と左側のセルの影響を受けてしまいます。「C2」の計算の設定のみを「C11」まで流用するために、セルの列の前と行の前に「$」をつけることで、その値を左セルの影響を受けずにコピー&ペーストやオートフィルオプションで入力できます。

②所要時間の標準偏差を出す

J20

	A	B	C	D
1	データ番号	所要時間(分)	所要時間の偏差(分)	所要時間の偏差平
2	1	3	−6	36
3	2	5	−4	16
4	3	6	−3	9
5	4	7	−2	4
6	5	7	−2	4
7	6	8	−1	1
8	7	10	1	1
9	8	12	3	9
10	9	15	6	36
11	10	17	8	64
12	合計	90	0	180
13	平均	9	0	18
14	標準偏差			4.242640687

偏差平方は偏差の二乗で求めます。二乗の記号は「^(ハット)」なので、「D2」に「=C2^2」と入力します。データ番号2からデータ番号10はコピー&ペースト、もしくはオートフィルオプションで求めます

「偏差平方和」はD列の合計です。関数は「SUM」を使います。「D12」に「=SUM(D2:D11)」と入力します

「偏差平方」の平均が「分散」です。「= AVERAGE(D2:D11)」と入力します

「分散」に√をつけたものが「標準偏差」です。√を取る関数「SQRT」を使い、「=SQRT(D13)」と入力します。「SQRT」は「平方根(√)」(square root)のことです

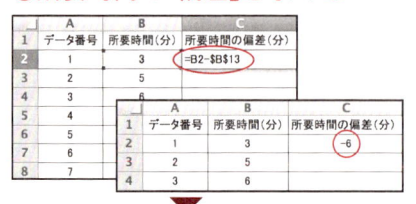

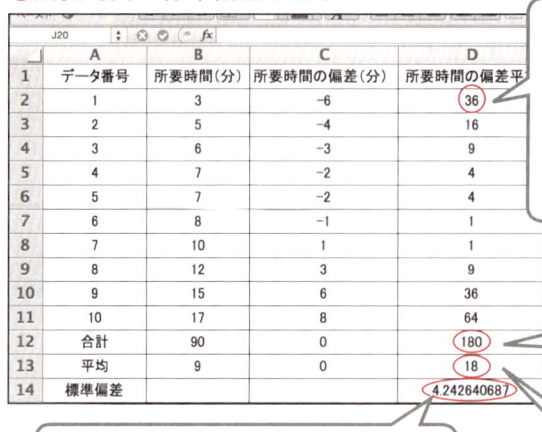

所要時間と賃料のセルを合わせる

153〜154ページで学んだことを復習しながら、
「賃料(万円)」の偏差、標準偏差を計算し、共分散の求める準備をしましょう。

①賃料の偏差、標準偏差を出す

	A	B	C	D
1	データ番号	賃料(万円)	賃料の偏差(万円)	賃料の偏差平方
2	1	12.2	2.4 ③	5.76 ④
3	2	11.3	1.5	2.25
4	3	11.5	1.7	2.89
5	4	9.8	0	0
6	5	10.4	0.6	0.36
7	6	9.5	−0.3	0.09
8	7	8.8	−1	1
9	8	8.7	−1.1	1.21
10	9	8.2	−1.6	2.56
11	10	7.6	−2.2	4.84
12	合計	98 ①	0	20.96 ⑤
13	平均	9.8 ②	0	2.096 ⑥
14	標準偏差			1.447756886 ⑦

①賃料の合計
=SUM(B2:B11)

②賃料の平均
=AVERAGE(B2:B11)

③賃料の偏差
=B2−B13

④賃料の偏差平方
=C2^2

⑤賃料の偏差平方和
=SUM(D2:D11)

⑥賃料の分散
=AVERAGE(D2:D11)

⑦賃料の標準偏差
=SQRT(D13)

次に「共分散」を出していくわ。そのために「所要時間」と「賃料」、それぞれの「偏差」の列を同じワークシートにまとめて、「偏差積」のラベルを作りましょう

②共分散のワークシートを用意する

	A	B	C	D	E	F
1	データ番号	所要時間(分)	賃料(万円)	所要時間の偏差(分)	賃料の偏差(万円)	偏差積 (所要時間の偏差×賃料の偏差)
2	1	3	12.2	−6	2.4	
3	2	5	11.3	−4	1.5	
4	3	6	11.5	−3	1.7	
5	4	7	9.8	−2	0	
6	5	7	10.4	−2	0.6	
7	6	8	9.5	−1	−0.3	
8	7	10	8.8	1	−1	
9	8	12	8.7	3	−1.1	
10	9	15	8.2	6	−1.6	
11	10	17	7.6	8	−2.2	
12	合計	90	98	0	0	
13	平均	9	9.8	0	0	

Excel関数を使って「共分散」を求める

ここでは、155ページで作ったワークシートで共分散を求めます。
右下の囲みを参照して、数字や関数を入力していきましょう。

	A	B	C	D	E	F
1	データ番号	所要時間（分）	賃料（万円）	所要時間の偏差（分）	賃料の偏差（万円）	偏差積（所要時間の偏差×賃料の偏差）
2	1	3	12.2	−6 ⑤	2.4 ⑥	−14.4 ⑦
3	2	5	11.3	−4	1.5	−6
4	3	6	11.5	−3	1.7	−5.1
5	4	7	9.8	−2	0	0
6	5	7	10.4	−2	0.6	−1.2
7	6	8	9.5	−1	−0.3	0.3
8	7	10	8.8	1	−1	−1
9	8	12	8.7	3	−1.1	−3.3
10	9	15	8.2	6	−1.6	−9.6
11	10	17	7.6	8	−2.2	−17.6
12	合計	90 ①	98 ③	0	0	−57.9 ⑧
13	平均	9 ②	9.8 ④	0	0	−5.79 ⑨

⑦の「=D2*E2」に使われている「*」は「×（掛け算）」の記号です

①所要時間の合計
=SUM(B2:B11)

②所要時間の平均
= AVERAGE(B2:B11)

③賃料の合計
=SUM(C2:C11)

④賃料の平均
= AVERAGE(C2:C11)

⑤所要時間の偏差
=B2−B13

⑥賃料の偏差
=C2−C13

⑦偏差積（所要時間の偏差×賃料の偏差）
=D2*E2

⑧偏差積和
= SUM(F2:F11)

⑨共分散
= AVERAGE(F2:F11)

相関係数に必要な値は
相関係数 r ＝
（x と y の共分散）／（x の標準偏差）×（y の標準偏差）
でしたね。ついに Excel で相関係数の値が出せるんだ！

Excel関数を使って「相関係数」を求める

いよいよ相関係数を求めます。ラベルを作り、
「所要時間」と「賃料」の標準偏差、共分散を入力してみましょう。

①標準偏差を入力する

	A	B
1	所要時間の標準偏差	4.242640687
2	賃料の標準偏差	1.447756886
3	所要時間と賃料の共分散	
4	所要時間と賃料の相関係数	
5		

所要時間と賃料の標準偏差を入力します。154〜155ページで算出した値をコピー＆ペーストする場合、そのままだと数式が反映されてしまうので、「形式を選択してペースト（貼り付け）」から「値」を選択してペーストしましょう。

②共分散を入力する

	A	B
1	所要時間の標準偏差	4.242640687
2	賃料の標準偏差	1.447756886
3	所要時間と賃料の共分散	−5.79
4	所要時間と賃料の相関係数	
5		

次に共分散を入力します。標準偏差と同じく、156ページで算出したものをコピー＆ペーストする場合は、「形式を選択してペースト（貼り付け）」から「値」を選択してペーストしましょう。

③相関係数を出す

	A	B
1	所要時間の標準偏差	4.242640687
2	賃料の標準偏差	1.447756886
3	所要時間と賃料の共分散	−5.79
4	所要時間と賃料の相関係数	=B3/(B1*B2)
5		

	A	B
3	所要時間と賃料の共分散	−5.79
4	所要時間と賃料の相関係数	−0.94264175
5		

B4のセルに「=B3/(B1*B2)」と入力します。この計算は、「B3（共分散）」÷{「B1（所要時間の標準偏差）」×「B2（賃料の標準偏差）」}を指示しています。

やった！
ついにExcelで相関係数を出せたぞ！

「Excel」を使って散布図を作成する

**最初に作った「所要時間」と「賃料」のワークシートから、
Excel上で散布図を作ることもできます。
ここでは最もシンプルな散布図の出し方を紹介します。**

①散布図で出したい範囲を指定する

	A	B	C
1	データ番号	所要時間(分)	賃料(万円)
2	1	3	12.2
3	2	5	11.3
4	3	6	11.5
5	4	7	9.8
6	5	7	10.4
7	6	8	9.5
8	7	10	8.8
9	8	12	8.7
10	9	15	8.2
11	10	17	7.6

「B2」から「C11」までの範囲を指定します。これで、所要時間のデータ１～10、賃料のデータ１～10の値が散布図に反映されます。

※ PC の OS や Excel のバージョンで操作が異なることがあります

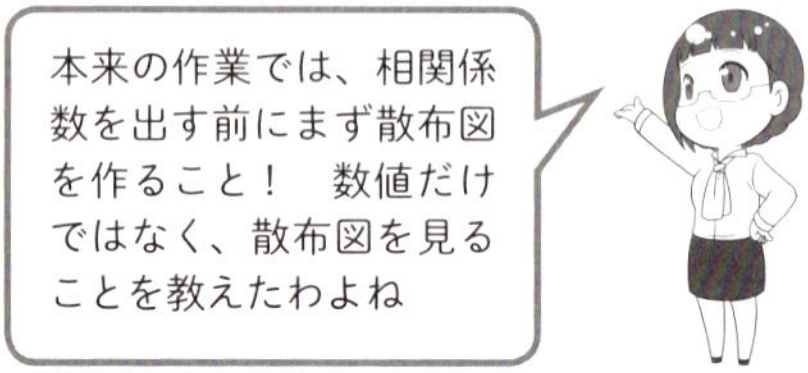
本来の作業では、相関係数を出す前にまず散布図を作ること！　数値だけではなく、散布図を見ることを教えたわよね

②「散布図」のコマンドを選択する

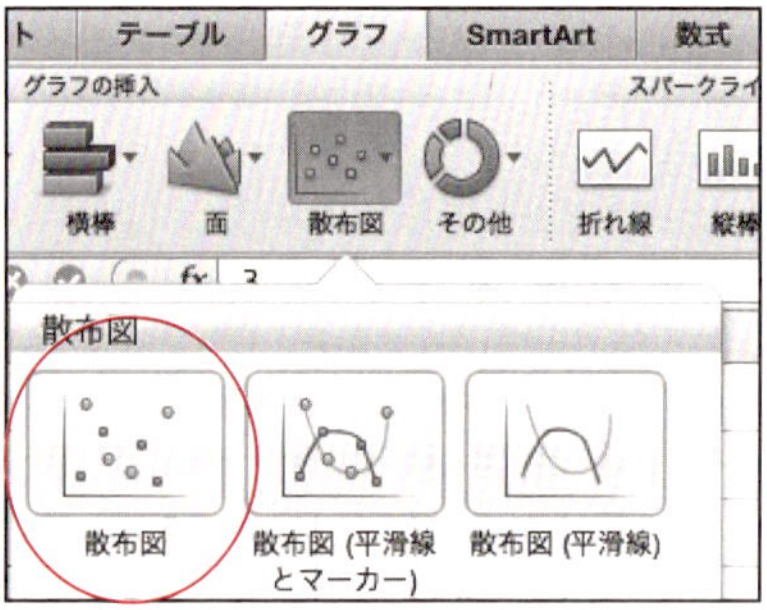
テーブル
グラフ
SmartArt
数式
グラフの挿入
スパークライ
横棒
面
散布図
その他
折れ線
縦棒
散布図
散布図
散布図 (平滑線とマーカー)
散布図 (平滑線)

「グラフ」から「散布図」を選択すると、指定した範囲の散布図がワークシート上に作成されます。

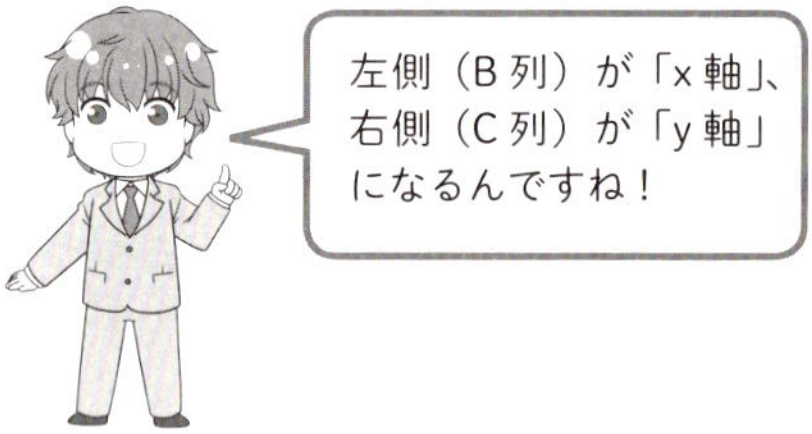
左側（B 列）が「x 軸」、右側（C 列）が「y 軸」になるんですね！

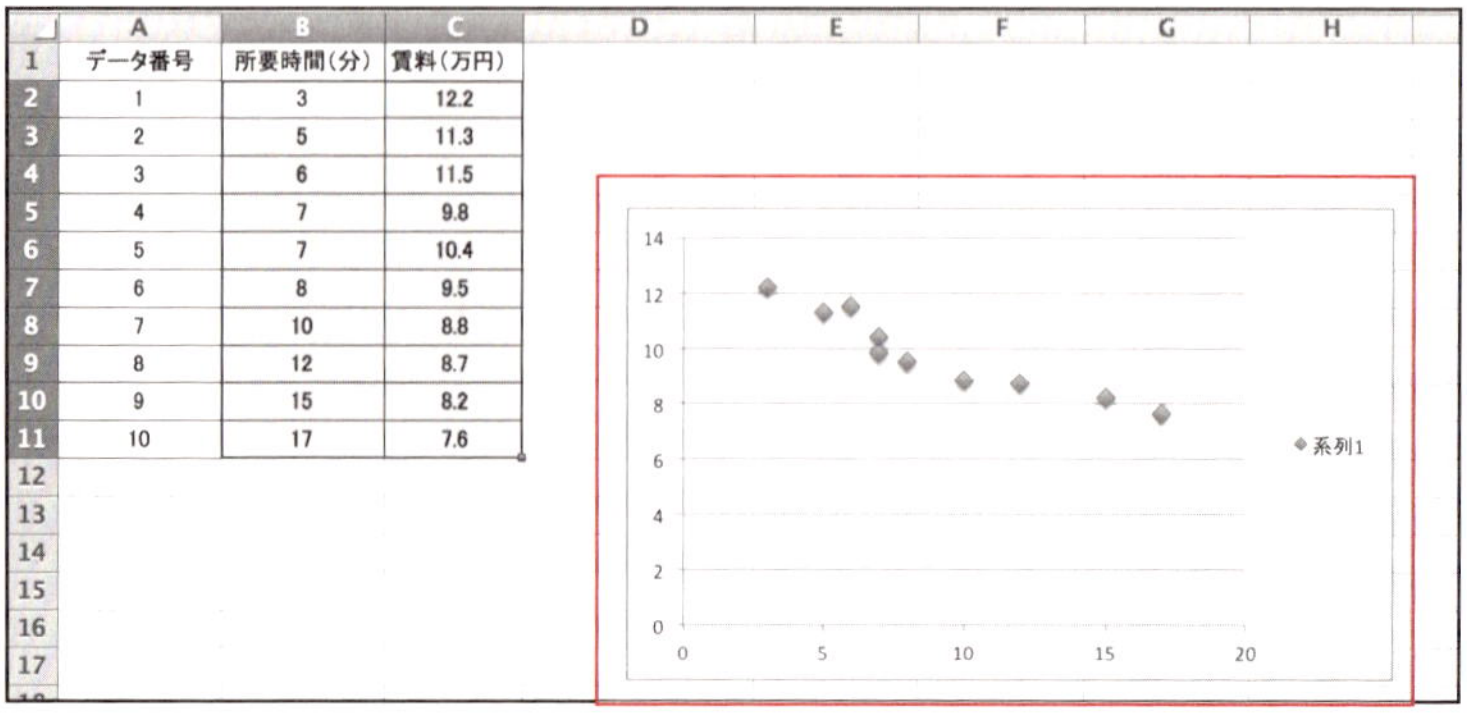
A
B
C
D
E
F
G
H
データ番号
所要時間(分)
賃料(万円)
14
12
10
8
6
4
2
0
0
5
10
15
20
系列1

	A	B	C
1	データ番号	所要時間(分)	賃料(万円)
2	1	3	12.2
3	2	5	11.3
4	3	6	11.5
5	4	7	9.8
6	5	7	10.4
7	6	8	9.5
8	7	10	8.8
9	8	12	8.7
10	9	15	8.2
11	10	17	7.6

＼ 試してみよう！ ／

Excel関数を使えば複雑な計算式も一発で表示可能！

ここまでは相関係数の復習も兼ねて、偏差から順に算出を行ってきました。「Excel関数」には標準偏差、共分散、相関係数を元のデータから算出できるものもあるので、最後に紹介します。

標準偏差を求める「STDEV.P」関数

	A	B	C
1	データ番号	所要時間（分）	
2	1	3	
3	2	5	
4	3	6	
5	4	7	
6	5	7	
7	6	8	
8	7	10	
9	8	12	
10	9	15	
11	10	17	
12	標準偏差	=STDEV.P(B2:B11)	
13			

		15
11	10	17
12	標準偏差	4.242640687

「所要時間（分）」のデータ１～10の標準偏差を出すには「B12」に「=STDEV.P(B2:B11)」と入力します。

共分散を求める「COVARIANCE.P」関数

	A	B	C	D
1	データ番号	所要時間（分）	賃料（万円）	
2	1	3	12.2	
3	2	5	11,3	
4	3	6	11.5	
5	4	7	9.8	
6	5	7	10.4	
7	6	8	9.5	
8	7	10	8.8	
9	8	12	8.7	
10	9	15	8.2	
11	10	17	7.6	
12	共分散		=COVARIANCE.P(B2:B11,C2:C11)	
13				

10	9	15	8.2
11	10	17	7.6
12	共分散		−5.79
13			

「B2」から「C11」までを指定し、「C12」に「=COVARIANCE.P(B2:B11,C2:C11)」と入力します。

相関係数を求める「CORREL」関数

「CORREL」関数を入れて「CORREL(B2:B11,C2:C11)」とすれば、相関係数が出ます。Excel関数と番地の指定だけで統計の複雑な計算を行うことができます。

	A	B	C	D
1	データ番号	所要時間（分）	賃料（万円）	
2	1	3	12.2	
3	2	5	11.3	
4	3	6	11.5	
5	4	7	9.8	
6	5	7	10.4	
7	6	8	9.5	
8	7	10	8.8	
9	8	12	8.7	
10	9	15	8.2	
11	10	17	7.6	
12	相関係数		=CORREL(B2:B11,C2:C11)	
13				

11	10	17	7.6
12	相関係数		−0.9426418
13			

Excel関数に「STDEV.P」と「STDEV」「STDEV.S」がありますが、どちらを使えばいいんですか？

ここでは、標準偏差を出す時は「STDEV.P」と覚えて。「STDEV」は別の指標を出す時の関数よ（※）

※共分散の「COVARIANCE.P」や標準偏差の「STDEV.P」など、「.P」のつく、またはつかないExcel関数もあります。これは、第３章で学ぶ「母集団（Population）」と「標本」のどちらを対象にしているかを表しています。第２章では、「すべてのデータを対象にしている（母集団を対象にしている）」という前提で学んでいるので「.P」のつくExcel関数を用いています。

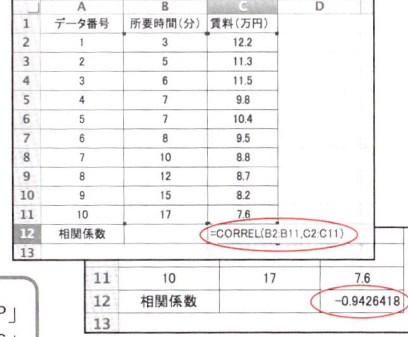

第３章を学ぶための第２章のまとめ

統計学の〝手法〟を理解して Excel を使いこなそう！

第３章では、「推測統計学」というこれまでとは異なる手法の統計学の領域に足を踏み込みます。ここからの**数学的計算**は、実際の統計分析の現場では、Excel や関連ソフトを使って行うものです。しかし、その仕組みや背景を理解しているかどうかで、資料やプレゼンの仕上がりもグンと差がつきます。まだまだ歩幅は小さいですが、確実に統計学の中へと進んでいます。第２章をしっかり振り返って準備してください。

●統計学は魔法の道具ではない

統計学を知れば知るほど、統計学は何でもわかる魔法の道具ではないことがわかったかしら？

「相関」の「正」「負」や「強さ」「弱さ」はわかっても、「原因」が何かがわかるわけではないことは理解できました。

データを整理して分析し、その特徴から何がわかるかを示すのが、統計学を用いる理由のひとつです。そのためには、数多くのデータを揃えること。「はずれ値」もはずさずに注意を向けることが大切ね！

●統計学の数式は暗記の対象ではない

やはり数式が出てくると数学への苦手意識の記憶がよみがえりましたね。でも、慣れてくれば数式は暗記するものではなく、「読み解く」ものだということがわかったでしょう。統計学は、誰もが使える便利な手法を提供してくれる学問。意外と親切な内容でもあるのよ。

第２章に出てきた数式は覚えなくても〝読める〟ようになろう！

相関係数の式
(p115)

$$相関係数\, r = \frac{(x と y の共分散)}{(x の標準偏差) \times (y の標準偏差)}$$

標準偏差の数式
(p145)

$$\sqrt{\frac{1}{n} \sum_{i=1}^{n} (x_i - \bar{x})^2}$$

「標準偏差」は、「偏差平方和」を「データ数」で割って、その平方根を求めた値

共分散の数式
(p146)

$$\frac{1}{n} \sum_{i=1}^{n} (x_i - \bar{x})(y_i - \bar{y})$$

共分散は、「偏差積和」をデータ数で割った値

第3章

確率を用いた統計学の入り口

手元にあるデータから全体の特徴を推測し、確率で判断するという考え方がこの章で扱う統計学です。分析結果とは、何かを決めるものではなく、あくまでも議論の材料のひとつ、ということを覚えておいてください。

広告デザインはA案・B案どっちがいい？

ははは 荒唐無稽なアイディアばかりだねケイタくん！
違うってフミノリ！これはちゃんと相関係数に基づいて…
あーあー
ははは 若者が闊達に議論する…羨ましい社風だなあ
大企業のお得意様 松平専務
あっ…松平専務！ご無沙汰してます…！
やあ ちょうど今、御社の役員さんたちと郊外に新しく出すチェーン店の広告デザインについて会議をしてきたんだ
A案
B案
A案が良さそうだということでまとまりかけたんだが実はまだ悩んでいてね
そういえば君ら営業部とデータ分析部は調査能力にずいぶんと長けているようだね
え!?
御社の社長から自慢されてな！ぜひ意見を聞きたいんだが協力してくれるかね

おまかせください!
営業部として尽力させていただきます
さっそく近辺の店舗でアンケート調査を行ってきます!
元気だねぇ
か…和美さんどうしましょう…?
もちろんデータ分析部としてもぜひご協力させていただきますわ松平専務
有り難い!
しかし…データ分析部はどう調査するのかね?
そうですね…フミノリ君のアンケートが必要不可欠ですが
AかBのどちらが良いか考えることを
俗に「A/B」テストと言いますよね
「A/B テスト」

「A／Bテスト」の判断基準を統計学でより客観的に「確率」を使って出しますこの手法を「仮説検定」と言って
「A/Bテスト」の判断基準
・アンケートの結果
・コスト(時間やお金など)
：
・仮説検定(独立性の検定)
「B案」
「A案」
今回はその中の「独立性の検定」を用いて判断します
それでは仮説検定について説明しますね
ここで使う仮説検定は背理法と確率を合わせたものです
背理法＋確率＝仮説検定
背理法…証明することの反対のことを仮定して矛盾するかしないかで判断する方法だね
うーん？
おっしゃるとおりです
ケイタ君、簡単にコインを使った賭け事で説明するわね
「A君はB君から用意したコインで賭けをしないか」ともちかけられたのコインを投げて表が出たら「A君はB君から2万円がもらえる」裏が出たら「A君がB君に1万円渡す」というルールよ
A
B
A君は当然有利だと思ってゲームに乗ったけど、結果は6回続けて裏が出てしまいました
裏　1万
裏　1万
裏×6回
＝6万円
A
B
ワルイネ…

1 2 3 4 5 6
裏
表
1ゲーム目
2ゲーム目
3ゲーム目
コインはB君が用意したものだし投げ続ければ2～3回は同じ面が出ても6回連続となるとどう思います？
明らかに怪しいですね…
私ならイカサマをしたと思うがね
たしかにA君の気持ちを考えるとそう思いたくなりますね
でもイカサマを前提に議論をすることは難しいわここで大切なのは「話を進めること」
A君はそう考えることにしたの
えらいなー
大事なのは起きたことを確率を使って計算ができるか
表 1/2 裏 1/2
の確率としてみよう…
A
この例だとコインはイカサマではなく表と裏が等しい確率で出ると考えることがポイントです
えっ⁉イカサマでないとするんですか？

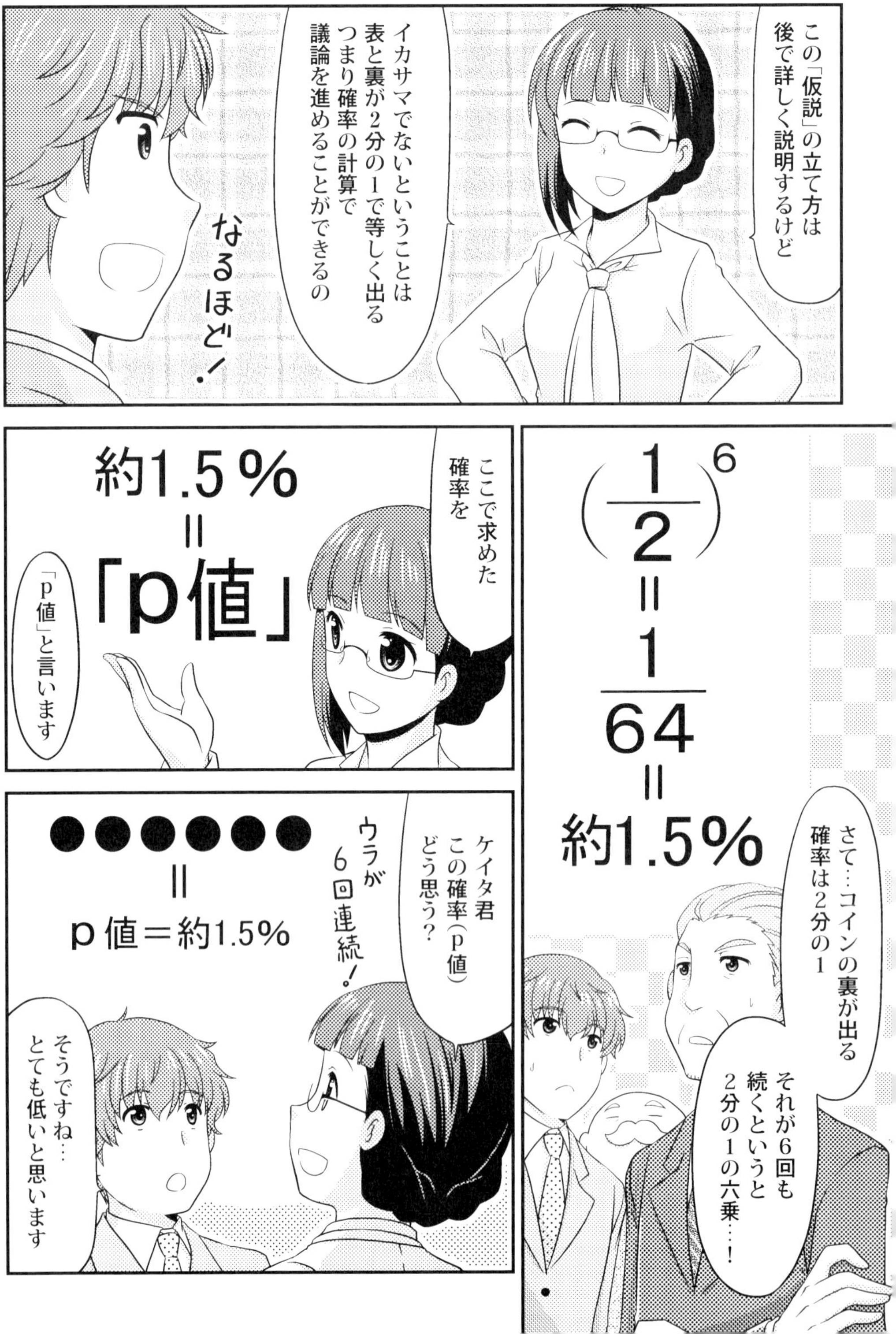

この「仮説」の立て方は後で詳しく説明するけど
イカサマでないということは表と裏が2分の1で等しく出るつまり確率の計算で議論を進めることができるの
なるほど!
$\left(\frac{1}{2}\right)^6 = \frac{1}{64} =$ 約1.5%
さて…コインの裏が出る確率は2分の1
それが6回も続くというと2分の1の六乗…!
ここで求めた確率を
約1.5% = 「p値」
「p値」と言います
ケイタ君この確率(p値)どう思う?
ウラが6回連続!
●●●●●● = p値=約1.5%
そうですね…とても低いと思います

じゃあ目安として何回に1回の確率なら起きにくいことと思う？
うーん100回に1回くらいかな？
おや!?100回に1回ってことは1%ということかねこのp値よりも低いぞ…
つまり、今ケイタ君は100回に1回の確率より高ければ「起こりえる」かもしれないと判断した
1.5%という確率はとても低いように思えるけど
目安とする確率を1%とするとそれよりは確率が大きいからこの場合「裏が6回連続出る」ことはまだ起こりうると考えられるの
アンケート調査にこれを応用すると…
票数の傾向に差はあるけど今回だけの偶然かもしれない
そこでp値を使い確率の計算で調査結果を裏づけすることで検討材料を提供できます
A案！
アンケート
p値
ただ、p値をどう判断するかは分析者だけが決めるものではないので
専務もぜひこの検定のことをご理解いただいて最終的なご判断をお願いします
ウム
はい

キーワード
推測統計学

第1章・第2章で学んだデータの整理に「確率」を加えて判断する
「推測統計学」とは何か？

「統計学」の縮図

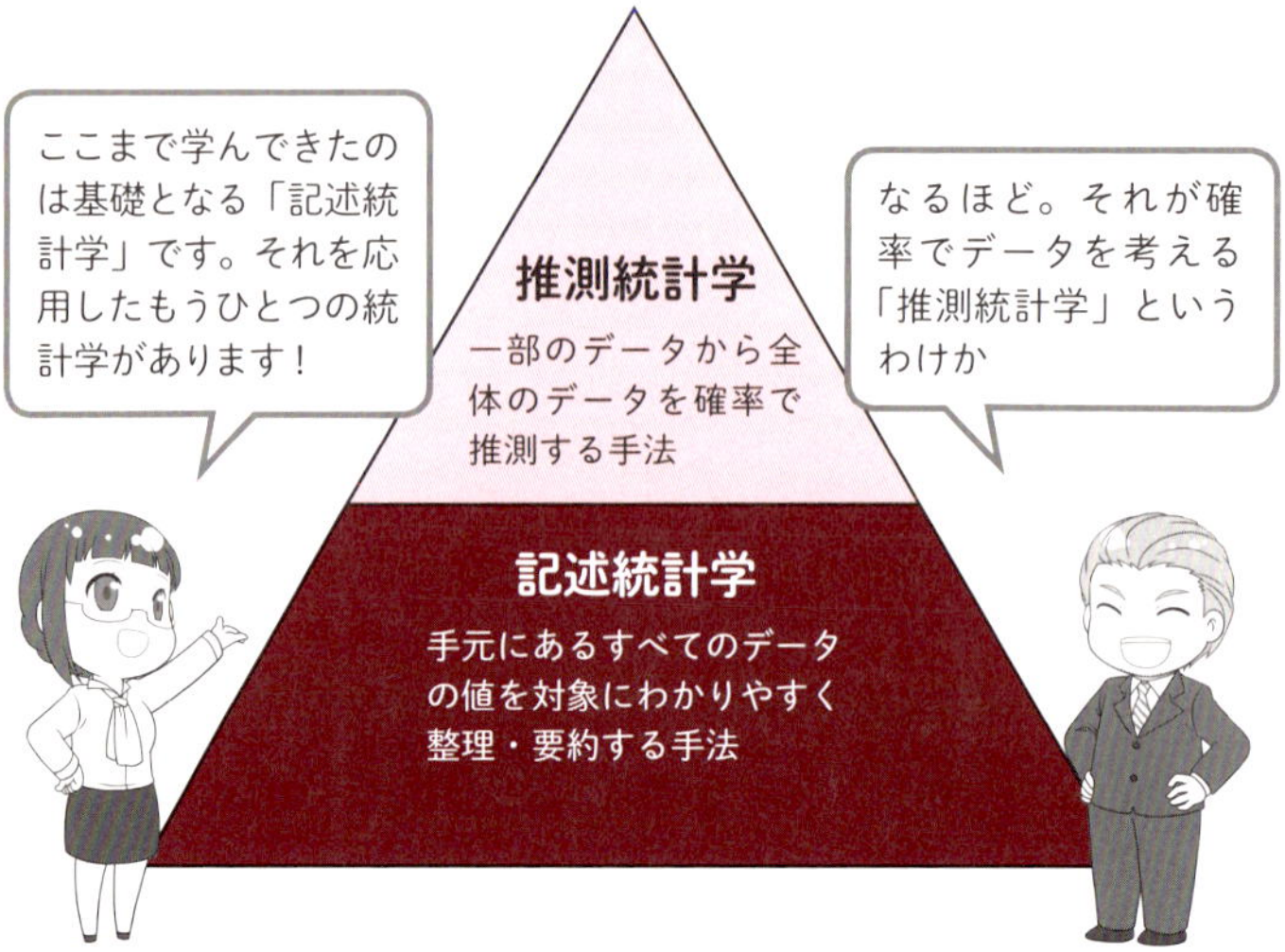
ここまで学んできたのは基礎となる「記述統計学」です。それを応用したもうひとつの統計学があります！
推測統計学
一部のデータから全体のデータを確率で推測する手法
記述統計学
手元にあるすべてのデータの値を対象にわかりやすく整理・要約する手法
なるほど。それが確率でデータを考える「推測統計学」というわけか

■ここまで学んできたのは「記述統計学」

第3章では、「**推測統計学**」について学びます。これまで学んできたものとは何が違うのでしょうか？第1章と第2章は、「データの値をわかりやすく整理・要約する手法」について学びました。これは統計学の基礎となる部分で、「**記述統計学**」と言います。

記述統計学の身近な例では、第1章でも出てきたクラスの試験結果の成績があります。また、大規模なものでは、政府が5年に1回行う「国勢調査」があり、全調査データを対象に、その傾向や特徴をとらえるために記述統計学が用いられているのです。

しかし、多くの場合（例えば、市場調査やアンケートでは）、対象とするすべてのデータを揃えることは不可能です。では、どうすればいいのでしょうか。

「母集団」と「標本」のデータ

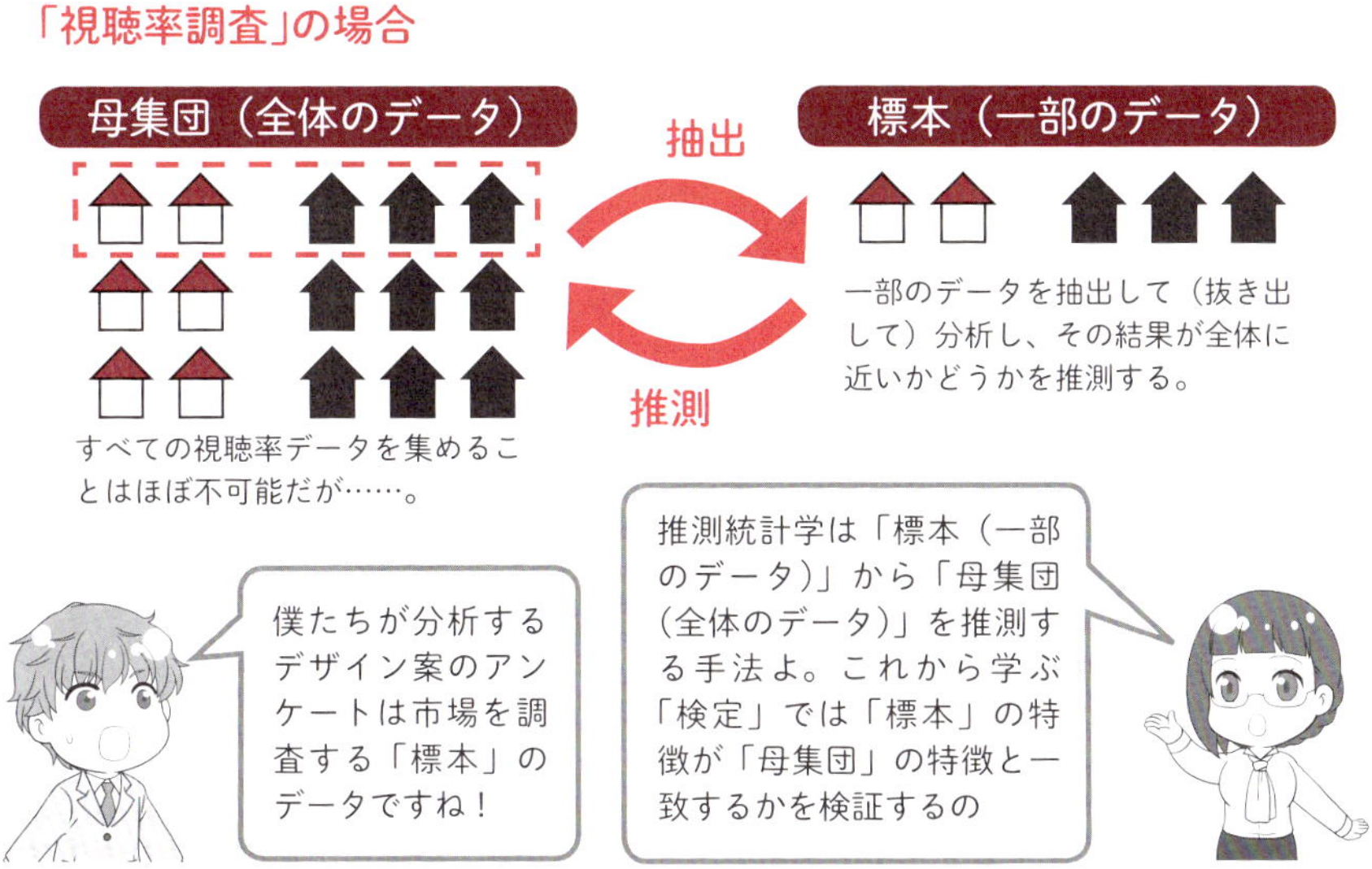

「視聴率調査」の場合
母集団（全体のデータ）
抽出
標本（一部のデータ）
推測
すべての視聴率データを集めることはほぼ不可能だが……。
一部のデータを抽出して（抜き出して）分析し、その結果が全体に近いかどうかを推測する。
僕たちが分析するデザイン案のアンケートは市場を調査する「標本」のデータですね！
推測統計学は「標本（一部のデータ）」から「母集団（全体のデータ）」を推測する手法よ。これから学ぶ「検定」では「標本」の特徴が「母集団」の特徴と一致するかを検証するの

■「推測統計学」で行う推定と検定

市場調査やアンケートなど、一部のデータから全体にはどんな特徴や傾向があるのかを推測したいときに用いられるのが、「推測統計学」の手法です。例えば、一般家庭のテレビ視聴率を時間ごとで調査する「視聴率調査」。この調査は、国内すべての世帯が対象ではありません。エリアごと200～900世帯をランダムに選んで行います。これを「標本調査」と言いますが、一部の標本で全体の傾向を把握することを推測統計学は可能にします。

　推測統計学は大きく2つに分かれます。ひとつは、標本の値から全体がどの程度の区間の中にあるかを見る「**推定（区間推定）**」。もうひとつは、標本の特徴が起こりうることかどうかを検証する「**検定（仮説検定）**」です。**どちらも記述統計学との違いは「確率」の要素が加わることです。**本書では身近なデータ分析でも使われる「検定」を柱にして推測統計学の学びを進めていきます。

キーワード
仮説検定

確率を用いた議論の進め方を学ぼう
仮説検定の流れ

仮説検定を考える上で「p値」は重要な視点ね
はっ
peach！桃ですね!?
ぱっ
?
なんでもありません…
p値のpは「Probably」(たぶん)と「Probability」(確率)の「p」
「たぶん起こりそうなこと」
「確率」とあるように仮説は確率で考えることができるものを立てるの
Probably
Probability
このp値(確率)を「有意水準」という基準値と比べて
その仮説がありうるかどうか判断するのよ
ここで立てた仮説を「帰無仮説」と言うの
帰無仮説を立てて有意水準を1％に設定した場合p値が1％以上なら帰無仮説を「採択」する(ありうると判断する)
採択
↑p値1％以上
… 有意水準1％ …
↓p値1％未満
棄却
1％未満なら帰無仮説を「棄却」する(ありえないと判断する)このとき、代わりに採択する仮説は「対立仮説」と言う逆の仮説になるわ これが仮説検定の流れよ
へえー

■「背理法」の考え方を使い、仮説を立てる

ここからは推測統計学を理解する基本を説明していきます。前述の「標本」や「母集団」という言葉はいったん横に置き、仮説検定の考え方を学んでください。

議論するとき、ある事柄に「そうかな?」と疑問を呈するには〝根拠〟が必要です。単に「それは違う」と言うだけでは〝根拠〟にはなりえません。

否定したい仮説を一度「正しい」として、本当にその仮説のもとで対象となる事柄（事象）が「起こりうる」のかどうかを確かめます。そして、「起こりえない」と説明できれば、その仮説が「ありえない」という〝根拠〟となるわけです。この証明の手法を「**背理法**」と言います。

統計学では、この背理法の考え方を応用して仮説検定を行います。仮説を立て、その仮説のもとでは事象が「めったに起こりえない」として仮説を否定するのか、「何度かに一度は起こりうる」として仮説を許容するのか、その議論や判断のための材料を提供します。

仮説検定の学びの流れ

背理法

「Aである」ことを証明するために、「Aでない」ことを仮定して矛盾を導き出す方法。

仮説検定（検定）

背理法に確率の議論を加えることで「Aである」「Aでない」を判断する方法。

帰無仮説と対立仮説（→173ページ）

「Aである」「Aでない」の2択のうち、確率の計算により、仮説を残すか（採択）捨てる（棄却）かが判断できる方を帰無仮説、帰無仮説に対する説を対立仮説と言う。

p値と有意水準（→174ページ）

帰無仮説を正しいとして、対象となる事柄（事象）が起きる確率を求めた値がp値。有意水準とはp値がこの値より小さければ帰無仮説を棄却するという基準値。

「検定」を学ぶ前に、これから出てくる関連用語に目を通しておきましょう

■確率の計算ができる仮説からスタートする

背理法は、仮説を検証し「正しい」「誤り」の「1か0」をハッキリさせる証明の手法です。統計学の仮説検定は、仮説を立て、それが「ありうる」のか「ありえない」のかを判断する材料を提供する手法です。この判断の〝ものさし〟となるのが「**確率**」です。

目の前で起きた「コインの裏が6回出た」という事象から考えると、「裏が出やすい」と考えるのが自然なことです。これに基づき、**仮説①「コインの裏が出る確率は2分の1ではない」と仮説②「コインの裏が出る確率は2分の1」**を立てます。

仮説検定を行う目的は、議論を進め判断することです。仮説①のように「コインの裏が出る確率は2分の1ではない」のもとでは、「コインの裏が6回連続出る」という事象の確率は具体的に計算できず、議論が進みません。一方、仮説②のような「コインの裏が出る確率は2分の1」のもとでは「コインの裏が6回連続出る」という事象の確率の計算が可能です。

仮説を立てる時の考え方

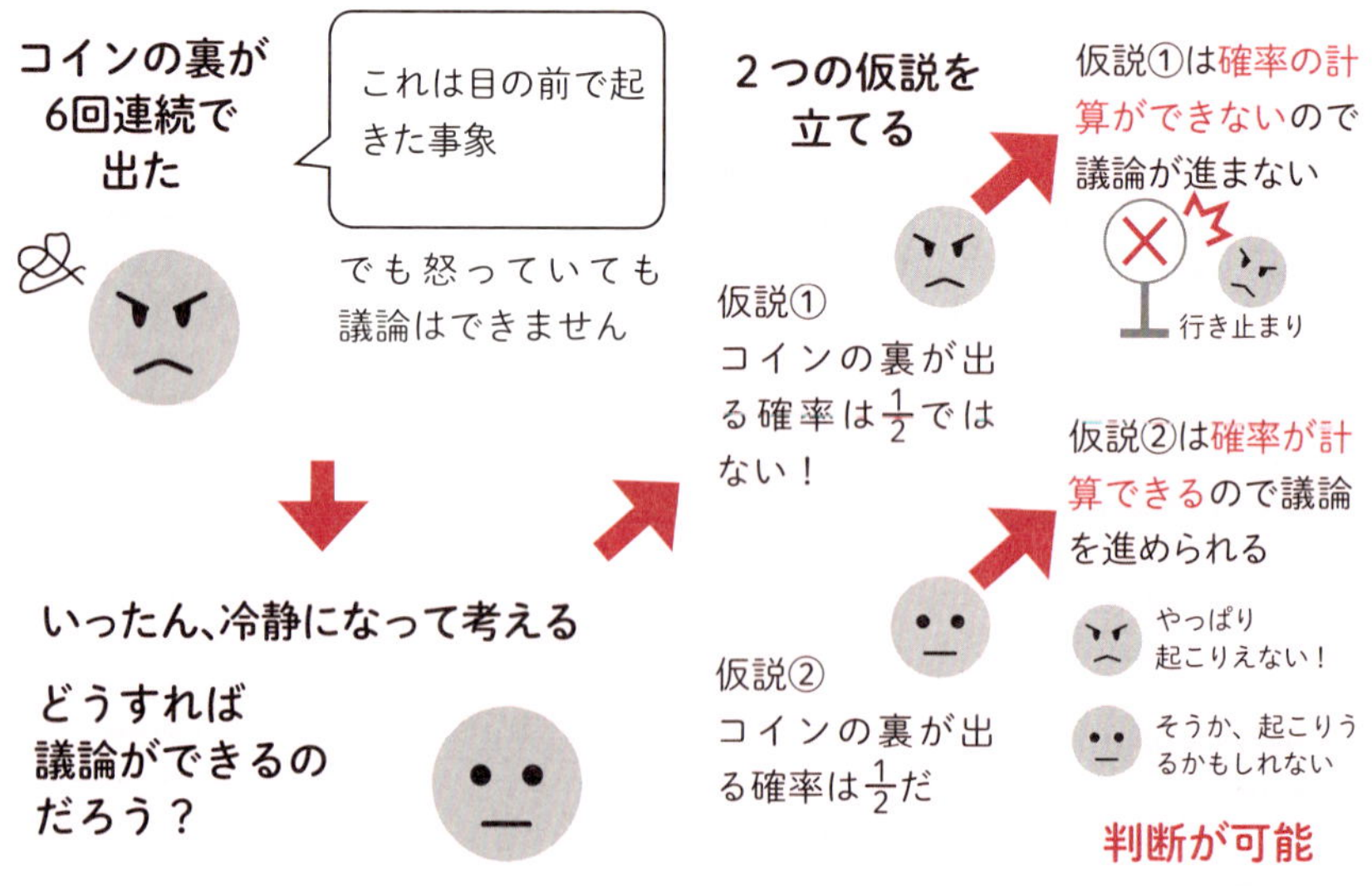

コインの裏が6回連続で出た
これは目の前で起きた事象
でも怒っていても議論はできません
いったん、冷静になって考える
どうすれば議論ができるのだろう？
2つの仮説を立てる
仮説①
コインの裏が出る確率は$\frac{1}{2}$ではない！
仮説②
コインの裏が出る確率は$\frac{1}{2}$だ
仮説①は確率の計算ができないので議論が進まない
行き止まり
仮説②は確率が計算できるので議論を進められる
やっぱり起こりえない！
そうか、起こりうるかもしれない
判断が可能

■ものさし「p値」で「帰無仮説」を検証する

前のページで見たように、**仮説検定では常に2つの仮説を立てます。**確率の計算ができる仮説のもとで、事象が起きる確率を「**p値**」と言います。

p値が限りなく「0」に近く、事象が「起こりえない」と判断する場合、p値の算出に用いた仮説②を「ありえない」と考え、「**棄却**する」と言います。一方で、事象が「起こりうる」と判断する場合、p値の算出に用いた仮説②は「ありうる」と考え、「**採択**する」と言います。

このように、p値をもとに「ありえない（＝無に帰す）」か「ありうる（＝無に帰すことはできない）」かを判断できる仮説なので、仮説②を「**帰無仮説**」と言い、対する仮説①を「**対立仮説**」と言います。

では、「コインの裏が6回連続で出る」のp値「1.5％」は、「無に帰す」と判断できるほど小さいのか、それともそれより大きいのか？　それを判断する基準を設ける必要があります。

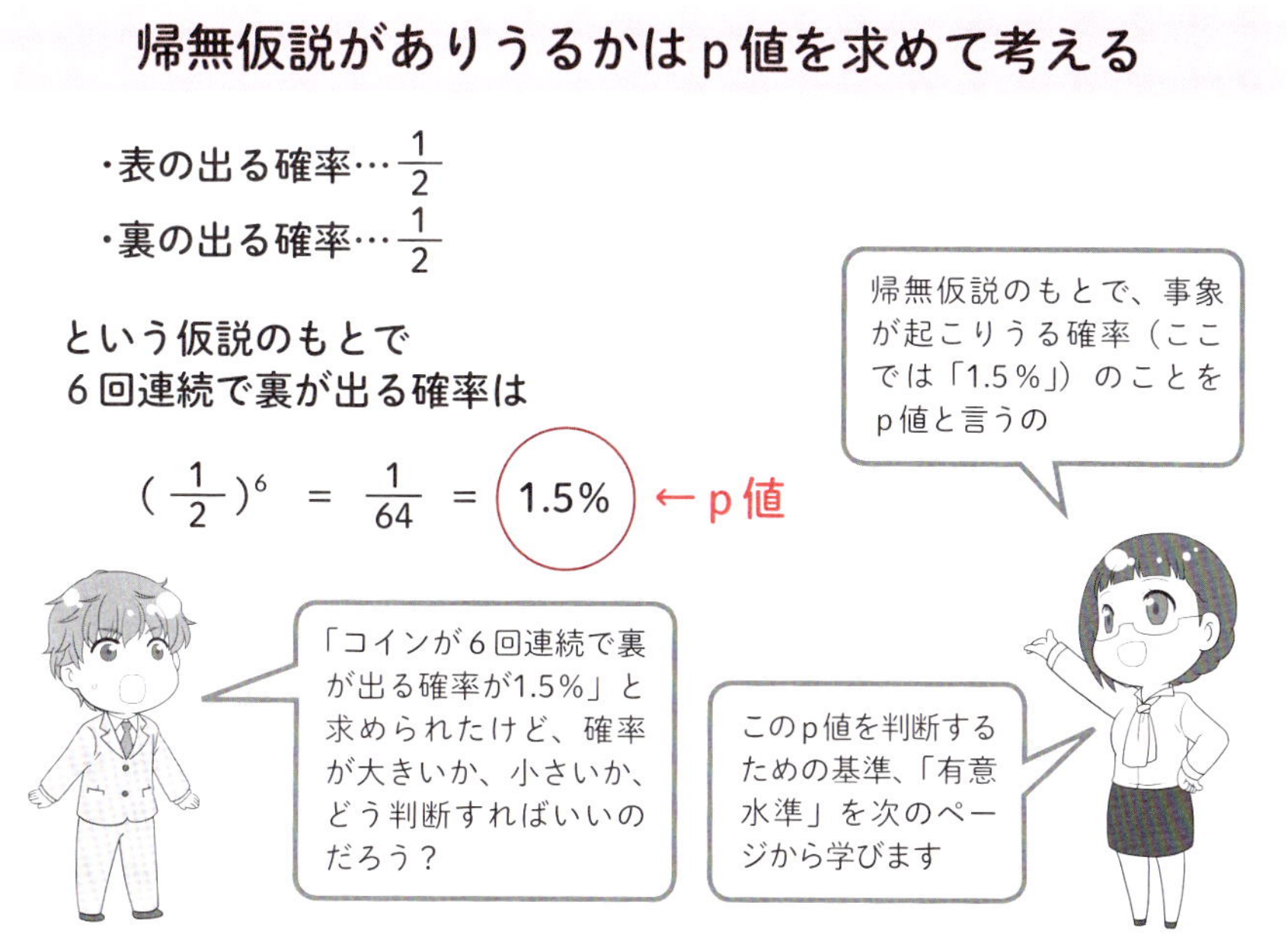
帰無仮説がありうるかはp値を求めて考える
・表の出る確率…$\frac{1}{2}$
・裏の出る確率…$\frac{1}{2}$
という仮説のもとで
6回連続で裏が出る確率は
$\left(\frac{1}{2}\right)^6 = \frac{1}{64} = 1.5\%$ ←p値
帰無仮説のもとで、事象が起こりうる確率（ここでは「1.5％」）のことをp値と言うの
「コインが6回連続で裏が出る確率が1.5％」と求められたけど、確率が大きいか、小さいか、どう判断すればいいのだろう？
このp値を判断するための基準、「有意水準」を次のページから学びます

■ものさし「p値」、判断基準「有意水準」

仮説検定は、背理法のロジック（論理）を応用しますが、背理法のように「1か0」を決めるのではありません。ものさしとしての確率（p値）をどう判断するかで結論が変わってきます。p値を確率として「大きい（事象が起こりうるから仮説はありうる）」と見るか、「小さい（事象が起こりえないから仮説はありえない）」と見るのか。その基準を「**有意水準**」と言います。

有意水準は「主観的」なものです。日常のシーンで「起こりえない事象」として「100回に1回」と思い浮かべる人なら、「1％」以下は「起きない」と判断するでしょう。一方、「万にひとつ」と思い浮かべる人なら「0.01％」以上は、「起こりうる」とも言えます。下の「1％」と「5％」のように、有意水準の値の取り方でp値の判断は変わってしまうのです。

客観的な指標としてp値を用意し、主観的な基準として有意水準を宣言することが必要です。

p値をどう判断するのかは、有意水準で変わる

有意水準=5%

- p値が「5％」を下回れば「帰無仮説がありえない」と判断する。
- p値が「5％」を上回れば「帰無仮説はありうる」と判断する。

1.5%＜5%
p値が有意水準を下回ったとき

↓

帰無仮説のもとで
事象は起こりえないと考える

そのため、コインがイカサマではないとは言いきれないと判断する。

有意水準=1%

- p値が「1％」を下回れば「帰無仮説がありえない」と判断する。
- p値が「1％」を上回れば「帰無仮説はありうる」と判断する。

1.5%＞1%
p値が有意水準を上回ったとき

↓

帰無仮説のもとで
事象が起こりうると考える

そのため、コインがイカサマではないことの説明が可能と判断する。

有意水準の目安となる４つの区切り

統計分析に向き合う最も「誠実な立場」は、資料にｐ値を入れ、どのようにそのｐ値を考えるかを資料を見る人たちに伝わるようにすることです。よく使う主観的な基準（有意水準）は、次のような記号が当てはめられているので参考にしてください

主に用いられる有意水準

N.S.　「not significant」※有意水準としてあまり検討されない域

10%

†　「ダガー」 ｐ値が５％以上、10％未満を表す記号

コインの出現回数から見る有意水準の棄却域

5%

＊　「シングルアスタリスク」 ｐ値が１％以上、５％未満を表す記号

裏面が連続で５回出る
$(1/2)^5=1/32<5\%$

1%

＊＊　「ダブルアスタリスク」 ｐ値が0.1％以上、１％未満を表す記号

裏面が連続で7回出る
$(1/2)^7=1/128<1\%$

0.1%

＊＊＊　「トリプルアスタリスク」 ｐ値が0.1％未満を表す記号

裏面が連続で10回出る
$(1/2)^{10}=1/1024<0.1\%$

※「＊」を「スター」、または複数形で「スターズ」「アスタリスクス」と呼ぶこともあります

あくまで「ｐ値」をどう判断するかが大切

ｐ値は計算で求められる値であり、客観的指標です。ｐ値を出してから、主観的な有意水準をどうしようと考えては、その客観性が意味を持ちません。有意水準を示さずに、ｐ値をどう判断するかを個々の主観にゆだねることもできます。有意水準は判断基準となる目安を示すもので、大切なのは「ｐ値がどうなのか。だからどうするのか」という議論や判断を行うことです。

コインの例で出たｐ値＝1.5％は「＊（シングルアスタリスク）」ということですね

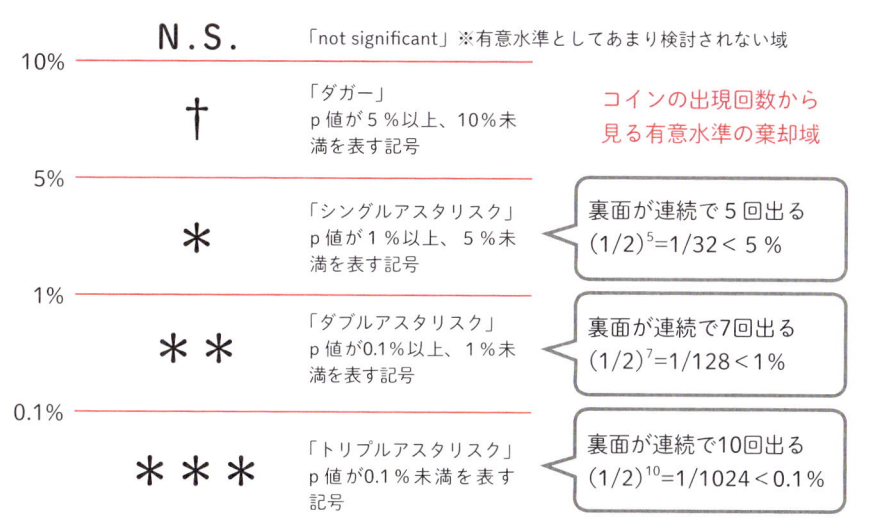

キーワード 帰無仮説

帰無仮説を立てる〝感覚〟とは
仮説検定の注意点

確率で考えられる仮説は
帰無仮説
対立仮説
この2つよ
でも何を帰無仮説とするか混乱しやすいわよね
表
裏
そこで目安をもう一度コインの例で説明するわね
ポイントは「=(イコール)」よ
コインの例でも「表と裏は$\frac{1}{2}$で出る」という仮説を使って確率を計算したけど
つまりこれは「裏が出る確率=$\frac{1}{2}$」と考えて帰無仮説を立てたということ
帰無仮説?
対立仮説?
どっちでしょう?
仮説A
仮説B
えーと…
対立仮説は「裏が出る確率≠$\frac{1}{2}$」になるわね
「=」で決めていいんですか?
そのとおりよ
「帰無仮説」は「=」で考えられる方と覚えてね
もうひとつ仮説検定は確実な保証ではないからやはり真実がわかるわけではないの
よく覚えておいてね
はい。
まずは仮説を立ててその仮説を数式で表現してみるといいわ
確率を計算できるなら「=」があるはずよ
「コインがイカサマでない」仮説
➡表(裏)が出る確率=$\frac{1}{2}$」
「コインがイカサマである」仮説
➡表(裏)が出る確率≠$\frac{1}{2}$」

■数多くある仮説検定には根底に同じものがある

仮説検定は、たくさんの種類があります。本書でも代表的な仮説検定の使い方と理解をこの後に学びますが、すべての根底に共通しているものがあります。それは、**「2つ仮説を立て、確率の計算ができる方からスタートし、どっちの仮説が正しいのかを考える」**ということです。これは、数式に値を当てはめるだけではなく、「感覚」の理解が必要です。今後、さらにさまざまな仮説検定を学びたい人、自らデータ分析を担当し仮説検定を実践する人にとっては、常に振り返り、胸に刻んでおくべき注意点でもあります。

ポイントとなる、「まず仮説を2つ立てること」「その際に、どっちを帰無仮説にし、どっちを対立仮説にするのか」を、仮説検定のひとつである「母平均の検定」を例に見ていきましょう。この検定は、標本の平均に基づいて、母集団の平均（母平均）についての仮説を検定する手法です。母集団の平均から、このような標本の平均が得られるのか？　と考えます。

母集団と標本にはそれぞれの「平均」がある

仮説検定は、母集団（全体）の一部である標本のデータを用いて行います。また、母集団と標本には、それぞれ「母平均」「標本平均」という2種類の「平均」が存在します。例えば、「母平均」についての帰無仮説を立て、「母平均」を疑ってかかる（推測する）手法も仮説検定です。

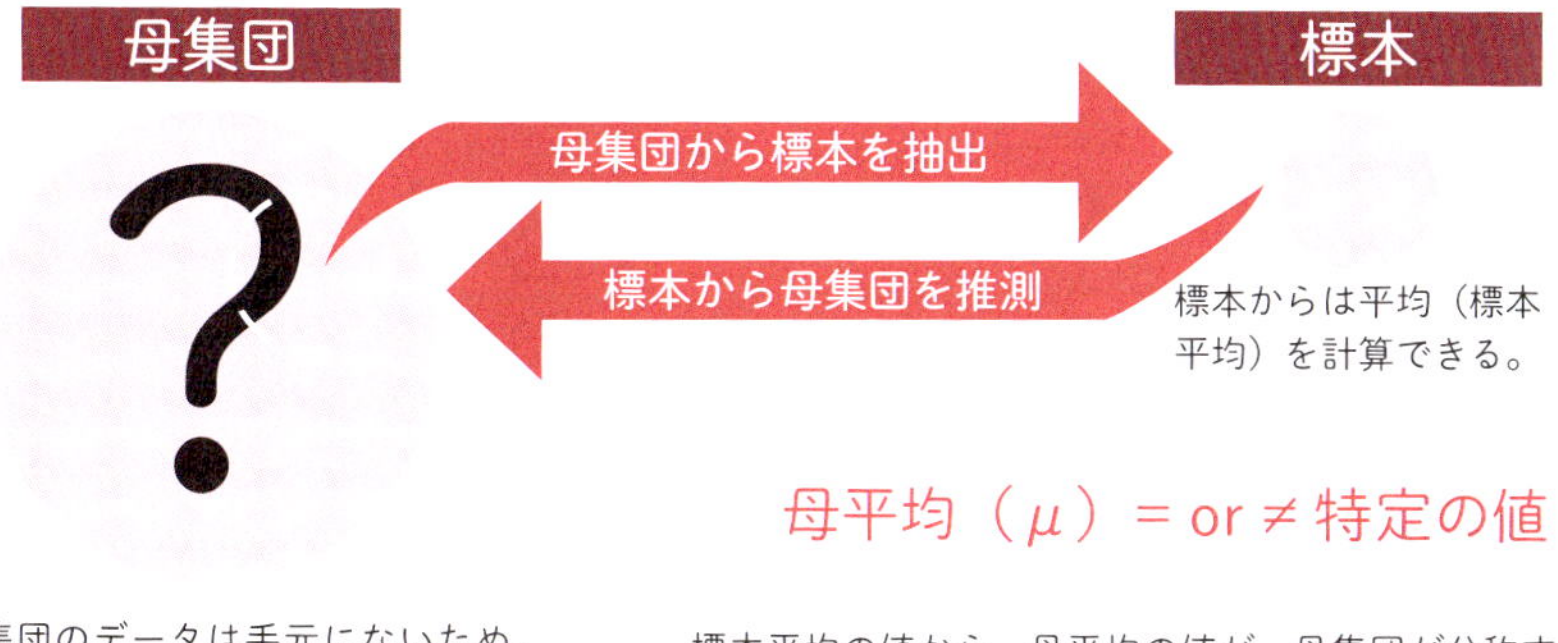

母集団のデータは手元にないため、平均（母平均）は直接計算できない。

標本平均の値から、母平均の値が、母集団が公称する特定の値と同じ（同じでない）、つまり「＝（≠）」であるかを検定して判断することができる。

■ 仮説は常に2つ立てることからスタートする

「外食評価サイト」で、ある店のデータが「平均支払い金額は2000円」とあるのに、自分の周囲で調べたらその店での「平均支払い金額は5000円」というデータが集まったとします。

では、サイトの金額を「母平均」、周囲の金額を「標本平均」として、母平均を仮説検定します。では、どのような帰無仮説を立てれば良いでしょうか？　仮説検定は「標本平均から考えると母平均はおかしいのでは？」と、いわば「疑いをかける」ようなもの。「母平均と2000円はイコールではない（μ≠特定の値）」と「母平均と2000円はイコールである（μ＝特定の値）」が仮説となりますが、帰無仮説は「計算しやすいもの」という立場に立って決めます。

ここでは**「イコールにできるものを帰無仮説にする」と感覚的に覚えてください。**そして、「イコールではない方が対立仮説」となります。この場合の帰無仮説は「母平均と2000円はイコールである」です。

「母平均」と「標本平均」について仮説を立てる

「母平均」（外食評価サイトのある店の平均支払い金額2000円）と、「標本平均」（周囲の人たちから集めたその店の平均支払い金額5000円）の食い違いを仮説検定してみましょう。

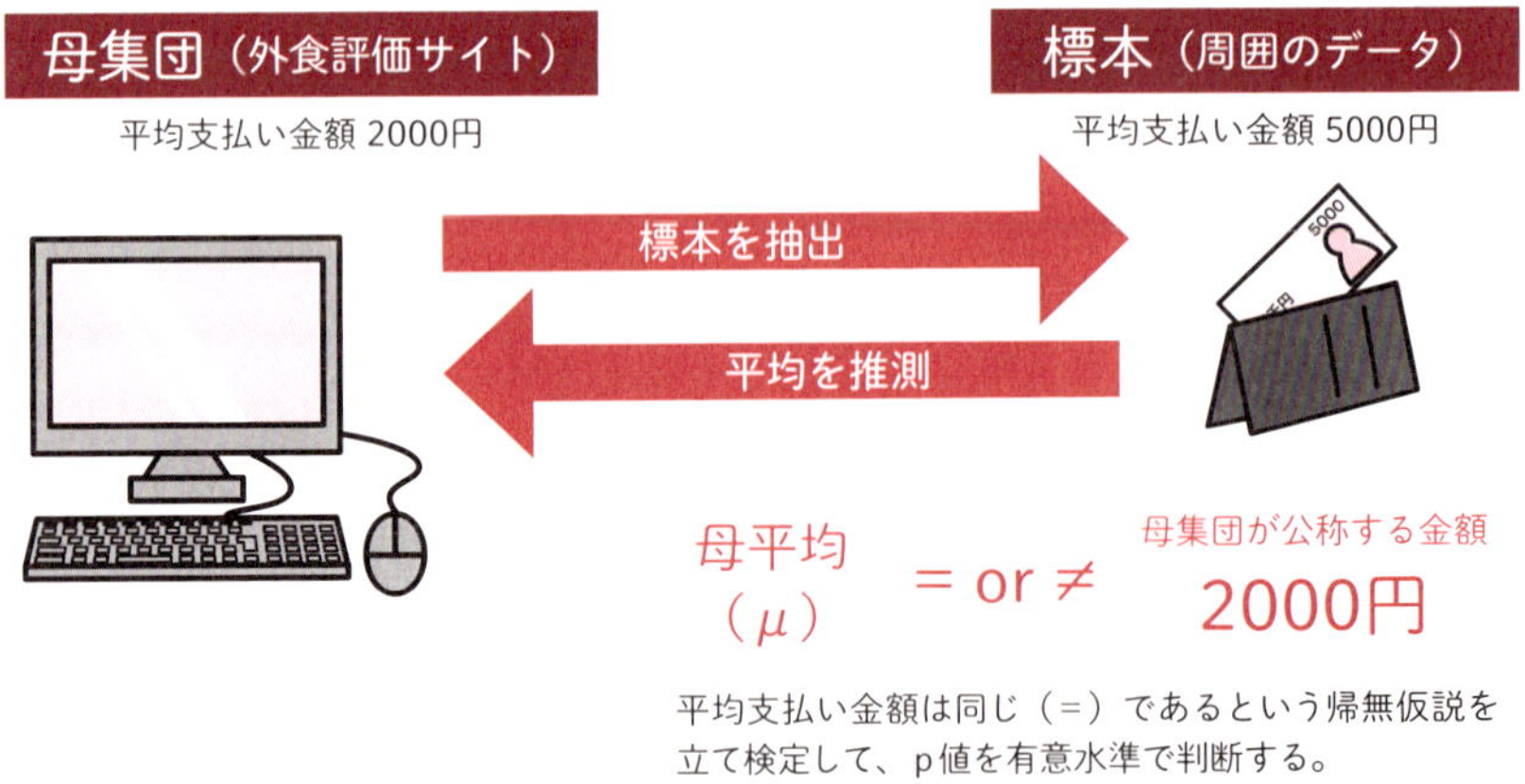

母集団（外食評価サイト）
平均支払い金額 2000円
標本（周囲のデータ）
平均支払い金額 5000円
標本を抽出
平均を推測
母平均（μ）
＝ or ≠
母集団が公称する金額
2000円
平均支払い金額は同じ（=）であるという帰無仮説を立て検定して、p値を有意水準で判断する。

どの仮説検定も“流れ”は同じ

①まず２つの仮説を立てる
②事象が起きる確率を計算できる仮説を帰無仮説。他方を対立仮説と呼ぶ
③有意水準を設定する
④ｐ値を算出して、設定した有意水準と比較する
⑤仮説を棄却、あるいは採択して判断する

仮説検定にはどのような種類があるか、下にその例を紹介します。どの仮説検定もｐ値を出して検定します。「確率で考えることができるものを帰無仮説とする」、「イコール（＝）のついた仮説を帰無仮説とする」という考え方は、どれも同じです

仮説検定の例

「適合度の検定」（→190ページ）
母集団と標本にどれくらいズレがあるかを検定する。

「母平均の検定」
母集団の平均が特定の値と一致するか、しないかを検定する。

帰無仮説：母集団の平均＝特定の値
対立仮説：母集団の平均≠特定の値

「母平均の差の検定」
２つの母集団それぞれに母平均の差があるかないかを検定する。

帰無仮説：Ａグループの母平均＝Ｂグループの母平均
対立仮説：Ａグループの母平均≠Ｂグループの母平均

「独立性の検定」（→194ページ）
母集団と標本に差があるか、ないかを検定する。

「母分散の検定」
母集団の分数が特定の値と一致するか、しないかを検定する。

帰無仮説：母分散＝特定の値（分散）
対立仮説：母分散≠特定の値（分散）

「母比率の検定」
母集団の比率が特定の値と一致するか、しないかを検定する。

帰無仮説：母集団の比率＝特定の値（比率）
対立仮説：母集団の比率≠特定の値（比率）

過誤とは？

事実の判断を間違うケースをどうとらえるか

ここまでは仮説検定の流れと、判断の方法を学んできました。しかし、仮説検定による判断が常に正しいとは限りません。帰無仮説を棄却するか採択するかを判断するのは主観です。推測統計学を用いても「真実」はわかりません。

ここでは統計学用語の「**過誤**」を学びます。これは文字どおり、**「あやまち」をおかすことを意味します。**再びマンガのコインを例に見ていきましょう。

帰無仮説は「コインはイカサマではない」でした。この仮説のもとで裏が6回連続で出る確率（p値）＝1.5％に対し、どのような判断をするのか。コインが実際に「イカサマだった」「イカサマではなかった」という「事実」の状況下で、その判断が「正しい判断」だったのか「過誤」だったのかを整理したのが下の表です。

事実と判断から考えられる過誤

事実 ＼ 判断	「コインがイカサマ」（帰無仮説が間違い）	「コインはイカサマではない」（帰無仮説が正しい）
帰無仮説を棄却し対立仮説を採択 ↓ 「コインがイカサマだと判断する」	**①正しい判断** 帰無仮説を棄却した判断が、事実と一致している	**②第一種の過誤** （第1種の誤り Type I error） 帰無仮説が正しいのに、帰無仮説を棄却してしまうこと
帰無仮説を棄却せず帰無仮説を採択 ↓ 「コインはイカサマではないと判断する」	**③第二種の過誤** （第2種の誤り Type II error） 帰無仮説が間違っていたのに、帰無仮説を採択してしまうこと	**④正しい判断** 帰無仮説を採択した判断が、事実と一致している

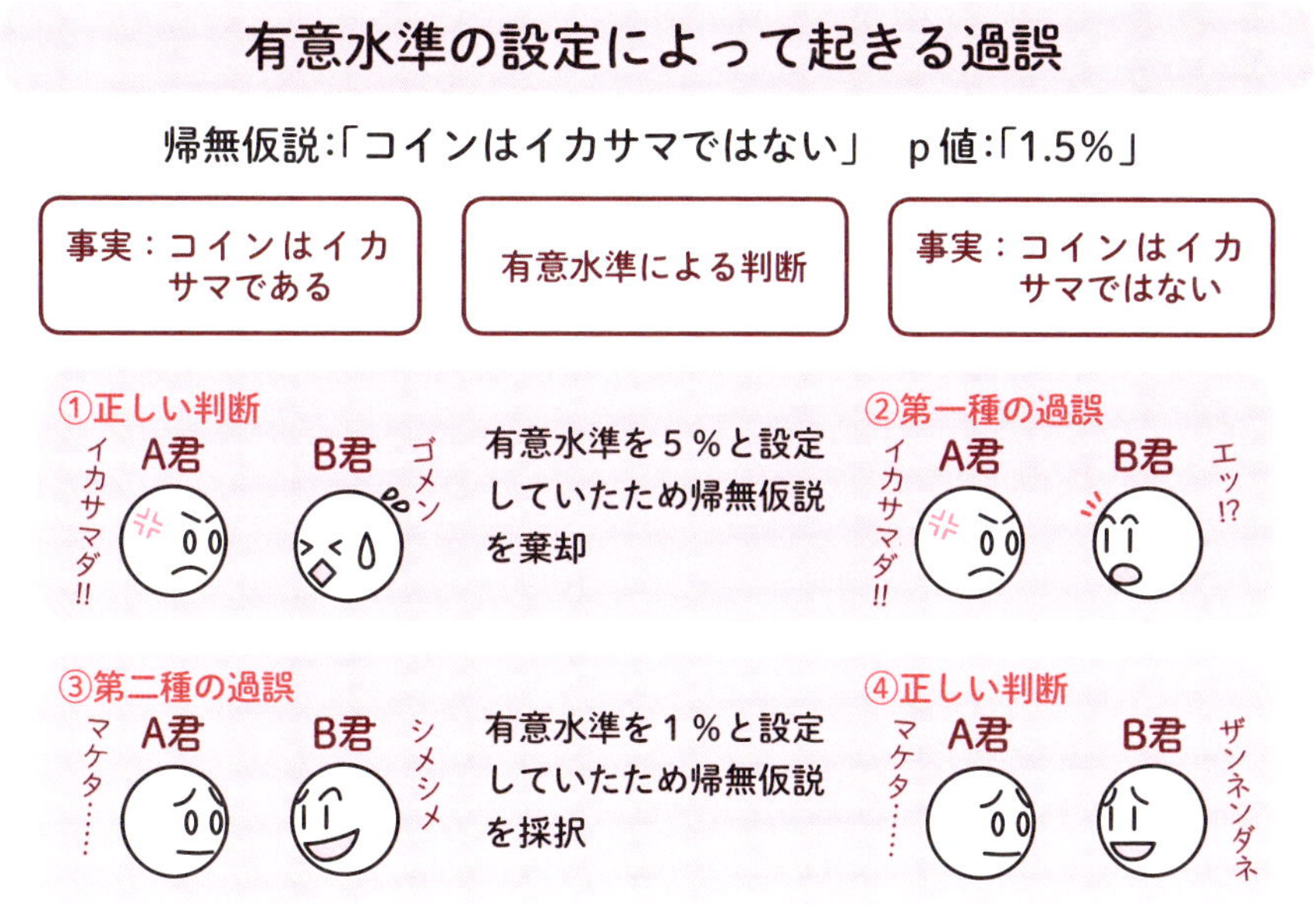
有意水準の設定によって起きる過誤
帰無仮説:「コインはイカサマではない」　p値:「1.5%」
事実：コインはイカサマである
有意水準による判断
事実：コインはイカサマではない
①正しい判断
A君
イカサマダ!!
B君
ゴメン
有意水準を5%と設定していたため帰無仮説を棄却
②第一種の過誤
A君
イカサマダ!!
B君
エッ!?
③第二種の過誤
A君
マケタ……
B君
シメシメ
有意水準を1%と設定していたため帰無仮説を採択
④正しい判断
A君
マケタ……
B君
ザンネンダネ

■帰無仮説を判断する"文脈"に注意

①と④のように仮説検定による判断と事実が一致していた場合は、「正しい判断」として仮説検定を有効活用したと言えます。しかし、有意水準をどう設定するか、または判断する人がどのようなリスクやリターンを念頭にデータを見るかによって帰無仮説の棄却と採択の基準は変わります。その結果、「過誤」が起きる可能性があります。自分がどのような「文脈」で数値を見ているのか、注意が必要なのです。

例えば、「**第一種の過誤**」となった②のケースは、コインはイカサマでなかったのに、6回連続で裏が出たことからイカサマだと判断したケースです。この場合、コインを7回、8回……とさらに投げることで表が出ていたかもしれません。そうするとp値も変わり、同じ有意水準を設定していたとしても、過誤は回避できたかもしれないのです。

では、③のケースはなぜ過誤になったのか。次のページから見ていきましょう。

■過誤はおかしてしまいかねないと考える

「**第二種の過誤**」となった③のケースは、分析者が慎重になりすぎたため、6回連続裏が出ても、まだコインがイカサマではない可能性があると判断したケースです。このケースでも、さらにコインを投げることで、裏が出続けてイカサマだと気づき、過誤を回避できると考えられます。

ここまで第一種の過誤、第二種の過誤が起きる背景を説明してきましたが、これらはともにコインをさらに投げ続けることで回避できると考えられます。コインを投げ続けるということは、「データの数」を増やすということです。データの数が多ければ仮説検定の精度は上がっていきます。

このように、仮説検定は「真実がわかる」のではなく、判断に関わる文脈の中に「**常に過誤を選ぶ可能性がある**」と考えておきましょう。また、「**過誤を避けるには、データの数を増やすことが大事である**」ことも覚えておいてください。

仮説検定の心得を常にチェック！

- □「棄却」「採択」という統計用語の響きを過大評価しない。
- □「採択される」と判断できても、「帰無仮説が正しい！」と大手をふって言うほど〝強い〟ものではない。
- □仮説検定は、何かを判断する材料、道具のひとつとして使う。
- □データ数を可能な限り増やす。

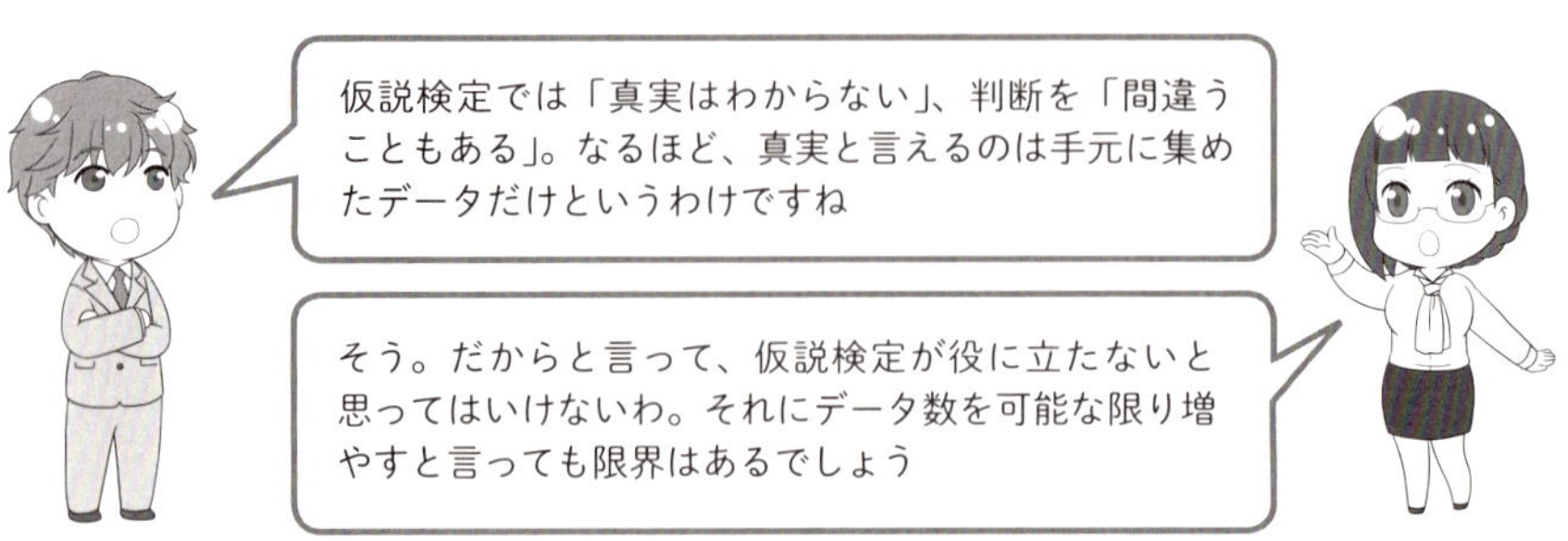
仮説検定では「真実はわからない」、判断を「間違うこともある」。なるほど、真実と言えるのは手元に集めたデータだけというわけですね
そう。だからと言って、仮説検定が役に立たないと思ってはいけないわ。それにデータ数を可能な限り増やすと言っても限界はあるでしょう

■仮説検定を用いて時にはリスクを選ぶ判断も

仮説検定とうまくつき合うには、「どこまでデータを集められるか」、「有意水準をどのように設定するのか」が重要です。

しかし、手間と時間をかけてデータを集めても、その判断が常に正しいとは限りません。また、判断には、「確実だけど遅い」ものと「確実性は低いけど早い」ものを使い分けることも必要です。前述した**「文脈」と「立場」、そしてその「状況」でも、仮説検定の結果をどう受けとめるのか、そこに何を求めるのかは違ってくるのです。**

リターンを得るためにある程度のリスクが許容される局面では、有意水準を高く設定し、限られたデータの数から判断することも時には必要でしょう。一方で、医療や食品、安全性が求められる事業においては、有意水準を低く設定し、コストをかけてデータの数を十分に集めることが重要になります。何のために仮説検定をするのかをもう一度考え、実際にＥｘｃｅｌを使ってｐ値を算出してみましょう。

データの分析者は「判断」をする立場ではないからこそ、ここで見た注意点をふまえた資料の作成を心がけましょう

「p値」を出す。そのひとつだけでも統計学への理解が欠かせませんね

商品の安全や精度の判断は、より低い有意水準と比較して検討する必要があるということだな

次はいよいよp値を求めて実際に検定を行うわ。計算は難しい数学の知識を必要とするから、この本ではExcelの使い方と一緒に説明するわね

アンケートの結果を「検定」で裏づけする

うーん　アンケートを集めてまとめたはいいけど
どうプレゼンすれば良いんだ？
郊外ならなんとなくB案の方が良さそうな気はするけど
専務はA案の方が良さそうって言ってたし……
おつかれフミノリ　プレゼン資料作るんだよな？
な…何の用だ　ケイタ…
データ分析部の出番だよ　プレゼン資料作るの手伝わせてくれ
キミの手など借りるつもりは…！
フミノリ…おれたち同期入社で…ライバルだけど
それ以前に同じ会社の社員じゃないか
ぽん
おれが勉強してきた統計学の知識…使ってくれ！
まぁそこまで言うなら手伝わせてやってもいいが…
よーし！同期2人で良いプレゼン資料を作ろう！
おー!!

十数分後…
…て感じでプレゼン資料
作ってたんですけど
解析の仕方が
わかりません！
助けてください
和美さん!!
…あー…
なんか良い感じ
だったのに
そうなっちゃうの？
とにかく
まずはこの表を
見てください！

今度出すチェーン店は
郊外エリアがメインに
なるんです
だから
アンケートをとった
店舗を近郊・郊外の
エリアでまとめて
みたんですが…

ケイタとフミノリがまとめた表

	広告A	広告B	合計
近郊エリアの店舗	237	153	390
郊外エリアの店舗	253	267	520
合計	490	420	910

郊外エリア店舗の
お客さんからは
B案に多く票を
いただきました
ただアンケートの
合計数も違うし
ここから近郊エリアと
郊外エリアで
違いがあると判断して
良いのかわからなくて…
フム
フム…

わかったわ！
この表を正しく
検証して
説得力のある
プレゼン資料を
作りましょうか！

デザインAとB
どちらがいいか
この「A／Bテスト」
に対して
「独立性の検定」を
利用して考えて
みましょう
実は
「独立性の検定」は
Excelを使って
行うことができるの
でもその前に
もう少しわかりやすい
「適合度の検定」について
サイコロを例に説明するわね
この検定を知っておくと
「独立性の検定」の
理解がもっと深まるわ
例えばサイコロを
30回振ったときに
出た目が奇数に
偏っていたとして
8回 2回 7回 3回 6回 4回
このサイコロが1～6の目を
等しく出すとしても
この目の出方は起こりうるのか
検証するときに使う検定よ

ちなみにこの実際に出たサイコロの数値を「実測値」あるいは「観測度数」というの
30×
実測値（観測度数）
一方で1～6の目が等しい確率で出るサイコロで1番理想的な目の出方は
30回振って1～6が均等に5回ずつ出たときよね
この数値を「理論値」または「期待度数」と言ってこれがこの検定での「サイコロの各目の出る確率は等しい」という帰無仮説にあたるの
理論値（期待度数）
1～6の目がすべて5回ずつでる
実測値と理論値のズレを比較して
このサイコロが等しい確率で目を出すかというのを検定するの
目の出方が
ずれている？ ずれていない？
この検証に「適合度の検定」が使えるのよ
そして「独立性の検定」は
2つの事象に差があるのかないのかを調べることができるの
デザインA
デザインB
「適合度の検定」と「独立性の検定」この2つの検定は
「CHITEST」
Excel上で「CHITEST《カイテスト》」という関数を使って行うことができるわ

さて まず仮説を立てるんだけど…
帰無仮説は「＝」で考えられる方ですね！
そう！
この場合 AとBの傾向に「差はない（＝）」が帰無仮説
「差はある（≠）」が対立仮説になるわね
近郊エリアと郊外エリアとで デザインの好みに
＜帰無仮説＞ 差がない
＜対立仮説＞ 差がある
ここからはExcelを使ってアンケートの表から「期待度数表」を作りましょう
カタ カタ カタ カタ
早い!!

期待度数表	広告A	広告B	合計
近郊エリアの店舗	210	180	390
郊外エリアの店舗	280	240	520
合計	490	420	910

ケイタとフミノリがまとめた表

	広告A	広告B	合計
近郊エリアの店舗	237	153	390
郊外エリアの店舗	253	267	520
合計	490	420	910

比率で見ると…

近郊エリア

210 : 180 = **7 : 6**

郊外エリア

280 : 240 = **7 : 6**

キーワード

適合度の検定

モデルを立てて実測値を検証する
Excelを使った「適合度の検定」

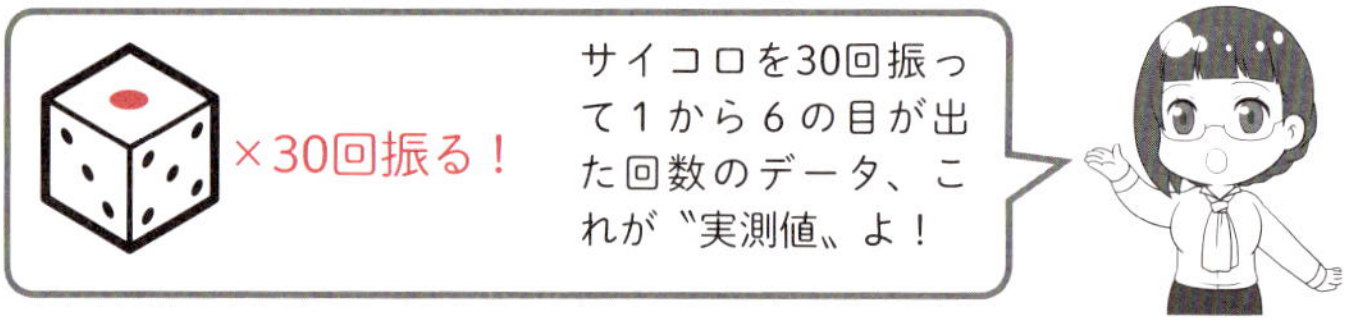
×30回振る！
サイコロを30回振って１から６の目が出た回数のデータ、これが〝実測値〟よ！

実測値（観測度数）

目	⚀	⚁	⚂	⚃	⚄	⚅
回	8	2	7	3	6	4

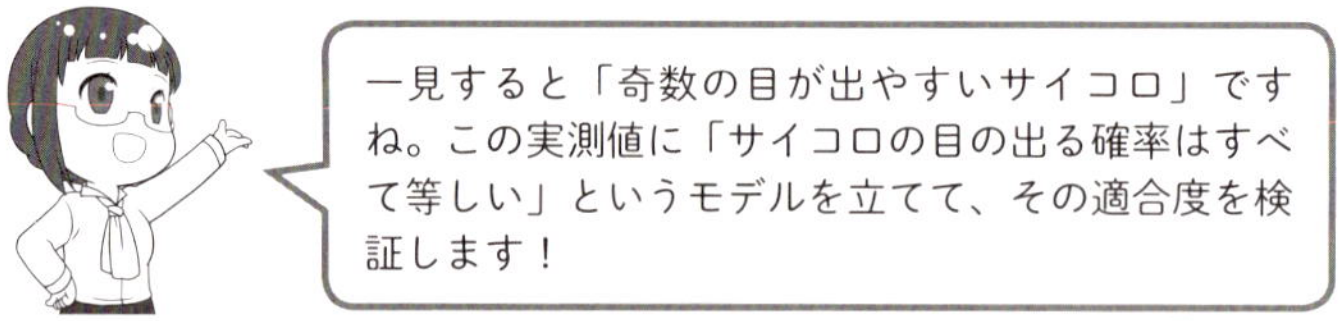
一見すると「奇数の目が出やすいサイコロ」ですね。この実測値に「サイコロの目の出る確率はすべて等しい」というモデルを立てて、その適合度を検証します！

目	⚀	⚁	⚂	⚃	⚄	⚅
回	5	5	5	5	5	5

理論値（期待度数）

■自分が立てたモデルと実測値の適合度を検証

ここからは実際に仮説検定のひとつ「**適合度の検定**」を行ってみましょう。

目の前に出ているデータの値、これを「**実測値（または観測度数）**」と言います。ここでは「サイコロを30回振って、出た目の回数」を実測値とします。このデータを検定するために「サイコロの1から6の目が出る確率は等しい」というモデル（帰無仮説）を立てます。このモデルから期待される目の出方は、1から6の目が5回ずつ出ることです。これを「**理論値（または期待度数）**」と言います。「実測値と理論値の適合度検定」により、目の前にあるサイコロの目の出方（実測値）は、理論値にどの程度適合しているかを判断するものさし（p値）が得られるのです。

実測値、理論値をExcelに入力する

サイコロの出目の観測度数表と期待度数表

	A	B	C	D	E	F	G
1	サイコロの実測値と理論値の適合度の検定						
2	サイコロの目	1	2	3	4	5	6
3	実測値	8	2	7	3	6	4
4	理論値	5	5	5	5	5	5
5	p値						

実測度数表

期待度数表

「実測値」は実際のデータ、「理論値」は自分が考えたモデルデータというわけだね

求めるのは「p値」か。このセルにどんなExcel関数を入れると計算できるんだろう？

■理論値に帰無仮説を立てて検定を行う

この適合度の検定は、サイコロを30回振って出た目の回数（実測値）に対し、「サイコロの目の出る確率は等しい」という帰無仮説（理論値）を立て、検定しているとも言えます。

では、どのように判断するのでしょうか？　理論値のもとで、実測値どおりに目の出る確率が「高い」場合は帰無仮説が採択され、サイコロの目の出る確率が均等であると判断できます。一方、確率が低い場合は帰無仮説は棄却され、「このサイコロの目の出る確率は均等ではない」が採択されます。適合度の検定は、**自分のモデル（品質や目標）の値に対して、現状がどの程度の実態であるかを判断するのにも役立ちます。**

適合度の検定の計算はＥｘｃｅｌで求めることができますが、理論値を入力した「**期待度数表**」と、実測値を入力した「**観測度数表**」は自分で用意します。上の図を参照してください。次のページからｐ値の求め方を解説していきます。

Excel 関数を入力する

	A	B	C	D	E	F	G
1	サイコロの実測値と理論値の適合度の検定						
2	サイコロの目	1	2	3	4	5	6
3	実測値	8	2	7	3	6	4
4	理論値	5	5	5	5	5	5
5	p値						
6							

=CHISQ.TEST(B3:G3,B4:G4)

p 値を出したいセルに Excel 関数を入れます。ここで使うのが「χ（CHI= カイ）二乗検定」ですが、p値の算出方法は Excel に任せて入力方法だけを覚えてください！

χ^2検定（カイ二乗検定）

CHISQ.TEST

χ ↑ 検定

2乗（square）

=CHISQ.TEST（実測値範囲,理論値範囲）

↓

=CHISQ.TEST(B3:G3,B4:G4)

↓

p 値=約0.3471

大文字小文字は関係なく、すべて半角英数でセルに入力するんでしたね。「=」の後に Excel 関数と対象の範囲を入れてみます！

「p 値 = 約0.3471」なので確率は約35%。これは有意水準を10%としても棄却できない確率だと考えられるわ

つまり「すべての目は同じ確率で出る」というモデルのサイコロから見て、実測値は起こりうるという判断ができますね！

適合度の検定で何が判断できたのか？

1.「目の出方が等しくないサイコロのように思える」
2.「すべての目の出る確率は等しいというモデルを帰無仮説に立てる」
3.「モデルとの適合度の検定を行い、p値を計算する」
4.「確率（p値）は約35%で有意水準10%でも棄却できない（N.S.）」
5.「“サイコロの目が出る確率は等しい”という帰無仮説を棄却できないので、目の出方が等しいとしても実測値は起こりうると判断する」

■さまざまな理論値を当てはめて検定可能

適合度の検定の便利なところは、帰無仮説は何でもよく、**自分でモデルをいろいろ考えて当てはめれば実測値との適合度を見ることができるという、使い勝手の良さです。**例えば、理論値に30回振った結果、極端に「1の目」が出やすくなった数値を入れてみます。下の入力画面のように「1の目が20回、他の目は2回ずつ」とするとp値には「1E-05」という値が出ます。この「E」はExcel上でp値がとても小さいときに表示されるものです。「E」の後ろの数値が「×10の何乗された」という値を表しています。「●E-○」はEの前の●内の小数点を、左に○個動かすことを示しています。つまり、「1E-05」は「0.00001」というとても小さな値です。有意水準を0.1%（0.001）に設定した場合の対象となる棄却の値は「E-03」の位ですから「帰無仮説を棄却できる」、つまりサイコロの目は「すべての目の出る確率は同じ」とは異なると判断できます。

小さい値のときに表示される指数表記「E」

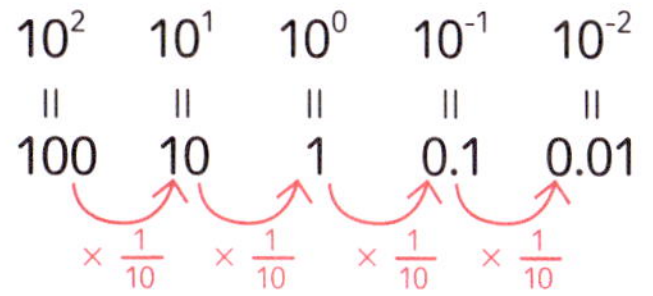

10^2 = 100
10^1 = 10
10^0 = 1
10^{-1} = 0.1
10^{-2} = 0.01
$\times\frac{1}{10}$　$\times\frac{1}{10}$　$\times\frac{1}{10}$　$\times\frac{1}{10}$

「1E －05」とは「1」を「$\times 10^{-5}$」したという意味。10の累乗は上のようになります。とても小さなp値や逆に大きな値を表示するのに便利です。

1E －05＝0.00001

例　2.7E03（小数点を右に3つ移動させる）
→2700
2.7E －04（小数点を左に4つ移動させる）
→0.00027

1の目が極端に出やすい数値を入れる

	A	B	C	D	E	F	G
1	サイコロの実測値と理論値の適合度の検定						
2	サイコロの目	1	2	3	4	5	6
3	実測値	8	2	7	3	6	4
4	理論値	20	2	2	2	2	2
5	p値	1E−05					
6							

↑1E －05

1の目が極端に出やすい数値を入れるとp値は「1E －05」と表示されました。この「E」は指数表記（指数：exponentialの頭文字）のことで、10^{-5}のように累乗を表しています

キーワード
独立性の検定

A／Bテストをやってみよう Excelを使った「独立性の検定」

「χ（カイ）二乗検定」の Excel 関数を用いた検定には「独立性の検定」もあります

「適合度」はモデルを帰無仮説に立て、実測値がどの程度の適合具合かを検証しましたね。今度の「独立性」は、何が「独立」しているんだろう？

ここで検定するのは「都市部であるか、郊外であるか」と、「A案が好きか、B案が好きか」に関連性が「あるのか、ないのか」を見るということです。関連性がない場合、「独立」していると言います

■関連性があるのかないのかを検定する

「適合度の検定」は、実測値に対しさまざまなモデルを用いて、どの程度適合しているのかを検証できる「使い勝手の良さ」があると前述しました。これから学ぶ**「独立性の検定」**は、適合度の検定の応用で、２組の変数の関連性の有無を検定する手法です。

適合度の検定では、「サイコロの目」というひと組の変数でした。これから考えるのは、「都市近郊か郊外か」というひと組と「デザインAかBか」のもうひと組、計2組です。それぞれの組の中の変数の項目数は、「都市、郊外、海外……」「デザインA案、B案、C案……」と増やすことが可能です。

「独立」とは、それぞれの組の間に関連性があるのか、ないのかを見るという意味です。

AとB、2つのデザインに対する異なる集団の評価を数値化し、検討する手法を「A／Bテスト」と言います。Webや広告デザインを決める際によく使われます

A／Bテストのアンケート結果（実測値）			
実測値（観測度数）	デザインA	デザインB	合計
都市近郊	237	153	390
郊外	253	267	520

社内の経営層の評価はAが多かったので都市近郊の実測値に近い

出店予定地は郊外なのでBが多い郊外の意見も気になる

標本の合計数が違うのでパッと見の比較ができない

都市近郊と郊外の評価にはAとBへの評価の違いがあるけど、合計数が違うのでどの程度違うのか、よくわかりませんね……

■AとBの独立性を検定する帰無仮説とは？

上のアンケートの実測値を見た経営層は、Aを良いとしました。しかし、A／Bテストの結果も都市近郊ではAの評価が高いものの、出店予定の郊外ではBの反応が若干良い。もしも実測値に劇的な違いがあれば、確率の数値を導入しなくても判断はすることができますが、こうした判断に迷うときに使う手法が仮説検定です。「都市近郊と郊外でデザインの評価に差があるのか、ないのかを検討したい」ため、独立性の検定を見ていくことになりました。

　都市近郊と郊外での評価の差に大きな違いがないのならAで推す、大きな違いがあるのなら郊外に有効なBを推す判断の材料となるでしょう。帰無仮説の立て方は「確率計算のしやすい」「イコールで表現しやすい」でしたね。ここでの帰無仮説は〝**都市近郊と郊外ではAとBの好みに違いがない**〟と立てます。

　違いがなく帰無仮説が棄却されなければAを採用。棄却されれば、Bの採用を検討することになります。

独立性の検定でやろうとしていることは何か？

「経営層はデザインＡを良いと思い、アンケート結果でも都市近郊では同じ傾向にある。デザインＡでもいいのではないか？」

「しかし、出店予定の郊外では、デザインＢを良いとする結果が出た。経営層により視野の広い資料を提供して慎重な判断を提案してはどうか？」

「しかし、都市近郊と郊外の結果にどれくらいの違いがあるのか、それともないのか、このアンケート結果だけでは判断が難しい」

「都市近郊と郊外の好みに『差がない』傾向ならデザインＡでもいいし、『差がある』ならデザインＢの検討も必要と判断できる指標を提供しよう」

ここで確かめているのは「デザインＢの方が効果的かどうか？」ではなく都市近郊と郊外とでＡとＢへの評価の違いがないと言えるかどうかの確認

期待度数表を作成する

期待度数表に注目してみましょう。都市近郊では、ＡとＢは「7：６」、郊外でもＡとＢは「7：６」で「好みには差がない」という表になっているわね

アンケートの結果

実測値（観測度数）	デザインA	デザインB	合計
都市近郊	237	153	390
郊外	253	267	520
合計	490	420	910

デザインＡ、デザインＢの合計票数は490：420で7：6の比率

同じ標本数で都市近郊も郊外もＡとＢへの評価は違わないモデルの期待度数表にする

「合計数は同じ」という点にも注目しましょう。

期待度数表

理論値（期待度数）	デザインA	デザインB	合計
都市近郊	210	180	390
郊外	280	240	520
合計	490	420	910

都市近郊のＡ：Ｂ
＝210：180＝７：６
郊外のＡ：Ｂ
＝280：240＝７：６
デザインＡ、Ｂ共に
都市近郊：郊外＝３：４

期待度数表を作るための計算方法

実測値(観測度数)	デザインA	デザインB	合計
都市近郊	237	153	390
郊外	253	267	520
合計	490	420	910

390 → a
520 → b
490 → c
420 → d
910 → e

AとBの合計の比率
490：420＝7：6
都市近郊の合計390を「7：6」に
配分すると210と180になる

理論値(期待度数)	デザインA	デザインB	合計
都市近郊	a×c÷e=210	a×d÷e=180	390
郊外	b×c÷e=280	b×d÷e=240	520
合計	490	420	910

比率を合わせる計算は Excel 上では簡単にできます。p 値の出し方と合わせ、次のページから学んでいきましょう

■「独立性の検定」もやはり適合度を検証している

推測統計学の仮説検定の手法として、「適合度の検定」と「独立性の検定」を見てきました。いずれも期待度数表に対して「近いかどうかを調べる検定」という意味では一緒です。

「適合度」とは、理論値と期待度数表との適合具合を見ています。一方、「独立性」というのは、ひと組ともうひと組の関連性と、理論値と実測値の適合具合も見ています。つまり、独立性の検定は適合度の検定の一種でもあるのです。

では、独立性の検定で何がわかるかと言うと、「都市近郊と郊外、デザインAとBには、関連性がないわけではない」「検討の余地有り」と言えるだけです。しかし、「デザインAが良い」「郊外ではデザインBの効果がある」という社内の**〝思い込み〟は消え、議論の土台を仮説検定は提供できたのです。**統計学は、真実がわかるわけではありません。しかし、議論の土台を用意し、議論を進めることを可能にします。

一言メモ　上図の期待度数表のうち、「a」～「e」の合計数を観測度数表と合わせず、例えば「都市近郊のA：Bを2：1」「郊外のA：Bを1：2」として検定すると、適合度の検定を行ったことになります。

Excel上での独立性の検定～実測値を入力する～

ここから独立性の検定をExcel上で行っていきます。第２章で学んだExcel関数（152～157ページ）を思い出しながら見ていきましょう。

①横の合計値を出す

	A	B	C	D
1	実測値	デザインA	デザインB	合計
2	都市近郊	237	153	=B2+C2
3	郊外	253	267	
4	合計			

1	実測値	デザインA	デザインB	合計
2	都市近郊	237	153	390
3	郊外	253	267	520
4	合計			

実測値の表を作り、それぞれの票数をセルに入力していきます。まずは、「都市近郊」と「郊外」に入った票の合計を計算します。「都市近郊」は「=B2+C2」、「郊外」は「=B3+C3」で足し算を指示して合計値を求めます。

②縦の合計値を出す

	A	B	C	D
1	実測値	デザインA	デザインB	合計
2	都市近郊	237	153	390
3	郊外	253	267	520
4	合計	490	420	
5				

次に「デザインA」に入った票の合計値を「=B2+B3」、「デザインB」に入った票の合計値を「=C2+C3」で求めます。

③観測度数表を完成させる

	A	B	C	D
1	実測値	デザインA	デザインB	合計
2	都市近郊	237	153	390
3	郊外	253	267	520
4	合計	490	420	=D2+D3

▼

	A	B	C	D
1	実測値	デザインA	デザインB	合計
2	都市近郊	237	153	390
3	郊外	253	267	520
4	合計	490	420	910

「D4」のセルに足し算を指示して、票の総合計数を求めます。縦の合計「=D2+D3」、あるいは横の合計「=B4+C4」を入力します。これで実測値の入力が終わり、観測度数表が完成しました。

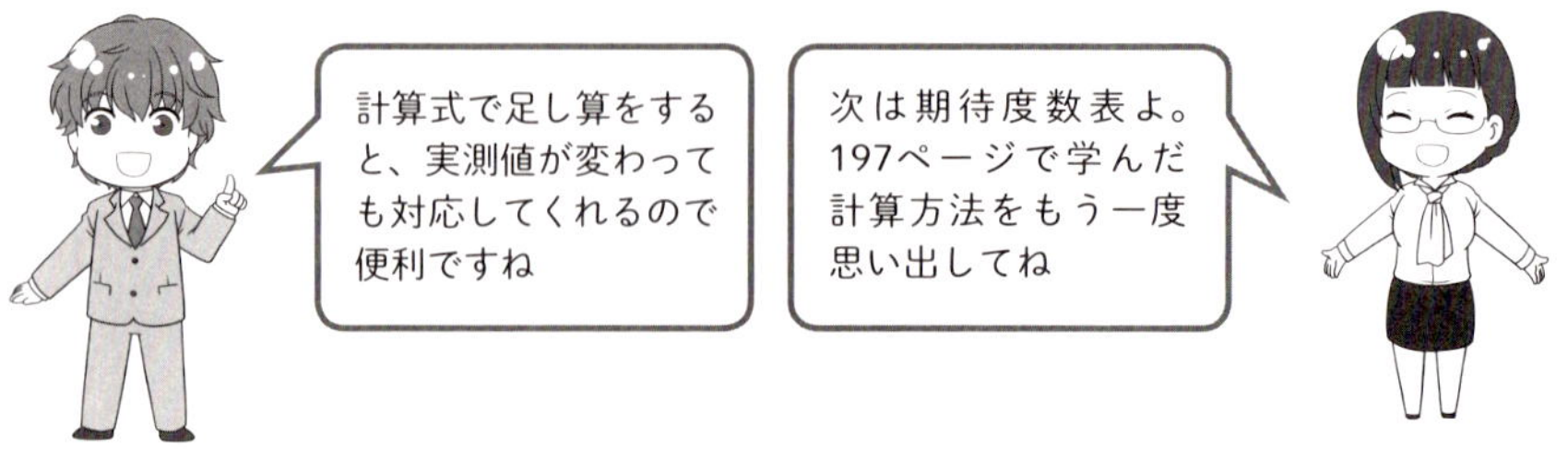

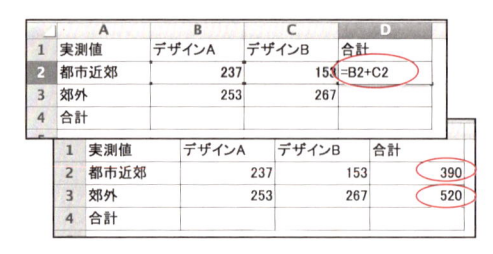

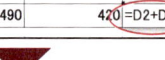

計算式で足し算をすると、実測値が変わっても対応してくれるので便利ですね
次は期待度数表よ。197ページで学んだ計算方法をもう一度思い出してね

Excel上での独立性の検定〜理論値を入力する〜

**次に理論値（期待度数）を求めて、期待度数表を作ります。
Excel上でここまでくれば、p値の算出まであと1歩です。**

①期待度数表を作る

	A	B	C	D
1	実測値	デザインA	デザインB	合計
2	都市近郊	237	153	390
3	郊外	253	267	520
4	合計	490	420	910
5				
6	理論値	デザインA	デザインB	合計
7	都市近郊			
8	郊外			
9	合計			
10				

先ほど作った観測度数表の下に理論値の表を作ります。ここからは実測値のセルを指定しながら計算をするので、同じ「シート」で作ると良いでしょう。

②理論値を計算する

	A	B	C	D
1	実測値	デザインA	デザインB	合計
2	都市近郊	237	153	390
3	郊外	253	267	520
4	合計	490	420	910
5				
6	理論値	デザインA	デザインB	合計
7	都市近郊	=D2*B4/D4		
8	郊外			
9	合計			

				390
				520
4	合計	490	420	910
5				
6	理論値	デザインA	デザインB	合計
7	都市近郊	210		
8	郊外			
9	合計			
10				

197ページで学んだように、「都市近郊からデザインAに入った表」の理論値は「都市近郊の合計票数×デザインAの合計票数÷票の総合計」になります。「B7」に「=D2＊B4/D4」と入力して計算を指示しましょう。

③期待度数表を完成させる

	A	B	C	D
1	実測値	デザインA	デザインB	合計
2	都市近郊	237	153	390
3	郊外	253	267	520
4	合計	490	420	910
5				
6	理論値	デザインA	デザインB	合計
7	都市近郊	210	180	390
8	郊外	280	240	520
9	合計	490	420	910

「C7」に「= D2*C4/D4」、「B8」に「=D3*B4/D4」、「C8」に「=D3*C4/D4」と入力して理論値を出します。合計値の求め方は198ページと同じで番地を変えるだけです。これで期待度数表が完成しました。

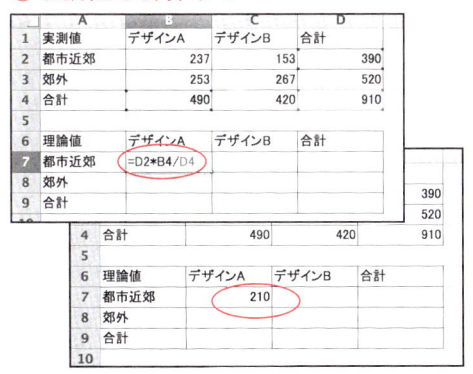

Excel上での独立性の検定～p値を出す～

独立性の検定でのp値の出し方は、適合度の検定のp値の出し方と同じ「CHISQ.TEST（χ^2検定）」（192ページ）を使用します。

●P値のセルを作る

	A	B	C	D
1	実測値	デザインA	デザインB	合計
2	都市近郊	237	153	390
3	郊外	253	267	520
4	合計	490	420	910
5				
6	理論値	デザインA	デザインB	合計
7	都市近郊	210	180	390
8	郊外	280	240	520
9	合計	490	420	910
10				
11	p値			
12				

期待度数表の下にp値の表を作りましょう。あとはExcel関数を入力するだけで数値を求めることができます

●「CHISQ.TEST」を指示する

	A	B	C	D
1	実測値	デザインA	デザインB	合計
2	都市近郊	237	153	390
3	郊外	253	267	520
4	合計	490	420	910
5				
6	理論値	デザインA	デザインB	合計
7	都市近郊	210	180	390
8	郊外	280	240	520
9	合計	490	420	910
10				
11	p値	=CHISQ.TEST(B2:C3,B7:C8)		
12				

「B11」のセルに「CHISQ.TEST(実測値範囲,理論値範囲)」を指定して、p値を算出します。このワークシートでは「=CHISQ.TEST(B2:C3,B7:C8)」を入力します。

▼

	A	B	C	D
1	実測値	デザインA	デザインB	合計
2	都市近郊	237	153	390
3	郊外	253	267	520
4	合計	490	420	910
5				
6	理論値	デザインA	デザインB	合計
7	都市近郊	210	180	390
8	郊外	280	240	520
9	合計	490	420	910
10				
11	p値	0.000285608		
12				

遂にp値が出せました！Excelだとこんなに簡単にできるんですね！

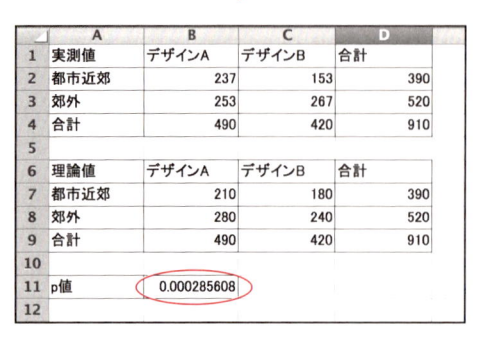

p値を有意水準を比較する

p値を出すことはできたけど、仮説検定の流れを忘れてはダメよ。「A案・B案に対して好みの差はない」が帰無仮説だったわよね
そうだ！ p値は「0.000285608」で「約0.02%」。有意水準0.1%より小さいから「＊＊＊（トリプルアスタリスク）」ですね！
そうね。この帰無仮説は「ほぼありえない」として「棄却」。対立仮説の「A案・B案に対して好みの差はある」が「採択」となるわ
つまり「郊外のお客様はデザインBを好んでいる」と判断できるわけですね！　これは松平専務へ報告しなくちゃ！
まって、ケイタ君！　検定では「好みの差がある」とわかっただけよ。「郊外ではBを好んでいる」とまでは言えないわ。あくまでこれは議論のための指標のひとつ。この数値の意味を関係者が共有し、目的や目標、リスクやリターンを総合的に考えながら判断することが大切なの！

独立性の検定から言えること

- 都市近郊では、Aの方を支持していた。郊外ではそんなに差がない。ならば、「Aでも効果が出そう」とも考えられるが、近郊ほどの効果は得られないかもしれない。
- これくらいの結果ならAとBを半々ずつ出すことも検討に値する。
- 経営層はA案を良しとしていたが、もう一度、議論する必要がありそうだ。

「回帰分析」を少しだけ学んでみよう

スッ…
パァン
ドヤァ
あのプレゼンで社内の評判は上々！僕も統計学をマスターした甲斐がありましたね！
まぁたしかによくやったけど
お世辞にもマスターしたとは言えないわよケイタ君！
ここまで教えた統計学はあくまでも基礎
推測統計学
適合度の検定
独立性の検定
多変量解析
推測統計学 多変量解析と学ぶことはまだたくさんあるわ！
そうね…ここからは多変量解析の花形「回帰分析」について簡単に紹介するわね
はいっ!!

キーワード
回帰分析

予測モデルを使って実測値にない値を求める「回帰分析」で〝予測〟を行う

■多変量解析の花形「回帰分析」

本書の学びの最後に、多変量解析の花形とも言える「**回帰分析**」の説明をします。第２章から学んできた多変量解析では、２つ以上のデータ（変量）の「直線的な関係」に注目し、散布図を作り、相関係数を求め、相関の「正」「負」やその強さについて見てきました。ここまでは考え方や基礎の学びです。

では、多変量解析には、どんなことができるのか？以下に整理した４つの目的、「**予測**」「**判別**」「**要約**」「**分類**」に対し、それぞれ「回帰分析」「判別分析」「主成分分析」「クラスター分析」などの統計学の手法があります。実は、**回帰分析を深く理解し使いこなせると、「予測」だけでなく他の３つの目的にも応用することができるのです**。

多変量解析を用いてできることとその手法

予測
判別
要約
分類
回帰分析
判別分析
主成分分析
クラスター分析

多変量解析には、さまざまな手法があり、いろいろなことができるのですね。僕はまだその入口にいるんだな

予測
判別
要約
分類
回帰分析

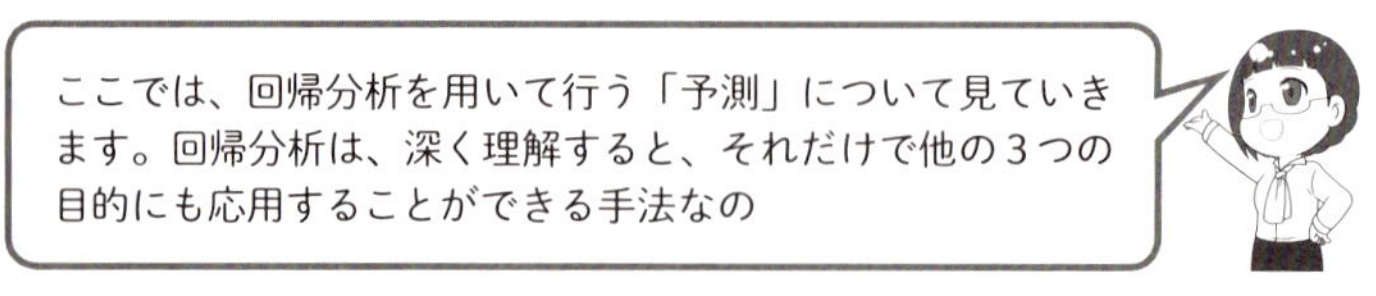
ここでは、回帰分析を用いて行う「予測」について見ていきます。回帰分析は、深く理解すると、それだけで他の３つの目的にも応用することができる手法なの

■散布図上の〝直線〟は回帰分析で決まる

多変量解析の学びでは、何度も「最初に散布図を描きましょう」と伝えてきました。そして、「直線的な関係」や「正」「負」を示す直線のイメージを散布図内に示してきました。あの直線はどうやって決めるのでしょうか？　散布図の直線は「**回帰直線（予測モデル）**」と言い、Ｅｘｃｅｌでは散布図上に簡単に表示させることができます。実は回帰直線を求めるのに使われている手法が回帰分析なのです。

あらためて、学びの例に使ってきた「駅からの所要時間（ｘ）」と「賃料（ｙ）」の散布図を見てください。ここには10個の実測値のみが描かれていて、ｘとｙの相関関係が「直線」に近いと考えることができ、実際に相関係数（ｒ）を求めると「強い負の相関」があることがわかりました。この**散布図上で回帰直線を引けば、実測値がなくても「駅からの所要時間ｘ分の賃料ｙの金額」を求めることができます。**これが多変量解析の回帰分析を用いた「予測」です。

予測モデルを用いれば実測値以外の値を求めることができる

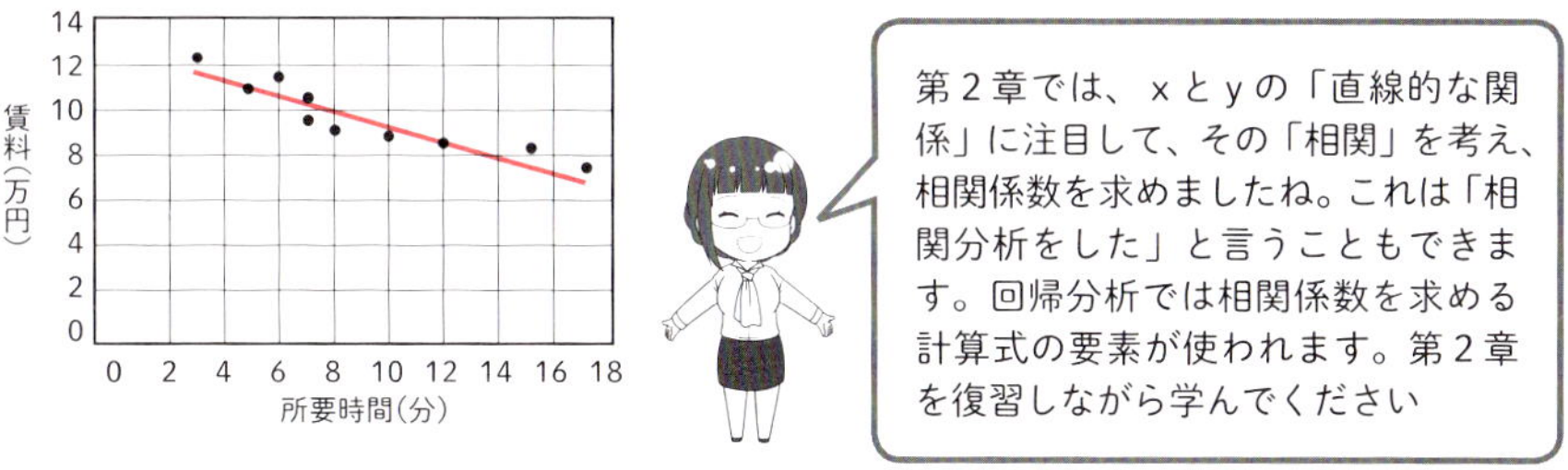
14
12
10
8
6
4
2
0
賃料（万円）
0 2 4 6 8 10 12 14 16 18
所要時間（分）
第２章では、ｘとｙの「直線的な関係」に注目して、その「相関」を考え、相関係数を求めましたね。これは「相関分析をした」と言うこともできます。回帰分析では相関係数を求める計算式の要素が使われます。第２章を復習しながら学んでください

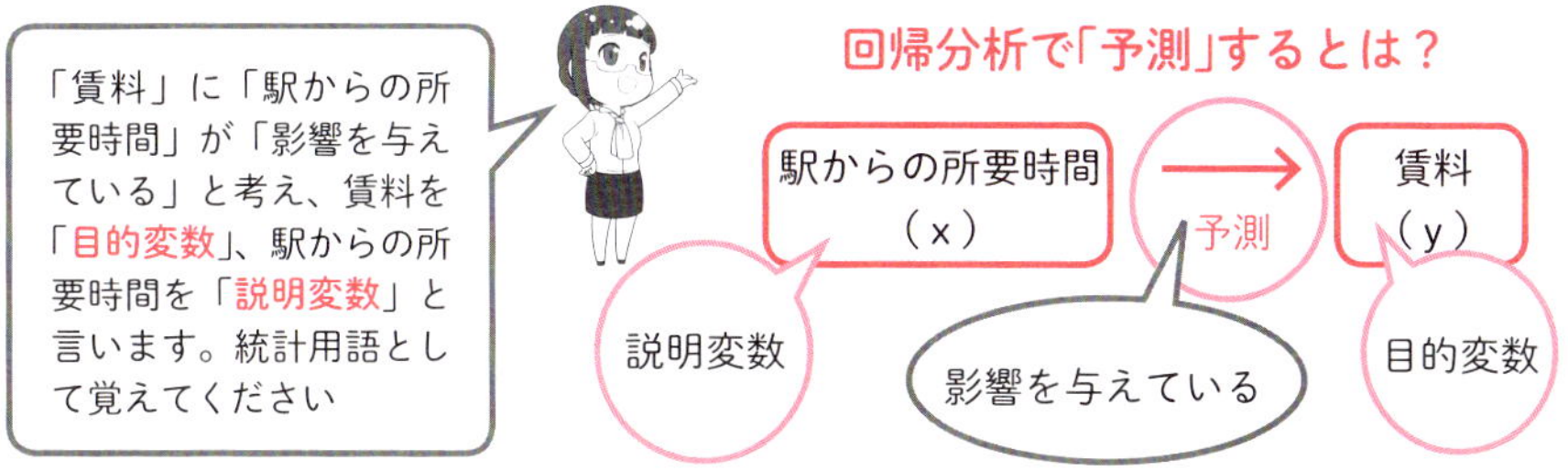
「賃料」に「駅からの所要時間」が「影響を与えている」と考え、賃料を「目的変数」、駅からの所要時間を「説明変数」と言います。統計用語として覚えてください
回帰分析で「予測」するとは？
駅からの所要時間（ｘ）
予測
賃料（ｙ）
説明変数
影響を与えている
目的変数

回帰分析の予測式に実測値を当てはめてみよう

散布図上の直線「回帰直線」を求める回帰分析の計算式（予測式）とは次のようなものです。これまでの「学び方」と同様に、まず計算式を実際に使ってみて、それから計算式が表現している中身の理解へと進みましょう。

回帰直線の式

$$y-\bar{y}=\frac{\sigma_{xy}}{\sigma^2_x}(x-\bar{x})$$

もう計算式や記号が出てきても驚かないのではないかしら？　全部、これまでに学んだことばかりです

標準偏差は分散の平方根だから、標準偏差の記号「σ（シグマ）」を用いて、分散を「σ^2」と表しているんですね

$\bar{x}$：xの平均　　σ^2_x：xの分散

$\bar{y}$：yの平均　　σ_{xy}：xとyの共分散

ｘとｙに「ｘ：駅からの所要時間」と「ｙ：賃料」の値を入れてみましょう。

第２章の156ページの Excel で求めた値を使います

所要時間（分）	3	5	6	7	7	8	10	12	15	17
賃料（万円）	12.2	11.3	11.5	9.8	10.4	9.5	8.8	8.7	8.2	7.6

$$y-\bar{y}=\frac{\sigma_{xy}}{\sigma^2_x}(x-\bar{x})$$

$\bar{x}=9$

$\bar{y}=9.8$　　$\sigma_{xy}=-5.79$

$$y-9.8=\frac{-5.79}{18}\times(x-9)$$

「＝」の両側に「9.8」を加えて「ｙ＝」の等式にします

$$y=-0.321\times(x-9)+9.8$$
$$=-0.321x+0.321\times9+9.8$$
$$=-0.321x+12.7$$

「ｘとｙの共分散（σ_{xy}）」やそれを割る「ｘの分散（σ^2_x）」の値は、３桁までを使います

この「ｙ＝−0.321ｘ＋12.7」のｘに「３」を入れると、ｙは「11.737」となります。ｘとｙの実測値（3，12.2）と異なるのは、回帰分析を用いて「予測値」を求めたからです。実測値と予測値の「ズレ」を最小にする仕組みが回帰分析には隠されています。次にそこを詳しく見てみましょう。

回帰分析の予測式を使い実測値にない値を予測してみよう

次に、10個の実測値にはない値を予測してみましょう。
「x（駅からの所要時間）＝20」のとき「y（賃料）」はいくらになるでしょうか？

$$
\begin{aligned}
y &= -0.321x + 12.7 \\
&= -0.321 \times 20 + 12.7 \\
&= 6.28 \\
&\fallingdotseq 6.3
\end{aligned}
$$

「駅から所要時間20分の賃料は6.3万円」と予測できます！

この「y＝6.28（万円）」という値は、実測値としては存在せず、回帰直線上に求めたものです。しかし、実測値「x＝3」で見たように、実測値と予測値には差が生じます。この差を「残差」と言います。回帰直線と残差との関係を見てみましょう。

残差を小さくするために「残差平方和を最小にする」

残差とは右のようなイメージです。

残差＝実測値－予測値

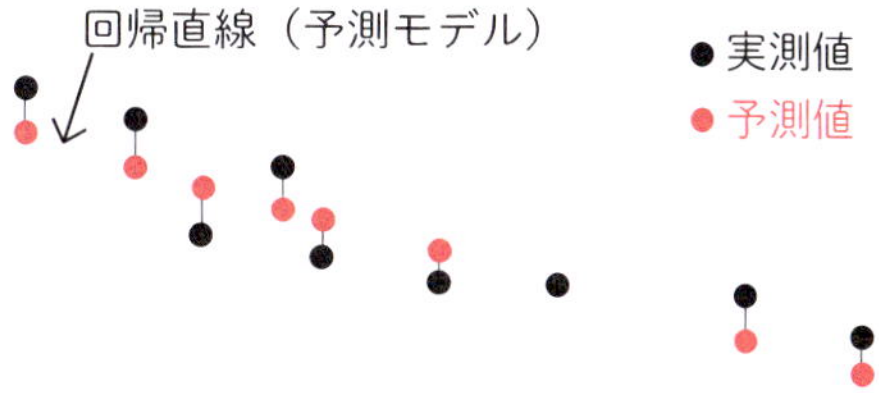

この残差を最小にした予測モデルを求めることで、実測値と予測値の差が小さい回帰直線を引くことができます。

残差にはプラス（実測値が回帰直線より大きい）とマイナス（実測値が回帰直線より小さい）の値があることがわかります。ここで、第1章の54〜59ページを再読してみてください。絶対値を使う平均偏差と、分散を使う標準偏差の違いと同じです。「残差を小さくする」ためには、「残差」を二乗してすべて「正」の値とし、その合計を最小にする。つまり「残差平方和を最小にする」ことで予測モデルの直線を引くという考えが、回帰分析の予測式となっています。

この計算式に用いられている手法を「最小二乗法」と言います。「ＯＬＳ」と表記されることもあります。知識として覚えておきましょう

回帰直線の式は「残差平方和を最小にする」ための計算式

$$y-\bar{y}=\frac{\sigma_{xy}}{\sigma^{2}_{x}}(x-\bar{x})$$

回帰分析の予測式はこれまでの学びの集大成

いよいよ本書の学びもこれが最後です。たくさんの言葉、記号、数式が出てきて、最後は「多変量解析による予測を回帰分析で求める」ところまできました。本書の「統計学を学ぶオススメの順番」は、「まず使ってみる」「そして理由を知る」「次の理解に進む」というものでした。ここでは、「そして、振り返ってみる」を回帰分析の予測式を使って行います。この式の中には、これまでの学びの要素が隠されています。

$$y-\bar{y}=\frac{\sigma_{xy}}{\sigma^2_x}(x-\bar{x})$$

$$\frac{y-\bar{y}}{\sigma_y}=\frac{\sigma_{xy}}{\sigma_x\sigma_y}\times\frac{x-\bar{x}}{\sigma_x}$$

まず、「＝」の両側を「y の標準偏差（σ_y）で割ります。「σ_y で割る」は「$\frac{1}{\sigma_y}$を掛ける」と考えられますね。式はこうなります

「＝」の右側は

$$\frac{\sigma_{xy}}{\sigma^2_x}(x-\bar{x})\rightarrow\frac{\sigma_{xy}}{\sigma_x\times\sigma_x}(x-\bar{x})\rightarrow\frac{\sigma_{xy}}{\sigma_x}\times\frac{x-\bar{x}}{\sigma_x}$$

に「$\frac{1}{\sigma_y}$を掛ける」を行います

この式を統計用語に置き換えると次のようになります。

$$\frac{\text{y −（y の平均）}}{\text{y の標準偏差}}=\frac{\text{x と y の共分散}}{\text{x と y の標準偏差の積}}\times\frac{\text{x −（x の平均）}}{\text{x の標準偏差}}$$

「値から平均を引き標準偏差で割る」は標準得点（平均値から標準偏差何個分離れているか）でした

この式は相関係数です。「x と y の直線的な関係」＝「相関」を示す値でしたね

標準得点です

では、「標準得点」を「z」、「相関係数」を「r」に置き換えてみましょう。

$z_y = r \times z_x$（目的変数の標準得点は、目的変数と説明変数の相関係数に、説明変数の標準得点を掛け算した値）

相関係数は「$-1 \leqq r \leqq 1$」の値となります。つまり「y の標準得点は x の標準得点に比べて、必ず小さい（「0」に近くなる）」のです。y の標準得点が「0」に近くなる、とは y の平均に近くなるということです。この**「平均に戻っていく」ことを「回帰」と統計学では言います。**

「回帰」の語源

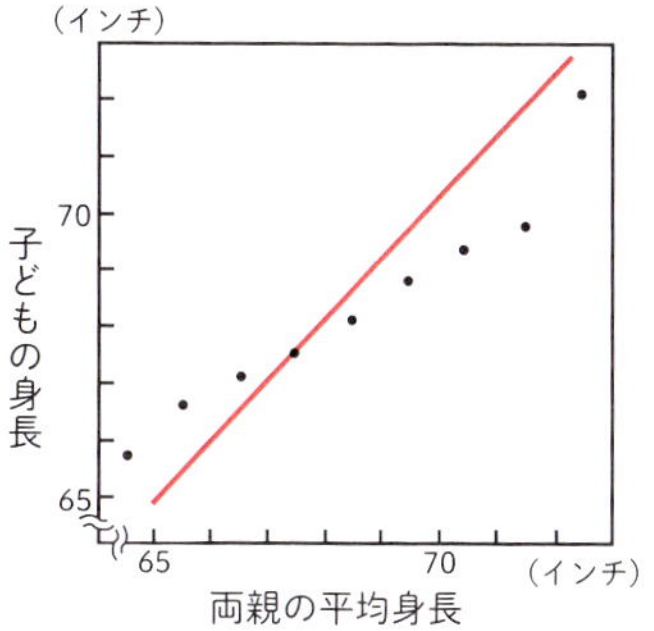

「身長の高い親」や「身長の低い親」の特性が100%子どもに遺伝すれば、人類は身長の高い人々と低い人々に分かれてしまいます。しかし実際は、グラフからもわかるように「種族の平均へ近づき」ます。このことをゴールトンは「回帰」と呼びました。

上の図は「両親の平均身長」と「子どもの身長」が等しくなる直線です。両親の身長が低いと子の身長はそれより高く、両親の身長が高いと子の身長はそれより低くなっています

ゴールトンはこうした研究を積み重ね、「2つの変量の関係」を統計学で分析する基礎を作った学者です。そのため、現在の統計学でも2変量以上の関係性全般を「回帰分析」と呼ぶようになりました

■統計学の面白さはここから始まる

最後の回帰分析の予測式の説明は、「これまで学んできた要素が詰まっている」という実感を持つだけで今は十分です。ここでの学びでは、計算式が行っている「回帰」には、「平均に戻っていく」という意味があることを、上のゴールトンによる遺伝の研究が語源であることと合わせて覚えておいてください。

本書の冒頭で「統計学は社会の課題を解決する手法として生まれた」と紹介しました。ここまで常に「まず使ってみる」を入口に学びを重ねてきましたが、数式をひとつずつしっかりと「読み取る」学びをしてきたことで、統計学の数学的面白さにも気づいたのではないでしょうか。

予測式で「残差平方和を最小にする」ために、実は高等学校の数学で学ぶ「微分」が使われています。そこへもう1歩踏み込んで、統計学の背景にある数学を学問として学ぶのもいいでしょう。本書を読み終えた今、それはすでに選択肢のひとつになっています。

統計学を有意義に使うための心得

もうすぐリフレッシュ人事の期間も終わり営業部へ戻る日が近づいて来た
そう言えば和美さんの机にあった数式…
今までのことを活かせば解けるんじゃ…？
$\sum_{r=1}^{365}(1.01)^r = 1.01^1 + 1.01^2 + 1.01^3 \cdots$
えっと…
カタカタ…
えっ「37715」!?
和美さん
そう…「1」にプラス「0.01」…つまりたった1％だけどこの式なら365回の計算でものすごい数字になるでしょ
ただ「1」を365回足しても「365」だけど「1」に、ほんの少し…「0.01」加えて毎日頑張る
わずかな積み重ねが大事だということを教えてくれるの

私なりに少しでもみんなのプラスになりたくて
だから誰もが苦手意識を持っていたデータを分析する部署を作ってほしいと社長に懇願してこの部署を立ち上げたの
ほうほう
お願いします
OK。
そうだったんですか
和美さんはすごいなおれも必死でやらなくちゃ！
僕、営業部に戻っても統計学の勉強頑張ります
ありがとう
嬉しいわ

その後
営業部
これまで行っていた広告宣伝費用と営業成績の相関係数は約0.72と比較的強い正の相関が認められました…
現状では費用をより増やすことで成績が伸びることが期待できます
特に前回の広告に比べ今回の広告の方が営業成績も良かったわけですがこの2つの広告について
お客様の好みに違いがあるかを…
検定したところp値が0.3%（＊＊）と出ました
この結果は好みに差があると判断できる数値です
うんうん
このことから今回の広告が前回の広告よりも好評であったことが認められると考えられます

みなさんが持つ仕事上の感覚や予測を数値化することでその感覚に対してひとつの保証が与えられるんです
統計学を使えば今後の営業戦略も練りやすくなるはずです
おおー
……

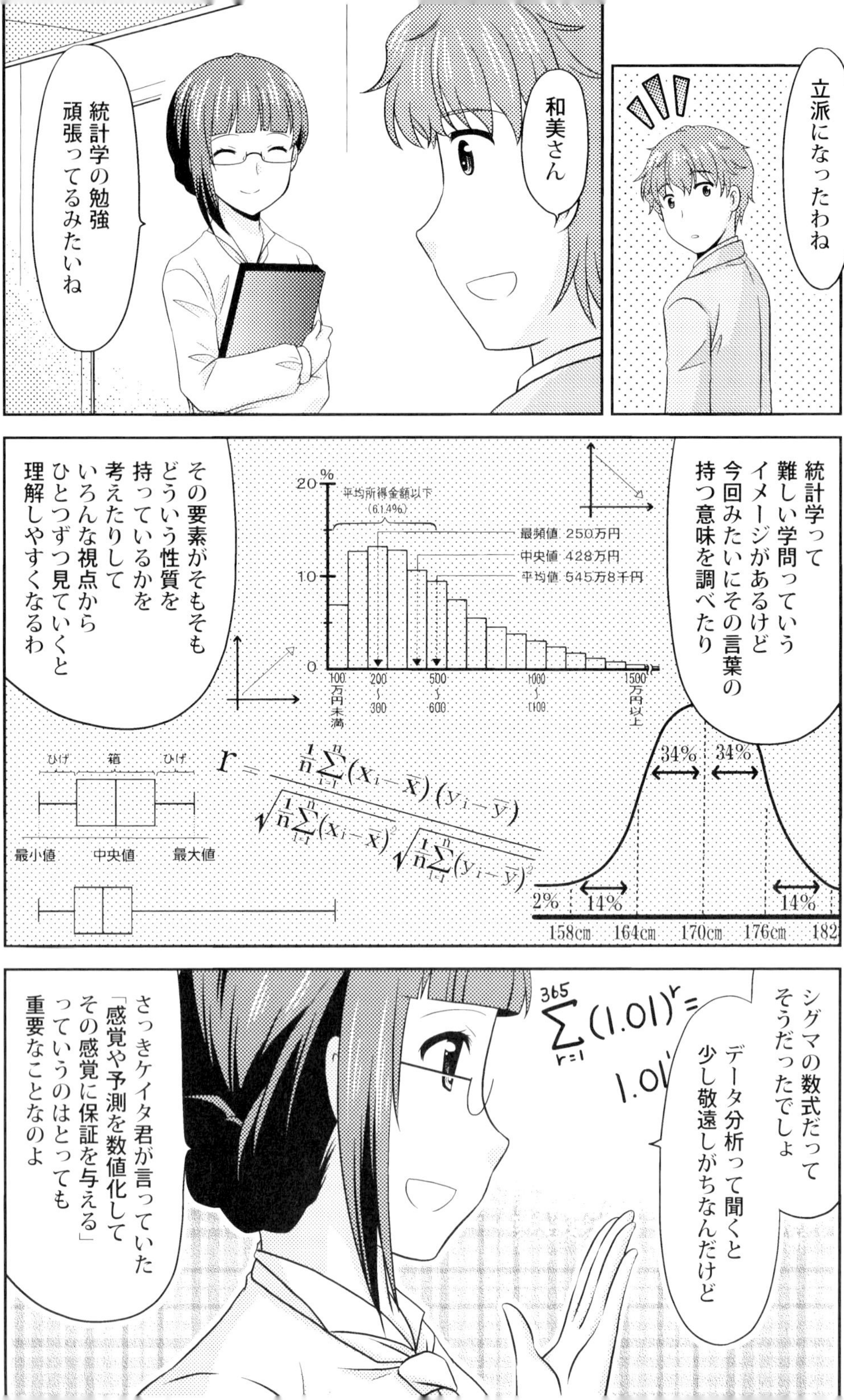
立派になったわね
和美さん
統計学の勉強頑張ってるみたいね
統計学って難しい学問っていうイメージがあるけど今回みたいにその言葉の持つ意味を調べたり
その要素がそもそもどういう性質を持っているかを考えたりしていろんな視点からひとつずつ見ていくと理解しやすくなるわ
20 %
平均所得金額以下 (61.4%)
最頻値 250万円
中央値 428万円
平均値 545万8千円
10
0
100万円未満
200~300
500~600
1000~1100
1500万円以上
$r = \frac{\frac{1}{n}\sum_{i=1}^{n}(x_i-\overline{x})(y_i-\overline{y})}{\sqrt{\frac{1}{n}\sum_{i=1}^{n}(x_i-\overline{x})^2}\sqrt{\frac{1}{n}\sum_{i=1}^{n}(y_i-\overline{y})^2}}$
ひげ 箱 ひげ
最小値 中央値 最大値
34% 34%
2% 14% 14%
158cm 164cm 170cm 176cm 182
$\sum_{r=1}^{365}(1.01)^r =$
データ分析って聞くと少し敬遠しがちなんだけど
シグマの数式だってそうだったでしょ
さっきケイタ君が言っていた「感覚や予測を数値化してその感覚に保証を与える」っていうのはとっても重要なことなのよ

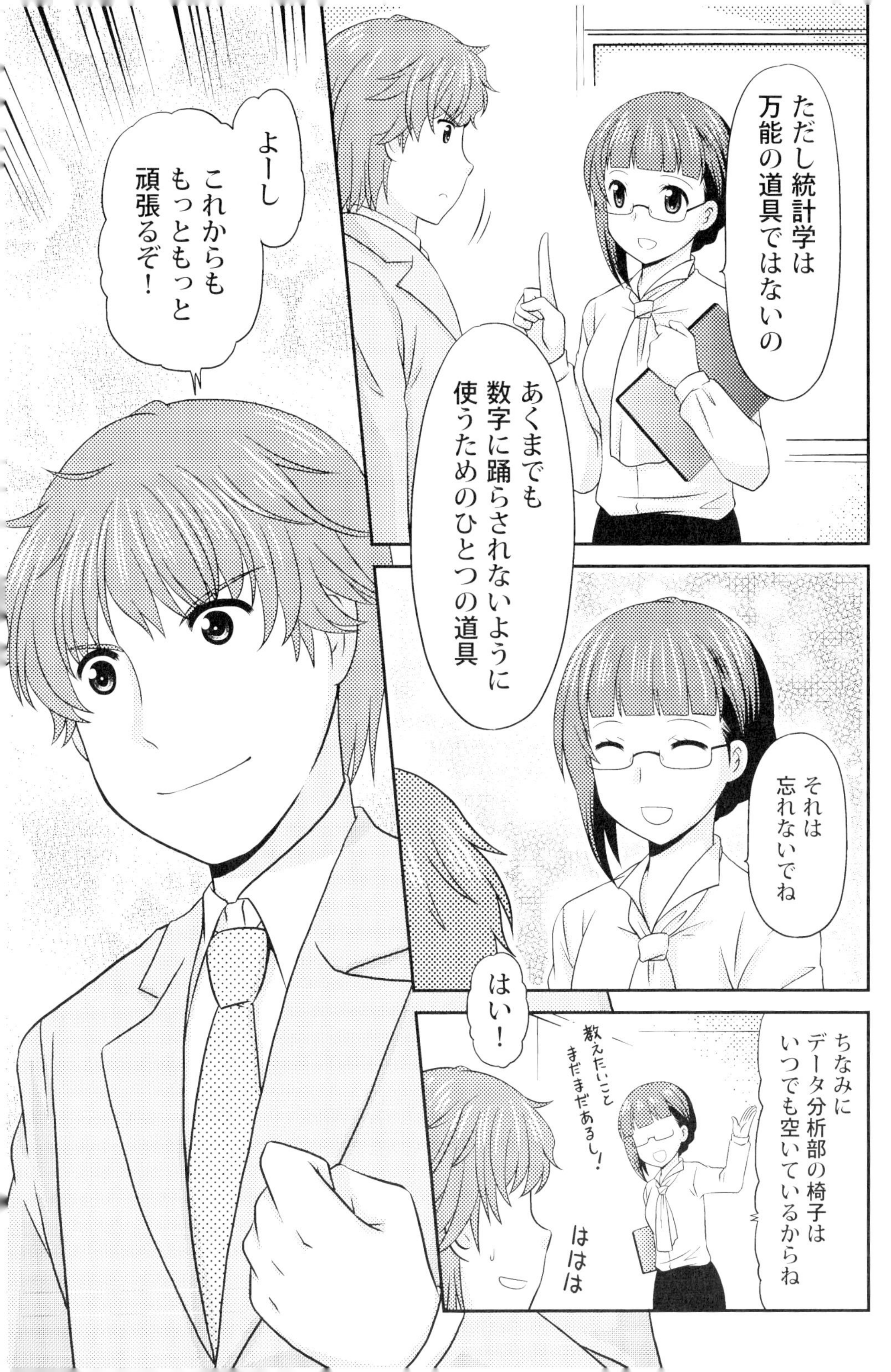
ただし統計学は万能の道具ではないの
あくまでも数字に踊らされないように使うためのひとつの道具
それは忘れないでね
はい！
ちなみにデータ分析部の椅子はいつでも空いているからね
教えたいことまだまだあるし！
ははは
よーしこれからももっともっと頑張るぞ！

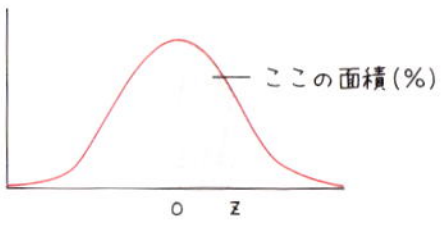

標準正規分布表

Z	0.00	0.01	0.02	0.03	0.04	0.05	0.06	0.07	0.08	0.09
0.0	.0000	.0040	.0080	.0120	.0160	.0199	.0239	.0279	.0319	.0359
0.1	.0398	.0438	.0478	.0517	.0557	.0596	.0636	.0675	.0714	.0753
0.2	.0793	.0832	.0871	.0910	.0948	.0987	.1026	.1064	.1103	.1141
0.3	.1179	.1217	.1255	.1293	.1331	.1368	.1406	.1443	.1480	.1517
0.4	.1554	.1591	.1628	.1664	.1700	.1736	.1772	.1808	.1844	.1879
0.5	.1915	.1950	.1985	.2019	.2054	.2088	.2123	.2157	.2190	.2224
0.6	.2257	.2291	.2324	.2357	.2389	.2422	.2454	.2486	.2517	.2549
0.7	.2580	.2611	.2642	.2673	.2704	.2734	.2764	.2794	.2823	.2852
0.8	.2881	.2910	.2939	.2967	.2995	.3023	.3051	.3078	.3106	.3133
0.9	.3159	.3186	.3212	.3238	.3264	.3289	.3315	.3340	.3365	.3389
1.0	.3413	.3438	.3461	.3485	.3508	.3531	.3554	.3577	.3599	.3621
1.1	.3643	.3665	.3686	.3708	.3729	.3749	.3770	.3790	.3810	.3830
1.2	.3849	.3869	.3888	.3907	.3925	.3944	.3962	.3980	.3997	.4015
1.3	.4032	.4049	.4066	.4082	.4099	.4115	.4131	.4147	.4162	.4177
1.4	.4192	.4207	.4222	.4236	.4251	.4265	.4279	.4292	.4306	.4319
1.5	.4332	.4345	.4357	.4370	.4382	.4394	.4406	.4418	.4429	.4441
1.6	.4452	.4463	.4474	.4484	.4495	.4505	.4515	.4525	.4535	.4545
1.7	.4554	.4564	.4573	.4582	.4591	.4599	.4608	.4616	.4625	.4633
1.8	.4641	.4649	.4656	.4664	.4671	.4678	.4686	.4693	.4699	.4706
1.9	.4713	.4719	.4726	.4732	.4738	.4744	.4750	.4756	.4761	.4767
2.0	.4772	.4778	.4783	.4788	.4793	.4798	.4803	.4808	.4812	.4817
2.1	.4821	.4826	.4830	.4834	.4838	.4842	.4846	.4850	.4854	.4857
2.2	.4861	.4864	.4868	.4871	.4875	.4878	.4881	.4884	.4887	.4890
2.3	.4893	.4896	.4898	.4901	.4904	.4906	.4909	.4911	.4913	.4916
2.4	.4918	.4920	.4922	.4925	.4927	.4929	.4931	.4932	.4934	.4936
2.5	.4938	.4940	.4941	.4943	.4945	.4946	.4948	.4949	.4951	.4952
2.6	.4953	.4955	.4956	.4957	.4959	.4960	.4961	.4962	.4963	.4964
2.7	.4965	.4966	.4967	.4968	.4969	.4970	.4971	.4972	.4973	.4974
2.8	.4974	.4975	.4976	.4977	.4977	.4978	.4979	.4979	.4980	.4981
2.9	.4981	.4982	.4982	.4983	.4984	.4984	.4985	.4985	.4986	.4986
3.0	.4987	.4987	.4987	.4988	.4988	.4989	.4989	.4989	.4990	.4990
3.1	.4990	.4991	.4991	.4991	.4992	.4992	.4992	.4992	.4993	.4993
3.2	.4993	.4993	.4994	.4994	.4994	.4994	.4994	.4995	.4995	.4995
3.3	.4995	.4995	.4995	.4996	.4996	.4996	.4996	.4996	.4996	.4997
3.4	.4997	.4997	.4997	.4997	.4997	.4997	.4997	.4997	.4997	.4998
3.5	.4998	.4998	.4998	.4998	.4998	.4998	.4998	.4998	.4998	.4998
3.6	.4998	.4998	.4999	.4999	.4999	.4999	.4999	.4999	.4999	.4999
3.7	.4999	.4999	.4999	.4999	.4999	.4999	.4999	.4999	.4999	.4999

※標準正規分布表は全体の面積を1.0（100%）とした時の面積（片側の50%）を表し、左の見出しで小数点第一位、上の見出しで小数点第二位を見ます（例：Z＝1.67の時、左の見出し1.6、上の見出し0.07の交差する.4525→45.25%が分布の割合）。

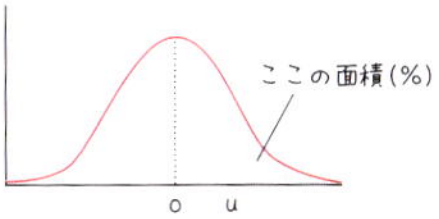

標準正規分布表(上側確率)

u	0.00	0.01	0.02	0.03	0.04	0.05	0.06	0.07	0.08	0.09
0.0	.5000	.4960	.4920	.4880	.4840	.4801	.4761	.4721	.4681	.4641
0.1	.4602	.4562	.4522	.4483	.4443	.4404	.4364	.4325	.4286	.4247
0.2	.4207	.4168	.4129	.4090	.4052	.4013	.3974	.3936	.3897	.3859
0.3	.3821	.3783	.3745	.3707	.3669	.3632	.3594	.3557	.3520	.3483
0.4	.3446	.3409	.3372	.3336	.3300	.3264	.3228	.3192	.3156	.3121
0.5	.3085	.3050	.3015	.2981	.2946	.2912	.2877	.2843	.2810	.2776
0.6	.2743	.2709	.2676	.2643	.2611	.2578	.2546	.2514	.2483	.2451
0.7	.2420	.2389	.2358	.2327	.2296	.2266	.2236	.2207	.2176	.2148
0.8	.2119	.2090	.2061	.2033	.2005	.1977	.1949	.1922	.1894	.1867
0.9	.1841	.1814	.1788	.1762	.1736	.1711	.1685	.1660	.1635	.1611
1.0	.1587	.1562	.1539	.1515	.1492	.1469	.1446	.1423	.1401	.1379
1.1	.1357	.1335	.1314	.1292	.1271	.1251	.1230	.1210	.1190	.1170
1.2	.1151	.1131	.1112	.1093	.1075	.1056	.1038	.1020	.1003	.0985
1.3	.0968	.0951	.0934	.0918	.0901	.0885	.0869	.0853	.0838	.0823
1.4	.0808	.0793	.0778	.0764	.0749	.0735	.0721	.0708	.0694	.0681
1.5	.0668	.0655	.0643	.0630	.0618	.0606	.0594	.0582	.0571	.0559
1.6	.0548	.0537	.0526	.0516	.0505	.0495	.0485	.0475	.0465	.0455
1.7	.0446	.0436	.0427	.0418	.0409	.0401	.0392	.0384	.0375	.0367
1.8	.0359	.0351	.0344	.0336	.0329	.0322	.0314	.0307	.0301	.0294
1.9	.0287	.0281	.0274	.0268	.0262	.0256	.0250	.0244	.0239	.0233
2.0	.0228	.0222	.0217	.0212	.0207	.0202	.0197	.0192	.0188	.0183
2.1	.0179	.0174	.0170	.0166	.0162	.0158	.0154	.0150	.0146	.0143
2.2	.0139	.0136	.0132	.0129	.0125	.0122	.0119	.0116	.0113	.0110
2.3	.0107	.0104	.0102	.0099	.0096	.0094	.0091	.0089	.0087	.0084
2.4	.0082	.0080	.0078	.0075	.0073	.0071	.0069	.0068	.0066	.0064
2.5	.0062	.0060	.0059	.0057	.0055	.0054	.0052	.0051	.0049	.0048
2.6	.0047	.0045	.0044	.0043	.0041	.0040	.0039	.0038	.0037	.0036
2.7	.0035	.0034	.0033	.0032	.0031	.0030	.0029	.0028	.0027	.0026
2.8	.0026	.0025	.0024	.0023	.0023	.0022	.0021	.0021	.0020	.0019
2.9	.0019	.0018	.0018	.0017	.0016	.0016	.0015	.0015	.0014	.0014
3.0	.0013	.0013	.0013	.0012	.0012	.0011	.0011	.0011	.0010	.0010
3.1	.0010	.0009	.0009	.0009	.0008	.0008	.0008	.0008	.0007	.0007
3.2	.0007	.0007	.0006	.0006	.0006	.0006	.0006	.0005	.0005	.0005
3.3	.0005	.0005	.0005	.0004	.0004	.0004	.0004	.0004	.0004	.0003
3.4	.0003	.0003	.0003	.0003	.0003	.0003	.0003	.0003	.0003	.0002
3.5	.0002	.0002	.0002	.0002	.0002	.0002	.0002	.0002	.0002	.0002
3.6	.0002	.0002	.0002	.0001	.0001	.0001	.0001	.0001	.0001	.0001
3.7	.0001	.0001	.0001	.0001	.0001	.0001	.0001	.0001	.0001	.0001

※上側確率は標準得点から上側の確率（分布）を表したもので、対応する標準正規分布表との合計は必ず50%になります（例：Z ＝1.67の時、標準正規分布表では.4525、上側確率は.0475となり、合計で.5000→50%となる）。

数式のまとめ

偏差 （52ページ）

=【データ】－【平均値】

平均偏差 （54ページ）

=【偏差】の符号をすべて「＋」にして合計し
【データ数】で割った値

偏差平方和 （54ページ）

=【偏差】をすべて二乗して合計した値

分散 （54ページ）

=【偏差平方和】÷【データの個数】

標準偏差 （58ページ）

=$\sqrt{【分散】}$（分散は標準偏差の二乗）

標準得点 （58ページ）

=【偏差】÷【標準偏差】

偏差値（50ページ）

= 50 + 【標準得点】 × 10

変動係数（72ページ）

= 【標準偏差】 ÷ 【平均値】

偏差積和（114ページ）

= X と Y の偏差をそれぞれ掛けて合計した値

共分散（114ページ）

= 【偏差積和】 ÷ 【データの個数】

相関係数r（108ページ）

$$= \frac{\text{【X と Y の共分散】}}{\text{【X の標準偏差】} \times \text{【Y の標準偏差】}}$$

偏相関係数r（134ページ）

$$= \frac{\text{【XとYの相関係数】} - (\text{【XとZの相関係数】} \times \text{【YとZの相関係数】})}{\sqrt{1 - (\text{【XとZの相関係数】})^2} \times \sqrt{1 - (\text{【YとZの相関係数】})^2}}$$

索引

赤色は本文中ピンクの太字で登場したページ、黒色は特徴が解説されたページを示しています

参考文献

ここで紹介する参考文献は、本書を読んで統計学の全体像を知った読者が、本書を再読しながら理解を深める、さらなる1歩を踏み出すときの〝オススメの１冊〟でもあります。統計学の本を読むポイントは「どんどん読み進む」ことです。わからないことも別の本の説明で理解できることも。「自分に合った」説明を見つけていくのも統計学と長くつき合い、深く理解するコツです。

- **清水誠**（1996年）『データ分析 はじめの一歩 数値情報から何を読みとるか？』講談社
- **向後千春、冨永敦子**(2007年)『統計学がわかる ハンバーガーショップでむりなく学ぶ、やさしく楽しい統計学』技術評論社
- **小島寛之**（2006年）『完全独習 統計学入門』ダイヤモンド社
- **白砂堤津耶**（2015年）『例題で学ぶ初歩からの統計学 第2版』日本評論社
- **石井俊全**（2012年）『まずはこの一冊から 意味がわかる統計学』ベレ出版
- **篠崎信雄、竹内秀一**（2009年）『統計解析入門（第２版）』サイエンス社
- **神永正博**（2011年）『ウソを見破る統計学 退屈させない統計入門』講談社
- **前野昌弘、三國 彰**（2000年）『図解でわかる 統計解析 データの見方・取り方から回帰分析・多変量解析まで』日本実業出版社
- **向後千春、冨永敦子**（2008年）『統計学がわかる【回帰分析・因子分析編】』技術評論社
- **涌井貞美**（2013年）『まずはこの一冊から 意味がわかる統計解析』ベレ出版

以下の５冊は、統計学の全体像が見渡せるようになり、ひとつひとつをもっと知りたい、学問としての統計学を深掘りしたい人向けです。ぜひ、いつかチャレンジしてください。

- **東京大学教養学部統計学教室**（1991年）『統計学入門（基礎統計学Ⅰ）』東京大学出版会
- **西岡康夫**（2004年）『単位が取れる統計ノート』講談社
- **永田 靖**（1996年）『統計的方法のしくみ 正しく理解するための30の急所』日科技連出版社
- **薩摩順吉**（1989年）『確率・統計（理工系の数学入門コース 7)』岩波書店
- **皆本晃弥**（2015年）『スッキリわかる確率統計―定理のくわしい証明つき―』近代科学社

おわりに

統計学の基礎知識が暮らしや仕事の質を変える

無事、最後まで読むことができたでしょうか？　わからないこともまだ多いと思います。〝統計学の本は入門書であっても難しい〟。それは、私自身が統計学を学び始めたころに実感した思いです。

深い谷底にかすかな灯りで降りたかと思えば、突然険しい壁をよじ登る。それは、統計学という山を〝山とは何か〟を理解しながら1歩1歩進むようなもの。それが「順路」であることは後でわかりました。しかし、統計学をもっと多くの人に知ってもらいたい。統計学のリテラシーを身につけてもらいたい。「順路」だけが統計学のアプローチではないと考え、まとめたのが本書を構成する「統計学を学ぶ〝オススメの順番〟」です。

マンガではケイタとフミノリが、協力してプレゼンを成功させました。しかし、仕事の現場では、統計や確率、数字そのものを〝難しい〟として理解が得られない、共有されない現実もあります。データ分析担当者と営業や生産現場の担当者、経営層が、もう1歩ずつ歩み寄って、統計学の言葉や数値の見方をリテラシーとして共有できれば、職場や会社のチームワークはもっと強くなる。そうした思いも本書には込められています。統計学は、あなたの社会の見方、仕事の質を変え、他者との議論、理解の共有にもきっと役立つことでしょう。

小林克彦

監修者　**小林　克彦**　コバヤシ カツヒコ

大人のための数学教室「和（なごみ）」講師。1983年大阪生まれ。東京大学工学部応用化学科卒、同大学院 総合文化研究科 広域科学専攻 修士課程修了、同大学院副専攻 科学技術インタープリター養成プログラム修了。数学の授業を通じて、科学と社会をつなぐ架け橋となることを心がけている。授業のモットーは「むずかしいことをやさしく、やさしいことをふかく、ふかいことをゆかいに、ゆかいなことをまじめに」。2015、2016年度の東京レインボープライド ボランティア統括部門長を務めるなど社会貢献活動にも積極的に関わっている。

協力　大人のための数学教室「和（なごみ）」
石井良平（和から株式会社）

マンガ編集　サイドランチ

マンガ製作　**智**

長崎県佐世保市在住の漫画家・イラストレーター。大好きな海と山と猫に囲まれて活動中。代表作は「めい☆コン」（アルファポリス刊）等。その他、主にゲーム・アニメを題材にしたアンソロジーに参加。

STAFF

本文デザイン	TYPE FACE（AD:渡邊民人　D:谷関笑子）
DTP	徳本育民
	小堀由美子（有限会社アトリエゼロ）
	有限会社ユイビーデザインスタジオ
イラスト	ちしまこうのすけ
編集協力	千葉裕太（スタジオポルト）
構成・執筆協力	塩澤雄二（神楽出版企画）
取材協力	藤井涼、五ノ井一平
	衣鳩久哉（スタジオライティングハイ）
	岸智志（スタジオライティングハイ）
校　正	有限会社くすのき舎

マンガでわかる **やさしい統計学**

監修者	小林克彦
マンガ	智・サイドランチ
発行者	池田士文
印刷所	大日本印刷株式会社
製本所	大日本印刷株式会社
発行所	株式会社池田書店
	〒162-0851　東京都新宿区弁天町43番地
	電話03-3267-6821(代)／振替00120-9-60072

落丁、乱丁はお取り替えいたします。

ISBN 978-4-262-15560-9

1700010